启真馆 出品

休闲书系·博士论丛

庞学铨 主编

走向自然的休闲美学

以苏轼为个案的考察

陆庆祥 著

ZHEJIANG UNIVERSITY PRESS

浙江大学出版社

总　序

　　浙江大学休闲学硕士、博士学位授权点自 2008 年开始招生，迄今已整十年了。十年来，学科点坚持师生一起探讨休闲学理论，一起完善休闲学课程，一起建设休闲学学科，培养了一批以休闲学为主要学科方向的研究生。出版休闲学研究博士论丛，是我们早已有的想法，此时与读者见面，也可以说是一个合适的时机了。

　　休闲是个体在相对自由的状态下，以自己喜爱的方式进行所选择的活动，并获得身心放松与自由体验的生活。休闲生活和生产性生活、生理性生活一样，是人类现实生活结构的三大基本组成部分之一，它贯穿人的基本生存状态和过程，既是个体生活的一部分，也是社会现实的一部分。休闲学不是一般的关于休闲现象的研究，也不同于社会学、心理学、经济学、旅游、体育等相关学科从本学科的视角出发对休闲现象和具体休闲实践问题的研究。休闲学是关于休闲生活及其价值的存在与变化的理论，是关于休闲理论自身体系的研究。休闲涉及的领域极为广泛，因而休闲学是典型的交叉性学科，但休闲学对休闲生活这一自身对象的研究视角和方法，又不是各相关学科的研究视角和方法的简单拼凑，而是要从哲学的视角和方法，吸取各门相关学科的知识，对休闲生活进行综合研究，呈现休闲生活的整体图景；要深入休闲生活的内部，揭示它在人们生存活动中存在、变化的特征，以及它对人和社会所可能具有的价值。休闲学研究的这一特征表明，它实际上是关于休闲生活的哲学，是一种生活哲学，或者称为生活现象学。哲学是休闲学的学科根基，这也是将休闲学作为哲学的二级学科的根本原因。

　　本论丛的作者，不限于本学科毕业的博士生，论文所研究的主题内容，也不限于纯粹的休闲学，但有一个基本的要求，就是希望入选论文不是单纯的实证研究，而要有较深入的理论思考，要有哲学的意味。对入选的博士论文，我们将给予一定的出版补贴。

我们热情欢迎、恳切征集校内外不同学科的博士研究生的关于休闲理论研究方面的论文，期待与大家携手合作，共同耕耘这块新开辟的充满希望的学术园地。

庞学铨

2018 年 4 月 20 日

于西子湖畔浙江大学

序 言

　　浙江大学亚太休闲教育研究中心由庞学铨教授主持领导，在休闲教育和研究及文化理念推广方面做了许多卓有成效的工作，目前已成为国内知名、国际上有影响的休闲学教学和研究平台。庞学铨教授在中心主持编辑出版"休闲书系"，迄今已出版十余种。为体现浙江大学休闲学领域博士生的研究成果，亚太休闲教育研究中心计划出版"休闲书系·博士论丛"。此论丛本次所选的三位作者陆庆祥、章辉、吴树波都是我指导的博士，现均已学有所成，毕业后分别在相关高校从事教学和科研工作。他们希望我写序言，我作为导师，自然义不容辞。为方便起见，姑为三位合写一个小序。

　　三位博士原来学科背景各不相同，出于对美学和休闲学的共同兴趣，走到了一起。我指导的博士生有两个方向，一是美学，一是休闲学。结果，美学方向的博士生立足美学走向休闲，休闲学的博士生立足休闲学关注审美，两者实现了很好的融合。陆庆祥、章辉的专业方向是美学，结果都搞了休闲审美哲学的研究；吴树波的专业是休闲学，选了宗教休闲作为研究专题，亦将审美休闲作为文中应有之义。在我看来，休闲与审美之间有内在的必然关系。从根本上说，所谓休闲，就是人的自在生命及其自由体验状态，自在、自由、自得是其最基本的特征。休闲的这种基本特征也正是审美活动最本质的规定性，而且可以说，审美是休闲的最高层次和最主要方式。我们要深入把握休闲生活的本质特点，揭示休闲的内在境界，就必须从审美的角度进行思考；而要让审美活动更深层次地切入人的实际生存，充分显示审美的人本价值和现实价值，也必须从休闲的境界内在地把握。前者是生存境界的审美化，后者是审美境界的生活化。

三位博士都很勤奋努力，成果甚丰。相对而言，个性略有不同。陆庆祥率性敢为、思兴不拘，虽理路或有未臻详谨之处，但无论是在学术还是事业上都频有新见，且富有开拓性。章辉因硕士期间的语言学训练，行文立据特别严谨，从语言走向哲思，由工夫进入境界，用心颇艰且深，若能更洒落，所就当更高。吴树波内秀聪颖，为文用词极为圆熟，其所著博士论文，我几乎未改一字，吴君才识颇富，若能更多胆力，天地更阔。我经常与诸生举杯尽兴，畅所欲言，希望三位互资共进。

宋代是中国休闲文化的繁荣与成熟期，南宋偏安，休闲氛围与情趣愈甚，且形成颇有深度的休闲审美哲学，章辉的博士论文对此做了精深的研究，从本体、工夫到境界，资料和思辨都颇具功力；陆庆祥选取了宋代乃至传统中国最有代表性的杰出文人苏东坡作为个案，研究其走向自然的休闲美学，并由此透视了中国休闲哲学"人的自然化"理论智慧及前后沿变，多有新见；吴树波则另辟蹊径，以佛道两教为例做了宗教休闲智慧研究，深入分析了宗教休闲的特征、工夫、境界与功能，可谓宗教和休闲研究领域的双重开拓。三位的研究对于透视传统中国的休闲思想和智慧，具有非常典型的价值。在方法上，受本人影响，三位大体均以本体、工夫、境界的路径运思。

传统中国审美与休闲思考的路子与西方不同，用本土原创的学术话语，建构中国学术话语体系，实现与西方学界平等对话，是中国人文学界当务之急。审美与休闲的研究同样需要中国话语和体系，如何从基点上扭转审美与休闲研究中的"言必称希腊"现象，摆脱削足适履式的西方理论模式，探寻中国美学和休闲学乃至东方人文学科自身的理论根基与特征，在全球的视野下对东西方源于不同历史文化传统背景的认知、体验和把握世界方式的差异做平等的对话，以凸现东方美学和休闲学独特的原创性思维及其理论特征，已是中国审美与休闲研究的迫切课题，建设有中国特色的美学和休闲学理论也有待于此课题上的重大突破。

从审美与休闲研究的角度说，要以全球化的视野做审美休闲理论及文化的中西比较，深入发掘整理审美休闲理论的中国元素和传统精神及智慧，建立当代中国美学与休闲学理论的本土话语体系。当代中国审美与休闲研究和理论建构，应该从本体传统汲取诸如"闲""适""宜""度""中""和""乐""自然""自得""自在""无为""放下""各得其分""玩物适情""寻乐顺化""随缘任运"等话语和理念的精神元素和智慧，以及本体、工夫、境界等理路构架，形成中国审美与休闲研究和理论建构的本土特色和理论话语。

中西学术话语和理路的根本分歧在于天人之际的终极理念及其思考，既在于对天的理解，更在于对沟通天人的路径与方法的思考。在此，中西理路和方法的迥然不同，决定了哲学话语及其体系的差异，也决定了审美与休闲研究的话语及其体系的差异。在人文领域，西方传统认定之"天"（本体），或是绝对抽象的终极真理，或是绝对神圣的上帝意志；与此相应，西方沟通天人的基本路径，或是对终极真理的解读阐释，或是对神圣彼岸的信仰追求，因而，纯粹理性或语言哲学成为西方沟通天人的基本方法。中国传统认定之"天"（本体），"极高明而道中庸"，"天"只是当下境域中的"各得其分"的"度"，天人本然一体，人能尽其性就能合天，能参天地之化育；与此相应，中国沟通天人的基本途径是对"度本体"的当下活泼体认，因而，"心上工夫"和"事上工夫"构成的"身心之学"成为中国传统沟通天人的基本方法。在中国传统审美与休闲领域，"各得其分"的"止"及其衍生的相关概念表达的是审美与休闲本然与应然的潜在状态；通过"适""宜"等恰到好处的"体认"无限而充分地接近、呈现恰如其分的"止"，是其基本工夫；通过"体认"与"践履"的工夫，化"本然""应然"为恰到好处的"实然""自然"，以致"天人同体""物我两忘""无往而非乐"，是审美与休闲的境界，这些相关概念组成了"本体—工夫—境界"语汇，并由此构成了迥别于西方的中国审美与休闲研究的"终极识度"、独特话语和理论体系。

陆庆祥所著《走向自然的休闲美学》，章辉所著《南宋休闲哲学研究》、吴树波所著《超越与快乐》分别从中国传统社会最具代表性的文人、时代和宗教三方面对传统中国的休闲思想和智慧做了有成效的研究，三位博士的著作很好地做到了用中国的话语研究中国的审美与休闲的思想智慧。

遗憾的是，由于宗教方面的论述，树波君的《超越与快乐》最终未能如期付梓。责编嘱我就此修改小序，笔者一则出于对过程的尊重，二则坚信真正有内涵、有功力的学术著作终有再见天日的时候，因此不改前文，只是补加说明。

浙江大学休闲学的研究事业刚刚开启，希望我们师生共同努力，励志创建休闲学研究的浙大学派，更希望我们的博士及其他同学奋发有为，写出更多更好的休闲学研究论著。在此不妨借用屈原的诗句：路漫漫其修远兮，吾将上下而求索！

是为小序。

潘立勇

2017 年春节初稿

2018 年国庆节补记

于蒙卡岸新寓

目　录

第一章 中国休闲美学的理论建构

休闲美学是近几年休闲学领域以及美学领域出现的新词，休闲与审美之间有内在的必然的联系，将休闲与审美相连，自古而然。[1] 但休闲作为一种生活方式，又一直饱受各种争议。由于人们之间生活观念与生活方式的不同，对休闲的理解也就因人而异。仅就中国古代而言，就有"玩人丧德，玩物丧志"（《尚书·旅獒》）[2] 与"玩物适情"[3] 两种对待休闲的态度。这说明休闲活动本身确实存在多重维度，休闲也有境界与格调的高低不同。我们不能一提休闲，就简单地将之理想化，也不能把休闲视为生命的挥霍与沉沦。就休闲活动的丰富性与复杂性来讲，它体现了人类生命与生存活动的复杂性。我们需要从美学的角度去辩证地审视人类休闲活动。而休闲美学的提出，正是从休闲的丰富性、复杂性本身出发，以一种美学的生命情怀观照人类休闲活动，从而提升休闲的人文性、精神性与纯洁性。

就目前学界对休闲美学的研究现状来看，"自由"成了休闲与审美或者休闲学与美学内在沟通的桥梁。从自由的角度来把握休闲与审美的关系，固然是有道理的。然而自由本身的模糊性、多义性以及由此带来的抽象性，很难使我们从根本上理解两者的关系。[4] 休闲究竟在何种意义上体现为自由的审美之境，笔者先从词源学的角度进行分析，然后再对休闲审美的意蕴结构做一浅析。

第一节　休闲之语义

从西方学术的角度来看，休闲的英文是 leisure，源自拉丁文 licere，意指被允许或自由。希腊文中的休闲，系指无拘无束的行动，或指摆脱工作之后所获得的自由时间或所从事的自由活动。[5] 而约翰·凯利对休闲所下的定义具有一定的代表性：

> 休闲是生存所需以外的时间，亦即在完成生理上为了维持生命所必须做的事情，以及谋生所需后，所剩余的时间。尤其是自由运用的时间，这段时间可以任由我们决定或选择来使用。[6]

当然西方休闲学者对休闲所下定义还有很多，在此无意列举。休闲学虽然是从西方传进来的新兴学科，我们现代常用的休闲也多以西方语义为主。但不可否认中国古代就有高度发达的休闲智慧以及丰富多彩的休闲活动。因此，我们主要还是从中国古代文化的角度以及汉字语义学的角度来进一步探索休闲的含蕴。

"休闲"一词，除去其农业用语的含义，类似现代意义的休闲，最晚在南北朝时期就已经出现了。[7]《魏史·列传第七十》中记载："琰之少机警，善谈论，经史百家，无不悉览……每休闲之际，恒闭门读书，不交人事。"[8]唐朝诗词中也多见用，如"多见忙时已衰病，少闻健日肯休闲"（白居易《题谢公东山障子》）[9]、"秩满休闲日，春余景色和"（孟浩然《同张明府碧溪赠答》）[10]。对于"休闲"，古人并没有对其进行明确的规定。我们只能分别从"休"与"闲"本身的意义上去寻找。

从造字法来看，"休"是个会意字。甲骨文从人，从木，会人在树荫下歇息之义。金文大同。篆文则稍加整齐。隶变后楷书写作"休"。《说文解字》云："休，息止也。从人依木。"由此可以断定，"休"的最原始的含义即为歇息、休息。从先秦文献中，"休"多是指在劳作之后的歇息，是身心的恢复与调养。这对于身处劳作中的人来说，"休"是令人值得期待的状态，如"民亦劳止，汔可小休"（《诗·大雅·民劳》）、"民莫不逸，我独不敢休"（《诗·小雅·十月之交》）、"然后休老劳农"（《礼记·王制》）。"休"的歇息义在现在也是比较常用的。由歇息义又引申为停止、结束，如"天下共苦战不休"（《史记·秦始皇本纪》）[11]。

从"休"的原始的造型来看，无论是休息义还是停止义，都是在经过了劳苦、疲乏、困顿之后，生命从身心的角度上的自然需求。"不休"，意味着生命的耗竭、厌倦，"休"则意味着放松、恢复、休养等，是一种美好的生存状态。由此自然而然地，"休"又引申出吉庆、美好、喜悦、欢畅之意。如"无弃尔劳，以为王休"（《诗·大雅·民劳》）、"既见君子，我心则休"（《诗·小雅·箐箐者莪》），我们后来常说的"休戚与共"中的"休"，也是这一意思。

"休"还有一个含义是树荫，如"依松柏之余休"（《汉书·外戚传》）[12]，这一意义后来又常写作"庥"，又引申出覆盖、庇护的意思。

其实这也还是从歇息、停止的意思演化而来的。人从炎热的阳光下面回到树荫下，寻求庇护，免受炎日的侵扰，这依然是歇息，而且也能更形象地表征出"人依木而息"的意象。

从以上对"休"的词源学考察，我们可以看出，"休"既包含生理层面的歇息、精力的恢复，也含有精神上的喜悦、美好。两者从根本意义上又是一致的，都是对非理想状态、消极状态的中止，也是脱离，更是一种距离，由此蕴含了人们对生活、生命的美好渴望。可以说，"休"，就是对生命的守护、庇护。相反，"不休"，无论从何种意义的角度上说，都会影响到生命的质量。"休"是在各种紧张压力、束缚之下身心的解放、生机的显现。以此，"休"令人感受到身心的无拘束、自得与自在，由此感受到美感。正是在这一意义上，古代的文人学士才更多地从审美的角度来理解"休"，将生命的诗意情怀渗透到原本只是恢复身体精力的"休"上。如司空图在王官谷庄园特地修了一个亭子，取名叫"休休亭"，并写了篇《休休亭记》以明其志："休，美也，既休而美具。故量才，一宜休；揣分，二宜休；耄而聩，三宜休；又少也堕，长也率，老也迂，三者非济时用，则又宜休。"（《新唐书·卓行》）[13] 另外辛弃疾《鹧鸪天》有"书咄咄，且休休，一丘一壑也风流"[14]；黄庭坚《醉落魄》云："尊前是我华胥国，争名争利休休莫。雪月风花，不醉怎生得。"[15] "休"，在古人那里有了从世间隐退、闲适方外的意趣。"休"成了一种主动的姿态，中止的是对名、利、知识等的追求，休掉的是世俗的非本真的生活，而回归到自然本真、闲适自得的审美生活。在这里，"休"即是"闲"，是"身闲"[16]，也即是美，把审美与休闲内在地沟通了起来。

然后再来看"闲"。"闲"也是会意字。甲骨文中大概没有发现"闲"字，金文中"闲"从门，从木，会门栅栏之意。现在又是"閒"的简化字，承担了閒的部分含义。閒，从门，从月，用门缝中有月光会缝隙之意。《说文解字·门部》云："闲，阑也。从门中有木。""阑"，又有拦的意思，是门上的栏杆，起到闩牢房门，防止外物进入的作用。《说文解字》中有"柤，木闲也，从木，且声。臣锴曰，闲，阑也。柤之言，阻也"；《广雅·释器》曰："柤、橙、柱，距也。"可见，"闲"，有阻隔、拒绝之意。后来引申为范围、道德范围，意为凡是在所划定范围之外的都予以阻隔、拒绝。此时"闲"可为牛马畜类的圈，如"又龙马、闲驹"（《汉书·百官公卿表》）[17]；道德意义上的如"大德不踰闲，小德出入可也"（《论语·子张》）。

看来，"闲"的各种含义从原始的意义上看都有防范之意。所以，周易里面有"闲有家"，沙少海先生说："闲，训防。"[18] 防范的是意外事故。《易·乾》曰："闲存其诚。"孔颖达疏："言防闲邪恶，当自存其诚实也。"徐锴在《说文解字系传》中云："闲，止也；……陶潜有《闲情赋》，谓自止其情欲也。"[19] 钱钟书亦云："'闲情'之闲，即'防闲'之闲，闲是《易》'闲邪存诚'之'闲'。"[20]《广雅·释诂》曰："闲，正也。"而"雅"也可训为"正"，故"闲"内在地包含雅的精神，这些都应是防范的引申义。尤其是在中国古代休闲审美之中，"闲"也含有对俗的防范与抗拒，而追求一种雅的生活。《春秋繁露·循天之道》曰："故君子闲欲止恶以平意，平意以静神，静神以养气。"[21] 从心理层面防止恶欲邪念，精神就会由躁动不安而趋于平静、安适。由此，"闲"也便有了安静、闲静的意思，如"闲静而不躁"（《淮南子·本经训》）[22]、"美女妖且闲"（曹植《美女篇》）23，此时"闲"就更侧重于"心闲"的层面了。

从"休"与"闲"的字义梳理上看来，"休"是于……中止，从……停息下来；而"闲"则是限定范围、防范。"休"是从外在的异化空间回到本真的私人空间，是一种生命的退守；而"闲"则如朱熹所说的，"闲，阑也，所以止物之出入"[24]，是设定界限，以使心灵不外驰而陷溺于物；也不使外面的东西侵扰内心。闲是生命的葆真。

另外，正如菲斯克所言："规避和抵制相互关联，没有另一方，任何一方都不可能存在：这两者都含有快乐与意义的相互作用，但规避更令人感到快乐而不是更有意义，而抵制则在快乐之前就创造了意义。"[25] 防范就是某种"规避"，它产生的是快乐的原则。而"休"与"闲"还体现为某种意义上的否定。否定便是"抵制"，它创造了意义。"休"是对必须从事的劳作的否定。劳作不仅指体力上的，也指脑力上的。无论哪一种劳作，都是在社会性的规范与约束下进行的，也会受到外在客观的自然法则的限定。因此，主体对异化劳作的否定，就意味着对社会性规范和外在自然法则的消释，个体采取退守的姿态，与那些外在限定拉开距离，可以暂时不再受传统习惯和社会性规范的制约。此时，个体的生命活动便体现为一种私人化的性质。

"闲"的防范意义，体现为一种自律，是对与个体的生命理想和主观意愿相悖逆因素的否定。它所追求的是主体自身的统一性与纯洁性。个体的生命理想与主观意愿一般都是与自由的处境有关，是"以欣然之态做心爱之事"[26]的愿望，是对实现个体价值的自觉。但是我们人类被抛于世界之中，便往往如庄子所云："与物相刃相靡，其行尽如驰，而莫之能止，不亦悲乎？终身役役而不见其成功，苶然疲役而不知其所归，可不哀邪。"（《庄子·齐物论》）也即孟子所云："陷溺其心。"（《孟子·告子上》）本质上是一种非本真的生存状态，是一种异化。"闲"的否定意义就在于自觉地从异化的状态回到本真的状态，保持自我生命的统一性与纯洁性。从这一层次上，"闲"与"休"是一致的，都是与非本真的状态保持距离。[27]所不同者在于，"休"是被动的退守，是暂时的，消极的，它最终要受外在经济物质条件的制约，休整之后仍会回到劳作的状态中去（此恐怕正是人生之常态），甚至明知是异化，仍然会自投罗网。而"闲"则是主动的获取，是积极的，可以伴随个体的一切生命活动，体现在生活的各方面中。"闲"依赖于主体观念的转变，并最终可以体现为一种心境。

否定不仅意味着距离，还意味着解脱，同时也指向一种肯定。杰弗瑞·戈比早就指出休闲是"从文化环境和物质环境的外在压力解脱出来的一种相对自由的生活"[28]。以我们的理解，"休"的行为正是要把人们从物质环境的压力下解脱出来，体现为对自由时空的肯定；而"闲"则是要把人们从外在的文化环境压力下解脱出来，体现为对自适心境的肯定。"休"与"闲"共同体现出来的对客观时空环境与主观心理的转换与调适，实际上也反映了人们生活方式的变化。马惠娣认为："休闲表达了人性中最美好的东西，并能设法遏制人性中丑陋的一面。当休闲作为一切事物环绕中心的时候，人类的一切美德才能释放出来。"[29]休闲当中，人是把个体的主观愿望与爱好体现于生命实践之中，以实现自我价值和生命意义为最终目的。只有在休闲中，我才真正属于我。在休闲的时空环境里，人从外在拘束的环境中解放，不再将自身生命异化为达到某种目的的手段，而把自我生命活动本身看作目的，充分体验自在、自足、自得的存在状态。

第二节　休闲与审美

简单说来，休闲美学是以休闲审美活动为对象的美学分支。现在的休闲学研究可谓百花齐放，休闲学已经渗入其能到达的每一个学科领域。由于人们对休闲现象的日益关注，一些有关休闲的跨学科研究现象迅速出现，如休闲社会学、休闲经济学、休闲文学、休闲体育学、休闲教育学、休闲心理学、休闲哲学等等，这些跨学科研究可以说成果是卓著的，论文数量更是非常之多。但是唯独休闲美学的论文成果寥若晨星。美学界除了很少的学者对休闲有所关注外，很多美学学者对于现代社会休闲时代的来临则感觉迟钝。休闲本是人的一种诗意的生存，即便是在其他学科对休闲的研究描述中，对休闲下的定义都充满了诗情美意。休闲的时代，正是美学可以大有作为的时代，我们对此却无动于衷，这不可不谓是学术研究上的一大遗憾。

休闲美学是研究休闲审美的学科，那么休闲与审美究竟关联何处？以美学界对休闲领域研究的相对冷寂而言，休闲是否与审美霄壤相异？

这里先提出我们对休闲审美的看法。

休闲作为人类的生命活动，指向的是审美领域。大卫·格雷说过："休闲……包含着对本真的东西的一种追求以及对自我的认知和理解。它是一种富于美学、心理、宗教和哲学意蕴的沉思和冥想。"[30] 休闲既是一种人生理想，也是一种生活方式。如果像海德格尔所说，此在在世就意味着沉沦，是非本真的存在，那么休闲的存在状态就是此在试图向本真自我的回归。在休闲活动中，此在可以退守回自我，也可以葆真全性。退守自我，意味着休闲是个性化的生命体验，是一种个性生命的再创造；葆真全性，则意味着休闲的相对自由维度，个体可以以"自己所喜爱的、本能地感到有价值的方式"[31] 去生活。"休闲是人的一种自由生存方式，是人的创造能力和个性精神得以充分发挥的一种生命状态。"[32] 一言以蔽之，休闲也即诗意栖居的一种方式。

休闲作为人的生活方式，体现为对生命意义的追求，而审美则是休闲所要达到的最高境界。休闲虽然从一开始就指向审美，但它又不是审美。这就意味着，休与闲所呈现的对现实的退守与距离，以及休闲的人性自我完善功能，很难成为人自觉的生活形态。休闲不是现成的，而是处于不断生成的过程中。正如凯利所认为的，"本质上讲，休闲应当被理解为一种'成为状态'（state of becoming）"[33]。因此，人的生活方式不仅有休闲与庸碌之别[34]，就休闲本身而言，没有两种休闲方式是完全等同的，休闲的品格也体现出参差不同的差别。休闲审美的提出，就是让人在摆脱庸碌后，试图进入一种充满意义的休闲状态。当然，审美自身也有不同的层次，是多层级的突破，从外在的感官形式愉悦到内在的精神升华，本身充满了复杂性。但是需要指出的是，休闲审美之审美，更多的是那种"悦心悦意"和"悦志悦神"层次上的审美，更侧重的是内在精神意义上的审美。它从精神的维度上给予休闲活动以观照。只有这样我们才说，在中止和闲防诸多庸俗、文化、物质等的外在缠绕后，在脱离庸碌的日常生活后，人类依然可以在休闲活动中找到生命的寄托，使自我不断提升。这大概就是休闲审美提出的意义所在。

再从休闲的本质来看，休闲是人向自然的回归，即人从因劳作、奔忙而异化了的现实中回归到自然之中。外在地说是人回到大自然的怀抱，体现为人与自然界的和谐相处；内在地说是人回归至人的自然情感本性上来，体现为自然、自在、自由的情感本体。从美学角度来看，人回归大自然、欣赏自然、依恋自然的活动，此明显即为自然审美活动。人只有以审美的姿态面对自然，才会是真正地回归自然，与自然一体。不可否认的是人在自然中的休闲活动是人的休闲活动及休闲方式中最主要的一种，也是休闲感最为强烈的一种。在大自然中的休闲活动也最能直接体现休闲的自然化本质。按照实践美学的观点，审美或美学本来就包含自然的人化和人的自然化不可分割的两极。其中，自然的人化是美的根源，而人的自然化是美感的本质。前者重在理性、社会，而后者则重在情感、个体。而情感对于审美活动尤为重要，周均平就说："情感是审美的根本，人与世界的审美关系在本质上就是一种以情感为核心的和谐自由关系，抓住了情感，在这个意义上也就抓住了审美。"又说："把人的生命活动外化在自然物中，从自然物中观照到人的生命活动——情感，这是审美范畴中天人合一的精髓。"[35] 从情感与个体的角度来讲，这同时又是休闲的本质特征。

更进一步，关于审美意识的起源有诸多答案，其中游戏说是对审美意识起源理论影响巨大的一种。尤其自康德、席勒、斯宾塞，以及现代如伽达默尔、维根特斯坦等，后现代如德里达、福柯等对游戏说的阐释后，游戏学已成为西方学界的显学。游戏对美学乃至整个文化的基础地位也被越来越多的人所认同。其中赫伊津哈的《游戏的人》是专门研究游戏的著作中最富影响的一部。无论是像康德、席勒等专从美学角度来研究游戏的，还是其他从文化、哲学角度来研究游戏的学者，无不注意到游戏本身的无功利性、自由性这一本质特征，游戏也因此被认为是美与艺术的本质，或被溯而上之成为审美与艺术的起源。[36]

休闲虽不等于是游戏，但毫无疑问，游戏是人类休闲活动的一种重要方式[37]。游戏必须在人类休闲的场域中才能发生，休闲是比游戏更为源本的状态和活动。再者，休闲与游戏其内在的精神特质也是相通的。所以，如果上述游戏说的理论是值得重视的话，那么稍微推论便足以确定休闲亦可以作为审美与艺术的本质，可以成为审美与艺术的根源，乃至《闲暇：文化的基础》一书的作者约瑟夫·皮珀言辞铮铮地将休闲作为整个文化的基础。由游戏到休闲，再到审美、文化，仔细探讨其间的本质联系，定是一项有意义的工作，在此我们不拟展开。

再从美学学科的发展来看。虽然休闲是人类自古以来便存在的生命活动，古今中外不乏休闲大家，也不乏对休闲活动的歌颂与赞美，现如今就发达国家来说已经步入了休闲时代，而发展中国家人们的休闲活动也呈燎原之势，但不可否认的是休闲并没有正式进入美学教材之中，也没有被各类美学流派容纳入美学的体系之中。休闲没有成为美学的关键词。究其原因，笔者认为主要是由于学界对休闲作为人类活动的本体性地位没有认识，休闲的价值与意义仅仅停留在工作价值的附属地位，休闲在更多的人心目中仍然很难成为褒义词。所以要想引起学界对休闲美学的研究兴趣，首要的是为休闲正名，并对休闲内在的审美意蕴及其一体两面的关联做深入的发掘。

值得注意的是，受实践美学的影响，"实践"成为中国新时期以来美学领域的基础性词语。无论是实践论者，还是超越实践论者、新实践论者，还是反对实践论者，实践的范畴是如今研究中国美学无法绕开的。可见实践美学对现代中国美学影响之大、之深。按照正统的实践论者的看法，所谓的实践就是以使用和制造工具为基础的人类物质生产劳动，并将这称之为唯一的实践本体或实践方式。尽管这一看法正在遭受越来越多人的质疑，但实践的这一定义至少在目前的美学界仍然垄断着研究者的注意力。虽然李泽厚以及新实践论美学、超越实践论美学以及所谓的实践存在论美学都在强调人的情感、个体、存在等范畴，想以此来矫正实践论美学之偏颇。但作为更切近生命本体意义的休闲美学在以劳动实践为本体（即工具本体）特征的实践论美学面前似乎显得有些异类，研究注意力若想转入其中，其幅度也许非常大。

不过我们还是看到了休闲美学兴起的契机。从现在美学界争论得如火如荼的实践存在论美学、身体美学、生活美学、生态美学、生态存在论美学、自然美学、环境美学、审美文化以及日常生活审美化等类美学流派以及美学命题中，我们已然看到了美学界越来越从人类的审美活动出发，而不是从形而上学的美的本质出发；越来越重视美学的实证研究，而不是首先去建构什么宏大的哲学美学体系；越来越走出艺术中心论，去发掘日常生活中存在的丰富的自然审美、工艺审美、生活审美等。韦尔施所宣称的"要重视对日常生活的审美研究"也逐渐被整个国际学界所认可。休闲并非抽象的玄学，它本身即体现了一种人类普遍的存在方式和生命活动。因此理应从日常生活的角度来开展美学研究，使休闲进入美学的视域。

在历来的中国古代美学史的研究中，无论是宏观的通史，还是微观的断代史，都是对艺术审美大着笔墨，而对自然审美、工艺审美和生活审美的研究则相对薄弱。其中原因固然与艺术中心论的长期影响有关，更为重要的是在研究自然审美、工艺审美和生活审美的时候，不从文化环境以及古人的存在境域上探索，而常常将之浅化。比如研究自然审美很容易成为研究旅游活动，研究工艺审美很容易成为研究工艺史，而研究生活审美则容易成为研究社会风俗，等等。我们认为自然审美和工艺审美、生活审美都是人类生命活动更为直接的记录，较之艺术活动更能体现出古人的生存状态。我们在研究这三种审美形态时，不应满足陈述罗列事实与材料，而更应从这些古人的活动印迹中寻找出当时的具有普遍性的人类审美生存的规律。与艺术的静态审美不同，自然审美、工艺审美、生活审美更具有动态审美的特征。它们与人类的生活方式与行为模式有关。因此，我们可以将这三种审美形态纳入休闲审美的研究视野中，对其进行统一的关注与探索。

但是，休闲审美并不局限于这三种审美形态，实际上，它的研究范围可以包含所有的审美形态。这是由人类休闲活动的特点决定的。休闲是在人类必要劳动时间之外，以欣然之态做心爱之事。因此，只要是带着轻松、自由、愉悦的心态，而非功利形态，并以自身兴趣为引导而进行的活动，皆可以称作休闲活动。诸如艺术欣赏与创造、旅游、自然审美、工艺收藏、友谊交往等，无不含纳。一旦这些活动满足了主体对自由、无功利的需求，以一种游戏的态度产生愉悦的情感，那么，我们就说此休闲活动是美的，其中便有休闲审美的元素。

身体美学、生活美学、生存实践论美学的研究，包括学界一直讨论激烈的日常生活审美化、城市美学、环境美学等都对休闲美学有着很多启发与助益。休闲美学完全可以从这些美学门类或研究领域的研究成果中汲取智慧。正是因为新阶段的美学日益走向多元化、生活化，美学研究也渐渐远离哲学美学的形而上的空论，转而面向丰富的人类审美现实；随着人类物质生活领域的发达，休闲时代已经到来，休闲美学的提出与研究可谓正当其时。

第三节　回归自然的休闲美学

从现实情况看，随着经济的快速稳定发展，商业化社会以及消费主义社会所形成的休闲浪潮已呈风起云涌之势。渐渐丰厚起来的物质财富与日趋紧张严酷的社会竞争、高速运转的生活节奏，再加上国民文化和总体素质的提高，当这些因素组合在一起的时候，身处这个时代的人们内在的休闲需求便被集聚激发出来。现代社会的休闲现象之所以不同于传统社会也正因为此，它的大众性、世俗性、狂欢性、享受性、发展性、解压放松性、自我实现性等特征错综复杂地聚集在了一起。休闲将越来越成为这个时代以及未来社会中不可忽视的基础性话题，随着休闲重要性的凸显，人们将不得不对工作、休闲、富裕、匮乏、报酬、教育、福利等重新进行定义。

然而在思考休闲这一问题的时候，一开始我们就会面临困难，这就是"休闲"的定义。正如柏拉图所说，生命中最有价值的三样东西——正义、美与真理——都是无法定义的，休闲作为一种价值可能也是如此。之所以说无法定义，并非不能定义，而是说针对这些事物的定义太过繁多而难以有统一的结论。不同的定义都是从不同角度加深着我们对这些事物的认识而已。休闲当然也是这样。无论是从时间的角度定义休闲，还是从态度、心理状态等去定义休闲都丰富了我们对休闲的理解，休闲本身的魅力也将逐层得到彰显。因此，我们有必要对休闲做更进一步的阐释，并尝试提出一种走向自然的休闲理论，以此来审视与剖析当今社会休闲异化的现实，并试图以自然主义的休闲美学来建构一种全面发展的人性。

一、成为的过程与自然化

约翰·凯利指出休闲应该是动态的，但"只有构成休闲的某些核心要素在其本来的意义上被实施时，休闲才成为可能，它并不屈从于任何外在的强制性要求"[38]。在他看来，休闲的"核心要素"从存在主义角度来看并非一成不变，而是一种"成为的过程"，与个体的成长与创造力相关。从人本主义理论以及发展理论的角度，所谓"成为"便指向一种价值，这是对休闲概念的积极理解；而所谓"过程"，则是一种存在主义意义的理解。凯利对休闲的这种概念界定，是极具理论张力的。他并无意给休闲一个知识论意义上的固定（或僵化）了的理解（"过程"），但同时又指出了休闲的意义方向（"成为"）。从中国文化的角度，我们认为凯利所指出的"过程"思想，可以用"化"来更好地诠释；而"自然"的思想则是"成为"论调的最好注脚。也就是说，依我们理解，休闲作为一种成为的过程，其本质就是"人的自然化"。自然主义的休闲理论，是一种人生哲学，它既饱含着人道主义色彩，是积极对待生命成长的生活方式，同时又体现为人生的理想与境界。

对于休闲而言，为何"自然"会是"成为"的最好注脚？"成为"

概念的外延略显宽泛，仅仅言"成为"似不足以表达休闲的特质。工作，即便是为谋生而进行的劳作也可以有"成为"的因素，此其一；"成为"虽对休闲这一现象有积极性的规定，但如何成为、成为什么，仍然令人非常难以把握，此其二。存在主义休闲哲学观认为，休闲是一种决定并付诸行动的动态过程，这种表面的自由其实还需要对其赋予意义与价值。凯利自己也承认，"冲突隐喻所表现的生活图景是：在现代工业社会中，自由只是幻觉，而异化才是社会的现实"，所以，在存在主义休闲哲学的自由决定与行动之后，更为重要的是解放，也即"通过行动，我们变得更加真实，更接近自己的本性"。[39] 这就是把异己的力量拒之身后，从而带来的是个体的自我实现。与此相似的是，杰弗瑞·戈比著名的休闲定义："从文化环境和物质环境的外在压力解脱出来的一种相对自由的生活，它使个体能够以自己所喜爱的、本能地感到有价值的方式，在内心之爱的驱使下行动，并为信仰提供一个基础。"[40] 约瑟夫·皮珀认为"闲暇同时也是一种无法言传的愉快状态，……让事情顺其自然发展"[41]。从西方学者的视角看，休闲最重要的可能并非其自由的价值，而是一种解放的意义，即一种"回归自然"的"成为"。很明显，这里的"自然"，主要不是指物质意义上的"大自然"，而是指一种价值——让本性、本能顺其自然地发展，是自己与自己的和谐相处，也是自己与整体世界的和谐相处。

这种对休闲的理解，与中国传统文化中对休闲的理解是一致的，尤其是与道家的休闲思想相似。对于儒家而言，休闲要么是打发"饱食终日"生活的有益点缀，要么是功业不济时退身兼善的明哲保身之举，要么是体验天地自然大化流行的道德人生境界。道德与事业的双重压力使得儒家哲学也需要通过休闲的生命姿态来发展其本性天然本真，以及与宇宙万物协同的一面。后世儒家那种"窗前草不除，与自家意思一般"（周敦颐语）、观鱼以体会（程颐语），以及儒家常津津乐道的寻"孔颜乐处""曾点气象"等应该都是儒家文化逐渐内倾寻求洒落气象的表现。而道家尤其是庄子的哲学则把休闲作为一种人生的本体层面来理解。无论是老子的"人法地，地法天，天法道，道法自然"（《道德经》第25章）中对于自然而然的人生境界或生命法则的规定，还是庄子"夫虚静恬淡寂寞无为者，天地之平而道德之至"（《庄子·天道》）这样对休闲人生的本体认同，以无为自然为宗，逍遥天地宇宙之间，甘处无何有之乡、寂寞之滨，已经成为休闲的一种哲学隐喻。在这样的隐喻面前，休闲作为一种"成为"的过程，实际上在道家看来就是"圣人无为而无所不为，圣人无私而故能成其私"。"成其私"，即成就本真自我，"无所不为"就是因自然无为而达成的人与周围世界的和谐共处。

由此可见，凯利所说的"成为"在中国文化的语境中，其实就是自然地去成就本真自我。而这一"过程"就是"化"。"化"既有变化之意，又有转化、教化、感化之意，它表征一种状态到另一种状态迁移过渡的现象。"化"既是一种变化的过程，同时也与"自然"密切相关。所谓"化育""化工""化机"，都是指一种自然而然、不见人工斧凿之痕迹的现象。朱熹在注解《孟子·尽心下》中"大而化之之谓神"时，就说："大而能化，使其大者泯然无复可见之迹，则不思不勉、从容中道，而非人力所能为矣。"[42] 可见，以"化"来描述休闲之作为"成为"的"过程"，是非常贴切的。休闲中的成长，是顺其自然、依其本性，欣然为之而不觉其劳，乐此不疲而不为所累，寓教于乐，"兴于诗，立于礼，成于乐"（《论语·泰伯》）。凡此种种，皆昭示了"化"对于休闲的重要意义。"化"言休闲之过程、效果，休闲中人的成长是乐以成之而不觉得；"自然"则是休闲之价值、意义所在，由不自然到自然，由异化到本真，由奴役到解放，以自然为价值的休闲便具有境界本体的特性。

二、人的自然化与审美化生存

那么休闲何以就是"人的自然化"？我们将做进一步的分析。著名美学家李泽厚在其后期美学研究中对"人的自然化"这一命题有过多次阐述。他认为：

> "人的自然化"要求人回到自然所赋予人的多样性中去，使人从为生存而制造出来的无所不在的权利—机器世界（科技机器、社会机器和作为二者现代结合的语言信息机器）中挣脱和解放出来，以取得诗意生存，取得非概念所能规范的对生存的自由享受，在广

泛的情感联系和交流中，创造性地实现人各不同的潜在的才智、能力、性格。……只有"人自然化"才能走出权利—知识—语言。人才能从 20 世纪的语言—权利统治中（科技语言、政治语言、"语言是家园"的哲学语言）解放出来。[43]

从李泽厚对这一命题的阐述来看，人自然化其实就是一种诗意生存，尤其把它放在后工业社会的时代背景下，这种诗意生存，可以说就是休闲的生活。正如徐碧辉理解的：

> 在笔者看来，"人自然化"是自然的人化发展到一定阶段的历史和逻辑结果，是在"自然人化"的基础上对人与自然的关系的重新调整，即把人对自然的单纯改造征服关系，调整为情感性、诗性的审美关系。[44]

自然的人化与人的自然化两个命题，应该是辩证统一的关系，是人类历史必须经历的两段过程，但两者更多的时候是相互缠绕的，其最理想的状态应该就是如马克思所说的"真正的人道主义是自然主义，真正的自然主义是人道主义"[45]。由此我们理解人的自然化的时候，就不能偏执地认为自然化是一种倒退，而应辩证地理解为在自然的人化基础之上的人的自然化。这样的自然化是天人合一的新境界，是人生存的理想状态，也是不断实践中的现实状态。人的发展是在自然的人化与人的自然化的相互协调、相互统一的"度"中实现的。

休闲与人的自然化这种本质关联还可以从以下几个方面论述。

首先从"休闲"的字源意义上来看，"休"与"闲"于造字伊始便与自然有紧密的关联。"休"为人倚在树木边休憩，而"闲"则与树木或月亮有关，两个字从字面意思即可看出人与自然相互依赖相互亲近的关系。而"闲"，则更从诗意的生存角度（门中窥月）让休闲具有了一种精神现象学的深度。人向自然的回归，从根本上揭示了休闲的本质。

其次，从生理学与心理学的角度来看，在社会化的劳作过程中，无休止的劳动，尤其是现代条件下，那些远离自然（既是指大自然又是指人的纯真本性）的作为机器附属、被机器与钟表时间所规训了的劳动，会让人感觉身体疲惫。生理的承受强度自然有一定的极限，劳而不休，从个体的角度会让人痛苦，而从社会的角度而言，一个社会得不到休养生息，也会造成社会的动荡不安。另外，人的精神世界既需要物质欲望的满足，同时也需要超功利的诗意调剂，若长久在欲望的骚动不安中耗费精力，人的心里也会烦恼丛生（叔本华哲学、佛教哲学皆有对此精彩的论述）。因此，人性回归自然而然的纯真本性，以及内心的闲适安静对于人的现实生存而言都是极为重要的。

自然对于人而言，首先是物质的大自然。人就生活在大自然之中，大自然是人类活动的场域，同时也提供给人类休憩的场所。更为重要的是，人面对大自然的时候，人与自然的关系既有物质性的关系，又有精神性的关系。特别是人欣赏自然的形色的时候，人与自然就是一种生命之间的交流互动。人在自然中的休闲，把人的内在精神提升至自然无为的境界。所谓的"人法地，地法天，天法道，道法自然"（《道德经》第25章），这里的自然既是大自然，同时又是自然的法则。这种法则其本体是"无"，其表现则为自然而然的性质。所谓"无"，是说自然的法则体现为减法，减去的是人主观强加的意志，减少的是人为（"妄作凶"《道德经》第16章），回归自然的本来面目，达到人与自然和谐相存的生态局面。"无"的自然法则流通于自然万物之中，在自然身上便是自然性，在人身上则为自然的人性。在道家看来，自然纯粹是无为的，又是自由自在的，是人与万物最为本真的存在状态。自然的自由正因其自然而然的性质，它无所为而又无所不为，代表了生命的理想状态。因此，由自然的人性所体现出来的人的生存也便是休闲的了。

正如潘立勇教授指出的，休闲所具有的"自在生命的自由体验"的价值，使得休闲与审美，这两大人类重要的生命活动之间形成了天然的关联。但我们应首先看到休闲与审美两者之间巨大的差异，然后再观察两者之所以能够相通的因缘所在。就审美而言，它的形式是大于内容的，恰如康德所说，纯粹的美即是形式美。这样说并非否认审美活动内容的重要性。其实在任何审美的活动中，内容与形式都是不能完全割裂开来的。但无可否认，就审美活动的特殊性而言，内容是要包含在形式中，并通过形式绽放出来的。好的审美作品，必然是以其美的形式打动受众，受众也会因此而摇荡情性，舞之蹈之。

相反，对于休闲这一人类活动而言，则是内容大于形式，形式要凝聚到内容上来。举例而言，在闲暇时间去美术馆欣赏油画展览，这一活动本身便是休闲。人通过此类活动的内容而感受到自由快乐的生命存在，至于油画形式是否足够震撼、经典，都改变不了欣赏艺术这一活动内容本身。但若是以审美欣赏角度来看，油画水平之高低、色彩之特殊等就都弥足重要了，甚至直接决定着审美活动的成败。

总之，休闲是以本身为目的，它的对象即为它自身，它不以美、真、善等为目的，休闲本身自足自适（"无万物之美而可以养乐"《荀子·正名》）。审美活动却有其必要的对象，对审美对象的要求也较为苛刻。这是休闲与审美之间最大的不同之处。

然而当我们反思休闲本身的时候，休闲成为反思观照的对象的同时，便也成了审美的对象。此时休闲与审美便发生了关联。我们常说休闲有质量的高低，其实也就是说高质量的休闲，便是审美化的生存方式；低质量的休闲，甚至异化了的休闲就与审美的要求相去甚远（异化了的休闲也就已经不是休闲了。此也可以看出休闲本质上与审美相融相通）。

本质意义上的休闲，就是人的自然化。自然是美的，而"化"的过程也是美的。自然的美体现为人与自然的亲近与和谐，是自然美、生态美，又体现为自然人性的美、境界的美等等。正是因为在活动的过程中，有如此多的审美形态体现于其中，本真意义的休闲才自由自在，解放了人性，休闲主体充满了对生命的爱以及情感的快乐。在高质量的休闲过程中，主体浑然忘我于真善美的自然淡化之中。此时所谓机器的牢笼、文化的牢笼、语言的牢笼、权利的牢笼皆豁然冰释、消匿于无形。

"人的自然化"是李泽厚后期哲学中非常重要的命题，它是情本哲学的一块基石，也是其构建人类"新感性""新天人合一"的主要思路。它虽并非为美学而发，但它本质上还是美学的：

> "活"不只是"如何活"和"为什么活"，而是"活"在对人生、对历史、对自然宇宙（自己生存的环境）的情感的交会、沟通、融化、合一之中。人从而不再是与客体世界相对峙（认识）相作用（行动）的主体，而是泯灭了主客体之分的审美本体，或"天

地境界"。……人沉沦在日常生活中，奔走忙碌于衣食住行、名位利禄，早已把这一切丢失遗忘，已经失去那敏锐的感受能力，很难得去发现和领略这目的性的永恒本体了。也许，只在吟诗读书、听音乐的片刻中，也许，只在观赏大自然的俄顷和长久中，能获得"蓦然回首，那人却在灯火阑珊处"的妙悟境界。[46]

人的自然化的休闲通向的就是这种审美境界。这种自然主义休闲观足以说明休闲的本质内涵其实就是生存境界的审美化。人在休闲中获得了自然化的诗意情怀，同时人的创造力及其个性的精神也得到了充分的实现。

三、回归自然的休闲美学

自然化的休闲观，是一种价值形态或理想形态的休闲观，对经验的休闲现象提供批判的规范基础。在列斐伏尔看来，现实中人们的生活已经丧失了其传统的整体性，日常生活与非日常生活的方方面面都遭受着无孔不入的异化命运。工作时间与休闲时间的割裂与对立，让人们误以为工作时间即是要遭受奴役，闲暇时间则可以找回自我。这其实是一种幻象。在自然主义休闲观看来，休闲可以分为隐性休闲与显性休闲。关乎自我表达与自我实现的休闲因素无处不在。虽然工作的形式是一种规范与束缚，但"超越得失、利害的工作态度；充满趣味与创造性的工作内容；游刃有余的工作技巧"[47]等审美元素还是可以让工作也变得休闲；反过来，工作时间之外的显性休闲，虽然其形式是自由的，但无处不在的异化（人性异化、技术异化、金钱拜物教等）还是可以让休闲时间中人的自我实现成为一种幻象。如列斐伏尔指出的：

正是在日常生活的私人领域里，新商品和大众传播工具在维持着群众的消极性，使他们安于本分、循规蹈矩：汽车使生活私人化，电视、广播和报纸使群众镇定；科研和技术开发被金钱与政治势力所左右，变成新的撒旦（魔鬼）；科技异化把世界颠倒过来，但这仍然是一个真实的世界。与此同时，通过所有这些异化的极端发展，解除异化的需要也越来越紧迫，越来越逼人。[48]

可以说，长久以来自然的人化所带来的物质财富的增长，科技的大量使用，让人类的休闲时间空间增多，但与此同时，精神财富的贫乏与人性的异化又切断或扭曲了人与整体世界的联系。

休闲的异化主要体现在两个方面，一是精神层面的焦虑、慌乱、急躁、烦恼等，二是身体层面的劳苦、疲惫。人的不休闲，在很大程度上又表现为人生命的异化。人不休闲的根源在于自然人化的失"度"。我们试图从自然的人化角度来追寻异化之源。

"自然的人化"是马克思在《1844年经济学哲学手稿》中的一个非常重要的命题。根据马克思主义哲学，人活着就需要自然的人化。人类的历史以及个体的成长，首先都是要通过制造与使用工具和大自然打交道。人本身的自然也会在这一过程中传习、创造着人类的文化。自然的人化应该是历史的必然，是人活着的前提基础。不过无论在工业社会，还是前工业社会，人通过自然的人化的历史积累，一方面创造了灿烂的人类文明，但另一方面也因对自然的过度掠取、对功利欲望的过度索求不可避免地导致了各种各样的异化。尤其是进入工业社会以来，人与自然的关系日益紧张，各种生态问题接踵而至；人与自然关系的紧张本质上也反映了人与人关系的紧张，以及人类自身精神问题的严峻。人类获得了越来越多的物质财富，但人类的欲望也随着新技术的发明、商业社会的高度发达而越来越膨胀了。富裕起来的人们反倒没有感觉轻松自由，更多的是被膨胀的欲望所控制。人们为了得到更好更优越的物质享受而空乏其身、劳其筋骨。过劳死、抑郁症的频繁发生，科层管理制度对个性化人格的压抑，种种这些无不让现代的人类不胜其烦、不胜其忙。在后工业社会来临的时代，如何既保持人类文明的持续发展，同时又最大限度地解决人类异化现象，提升生活品质与幸福感，成为摆在人类面前的突出问题。于是在人的精神观念领域，需要一种反其道而行之的人的自然化思想。

自然人化基础上的人的自然化所追求的便是"总体的人"的实现。列斐伏尔认为"总体的人"就是整个自然界，"总体的人"通过人化自然赋予自然以意义，他把自然变成人的同时自己也成为自然的一部分。

日常生活包括休闲生活都将摆脱异化的牢笼而成为艺术品。比列氏更早，席勒也曾提到过"完全的人"，其有名的论断言犹在耳："在人的一切状态中，正是游戏而且只有游戏才使人成为完全的人，使人的双重天性一下子发挥出来。"[49]"只有当人是完全意义上的人，他才游戏；只有当人游戏时，他才完全是人。"[50]这种带有乌托邦性质的对"完全的人"的呼唤，昭示了休闲美学对于全面发展的人性建构的重要意义。

首先，自然主义的休闲美学能够恢复人与自然之间的和谐关系。人一方面因休闲而"离形去知"，摆脱了欲望与文化的双重束缚，回归到大自然的怀抱，成为大自然的一员，正所谓"江山风月本无常主，闲者便是主人"（苏轼《与范子丰》）。闲者，可以说就是这样一种审美的人。另一方面，自然本身的美，也只有在闲者面前敞开。自然美在传统的美学框架中是一个难题，自然或被认为无美可言，或被认为是人本质力量的投射。但自然主义的休闲美学将人的生存、生活导向生命的审美境界，人在摆脱了物质环境与文化环境的双重压力之后，实际上也就是把人从异化的边缘拉回本真的生活世界中，在休闲的场域中，自然既不是认识的对象，也非功利的对象，而真正成了与人共存于世的生命。人与自然在休闲的审美场域之中同时呈现出盎然的蓬勃生机。

在休闲美学看来，人在大自然中游玩休憩当是最典型的休闲活动，它最自由无碍而又充满了形而上的精神性。人在大自然中无拘无束、率真自然，暂时抛开社会中那些名缰利锁的纠缠，无功利也无目的地面对自然山水花草虫鱼。自然的生机感染着人，生态的丰富性以及自然环境的优美舒适，都令人获得充分放松，主体宛若回到了自己的家园——生命的家园。在人向大自然回归的维度中，人也真切地感受到了自己身体的重要性，受自然山水的感发，人的生命也非常活跃，精力充沛。空气的清新，山川的蜿蜒崎岖，草木的欣欣向荣，人生活于此，游玩于斯，身体完全融入其中。那在繁忙异化的世界中被忽视、被遮蔽了的身体，此时澄明起来。人也向自己的身体回归。反观身躯，也是大自然的杰作，只有有强健的身躯、不屈的意志，才能在大自然中自由地穿行、游戏。

其次，自然主义的休闲美学能够恢复身体的全部机能，使身体来体验把握整个世界。长久以来，在二元论的思维模式下，灵肉对立，精神统治身体，身体只是备受压抑的工具。身体要么被认为是一架机器（笛卡尔语）[51]，要么被视作受纯粹的本能欲望之躯（培根语）[52]。在后现代社会图景中，身体又成为政治、经济、社会、文化的诸多符号的表征。如何回到身体本来的面目，给身体一个活生生的自我形象？自然主义休闲美学认为人的身体也是自然的一部分，它的一呼一吸乃至新陈代谢，都有它自足的生态系统，人生在世便是身体的全部体验。身体不仅仅需要爱护、养护、保护，更需要来自主体的欣赏、美化、保健。身体的活力、健康与优雅自然的姿态，是休闲美学追求的目的之一。在日常的繁忙之中，人对身体通常是忽视的，无暇去通过锻炼让身体保持最优的状态。而人对身体的关注，要么是在身体生病、受伤的时候，人才感觉到身体是这么的重要；要么是在闲暇的时候，人才会通过各种各样的方式去锻炼身体、修养身体、美化身体。

总之，人向大自然的回归，以及人对自然身躯的锻炼，都表现了人对生命的关注。生命需要生机与健康，这是人的自然化休闲理论告诉人的第一个重要维度，即休闲的生命美学特征。休闲必须让人发现生命的美，也会让人主动地寻求这种生命美、创造这种生命美。对于大自然而言，这种生命美呈现为生态，而对于人的自然身躯而言，这种生命美则表现为健康。

再次，自然主义休闲美学召唤着主体向自然人性的回归。自然人性在中国肇始于道家，尤其是庄子的哲学。李泽厚曾经指出道家思想体现了人的自然化，它以自然为宗，崇尚自然无为，本真人性。它认为人类文明的发展、社会的演化，会不可避免地带来异化。种种异化包括了诸如道德伦理的异化（"失道而后德，失德而后仁，失仁而后义，失义而后礼。夫礼者，忠信之薄而乱之首"《道德经》第38章）、工具的异化（"有机械者必有机事，有机事者必有机心"《庄子·天地》）、语言的异化（"大言炎炎，小言詹詹"《庄子·齐物论》）等。异化的生命必然导致忙乱紧张、焦虑刻意的生存状态。道家就是试图以自然人性来纠正社会化了的人性之偏、之弊，让人回归到自适之适的逍遥之境。

道家哲学的异国知音——海德格尔的存在主义哲学同样认为，此在在世就处于非本真的存在状态，此在在跟存在者打交道的过程中经历着烦、畏的现实情态。但人虽充满劳绩，却依然要去诗意栖居。后期海德格尔又发展出"天地神人"四方游戏说，同样在昭示一种深度的诗意人性，一种自然主义人性的回归。后现代哲学主张人性欲望的解放，个性自由的张扬，主张将人从物质环境与文化环境的双重压力下解放出来，"后现代主义以个性解放、本能释放、冲动自由等为旗号，冲击一切不合时宜的价值观和生活模式，甚至违背历史戒律和心灵禁忌"[53]。在后工业化时代，以解放人性为旗帜的后现代哲学与人的休闲文化现象息息相关，这种哲学致力于寻求生命的真实体验，反对异化，回归本真，崇尚多元生态的生存观。

最后，自然主义休闲美学通过"度"来实践全面人性的构建。自然主义休闲美学作为一种"成为"理论，成就的是本真自我。然而本真的人性必须落实到休闲的生命实践中才算是真正的实现。正如儒家所持之仁，若无智、信、勇的支撑，便有践行的困难。休闲若想达成本真之人性，一样需要在现实中解决自然法则与道德法则的刁难。故此，自然主义休闲美学提出"度"来解决这一问题。

这一方面体现在人对自然法则的熟练运用上。任何一种劳动都是人通过制造与使用工具（人身体的延伸）同自然打交道的过程，这一过程的成功与否则要受自然法则的制约。当人的行动恰如其分地遵循自然法则的指令，也就是体现为游刃有余、得心应手地运用工具（物质的工具、语言的工具等等），以达到其行动的目的，此时休闲就发生了。休闲发生在这样的条件下，就无所谓其是否在工作中了。工作中"游刃有余"，则工作丝毫不会给工作者以压力或束缚，工作就成了享受，也成了个体实现自我的机缘，此时在工作的外在形式下，也便有了潜在的休闲因素；而闲暇时各种技能性娱乐活动的"游刃有余"，则使自由时间内的休闲质量得到提升。

另一方面，人的自然化还体现在对道德法则的自由运用上。休闲的实现，很重要的一点就是人要从文化环境的压力下解放出来，而道德伦理就是这种文化环境中最核心的部分。道德伦理观念及其所衍生的各种大小文化传统对受本能驱使的个体而言，往往会令其要么"道貌岸然"、不苟言笑，要么则"战战兢兢，如临深渊，如履薄冰"（《论语·泰伯》）。在道德律令的约束监控下，"玩人丧德，玩物丧志"，即便是文学艺术也会被视作是"小道"，致远恐泥。然而，当道德的修养达成一定的境界高度，主体就会表现出对道德的快乐运用，形而上的道德观念由约束成为一种习惯，习惯进而积淀成人性的自然。正如孔子所谓的"七十而从心所欲不逾矩"（《论语·为政》）的状态。此时个体便从伦理道德的文化压力中超越出来，透过道德的法令而入天地自由的审美境界中。在这样的境界中，亦会如孔子所说的，"大德不逾闲，小德出入可也"（《论语·子张》），"不有博弈者乎，为之犹贤乎已"（《论语·阳货》）。

无论是对技艺的熟练运用还是对道德的自由运用，其实都涉及"度"的艺术。依李泽厚的理解，"度"表现为"恰到好处""中和"，它"隐藏在技艺中、生活中，它不是理性的逻辑（归纳、演绎）所能推出，因为它首先不是思维而首先是行动。它是本体的非确定性、非决定性，它与美、审美相连，所以也才充分地表现在艺术—诗中：准确又模糊，主客体相同一的感受"[54]。主体通过"度"而实现的对技艺、道德的自由运用，是人性全面发展的要义之一（某种意义上说，人性的全面发展更是要通过"度"来落实到实践经验中去，否则全面的人性也是挂空的），也是人的自然化的休闲美学的必然体现。

我们认为，休闲作为成为人的过程就是人的自然化。这种自然主义的休闲观本质上与审美是相通的，休闲美学就是人的自然化的美学。它促使着人与自然之间的和谐，也昭示着自然人性的回归，通过"度"的艺术实现了技艺与道德的自由运用。休闲的异化源自人性的异化，而建构自然主义的休闲美学便是从根本上呼唤本真意义上的休闲，同时也是完成对完整人性的构建。

第四节　休闲美学之意蕴

一、休闲审美本体论

哲学研究的核心即为本体论，是对世界存在根据与意义的探讨。[55]休闲学作为哲学存在的一种形式，必然也要以休闲之本体论为主要研究对象。现在的休闲学研究更多附属在社会学、人类学的研究之下，哲学的休闲学研究相对薄弱，这就导致休闲本体理论的研究也屈指可数。没有本体论的休闲学是无根之学。不从本体论入手研究休闲便很难对休闲之于人类的存在价值做更深入的理解，休闲学理论也就难以有大的突破。

休闲之本体为"闲"，即发现"闲"的价值、认可"闲"的价值、推崇"闲"的价值。"闲"较"忙"的生活更有其意义，更值得人去过。在古代中国社会中，士大夫之"闲"有着较为深刻的人生内涵，它受儒家、道家、佛家思想的多重影响与制约，更体现出个体在社会、国家，甚至家庭中所进行的价值抉择。"闲"有时表示为与国家政治的不合作，有时表示为对社会的退避，有时又是对伦理责任的逃避。"闲"的本体价值在古代社会士大夫文化心理结构中的最终确认的标志是，士大夫将"闲"同深刻的人生存在之思相联系。过一种"闲"的生活，并高度认同"闲"的价值，并非是士大夫消极地对外界、人生的逃避、否定，而是更实在、更坚定、更真实地去拥抱生活，面向生活，面向自我生命。在这里，"闲"不仅成为本体，更成为境界。

本体的"闲"更侧重内在的精神品格，而不仅仅指外在身体生命的休闲。作为本体的"闲"意味着人本然的状态是闲暇的状态，应然的状态是闲暇的超越境界。人生在世免不了做事，任何超越的价值都要在"事上磨"（王阳明语），不做事的人生是不现实的。就知识分子（士人）来说，"士者，事也"（《说文解字》），即意味着士人在职事中实现人生的价值。然而做事不代表"不闲"。若只知做事而不知休闲，这就意味着失其本心，是驰心于外而不知返。驰心于外是对象化的表现，而不知返则就会流于异化。人可以对象化但不可以异化，对象化的同时也要做到物化，即与物同化，天人合一，也就是用一颗闲心容纳周围的世界，这样就可以避免异化。休闲的深刻价值并不在于能够可以不做事，而是在做事的同时"游刃有余"，从容不迫，悠然自得；更在于懂得做事或者工作、劳动的目的是为了休闲。对于人性来说，劳动是工具性的，休闲是目的性的，这就是休闲本体意义所在。

休闲的本体价值并不只是体现在人类世界中，作为本体的"闲"，更是具有宇宙的普遍意义。在中国古人看来，不仅人类本应休闲，万物也是闲的。"寒波淡淡起，白鸟悠悠下。怀归人自急，物态本闲暇。"[56]

宇宙万物本体为闲暇，人也是万物之有机的一部分，故人之闲的根据是万物之闲。孔子言"天何言哉？四时行焉，百物生焉，天何言哉？"（《论语·阳货》），这是天道之无为；又说"无为而治者，其舜也与"（《论语·卫灵公》），这是人道之无为。"无为"显然是儒道两家共有的价值观。无为即"闲"，因此从终极意义上讲，儒道都是认同宇宙之闲的本体地位的。

休闲在西方常用一个词来表达，即 leisure。在中国则是由两个分别具有意义的字构成。"休"与"闲"有其内在的相关性，但也并不完全相同。"休"，更侧重的是外在的生理维度，"闲"则是内在的精神维度。一般来讲，"休"能导向"闲"，但并不具有必然性。而"闲"是更具有本体意义的范畴，是休闲之本质所在。

"闲"作为人的本体价值观，要从内在心理情感层面去理解。从"闲"的本义来看，"闲"从外在防范、设置栅栏的意义逐渐演化到闲静、闲情等人的情感领域。这一方面表明"闲"并非无所事事，或随心所欲而不顾忌，"闲"是本真生命之守护，这体现了"闲"的理性特征；另一方面，"闲"最终是以情感的面貌体现在经验层面，"闲"的活动是富于情感的活动，是自然、自在、自由的心理体验与人生实践，这是"闲"的感性特征。正像有些论者所指出的"闲"具有"体用二维性"[57]，我们提出"闲"的"情理二维性"结构。本真生命之守护体现为一种情感的理性，自然、自在、自由的经验活动则体现为一种理性的情感。情与理的交融与和谐共存乃"闲"之本体的根本特征。在情理的二维结构中，情感当是更为本体内在的一维。理性是一种规则性、约束性的心理能力，它是劳动的法则。一般说来，理性分为知识理性与道德理性。二者都是以外在于人的实体为旨归，在两种理性约束下的人很容易造成一种紧张与敬畏的心理状态。苏轼曾说"人生识字忧患始"（《石苍舒醉墨堂》）[58]，又不曾以善恶之道德来言人性，并说要打破程颐等理学家之"敬"字，这都是看到了两种理性对人过度的约束而致使异化的倾向。凡是过度崇拜人类理性而贬低情感的哲学或人生观，最后大多会走向其反面，即不合理、非理性的一面。[59]这种哲学通常以"理"为本，而压抑人的情感。它或许只承认人的最为基本的欲望，欲望一旦盈余，便被视为恶。因此，以"理"为本的哲学多半会成为人类休闲的障碍，在对是非、善恶、利弊的左右权衡之下，休闲的机会也许会擦肩而过。所以回到情感，即是回到人类生命的本体。回到人类生命的本体，就是回到自然、自在、自由的情感体验之中，这样人就从外在世界的异化之中归复到个体自我之主体性上来。此时的情感也非即是放纵的情欲，恰恰相反，从异化世界的回归，正是一种"休"的姿态，停止的是无止境向外用心的企图，收回的是人的本心，此即"求放心"。因此，以情感为本体，回到人的情感体验上来，其终极之处也就是一种合理性的存在方式，而且是最自然的方式。

休闲是人的自然化，它要求人与社会空间要保持一定的距离。"如果说工作是一种社会功能之表现，那么闲暇的观念与这种意象显然也是互相对立的。"[60] 但人的自然化也并非完全的与世隔绝，它不是避世也不是避人。人的自然化更是一种参与，是以自然之本性更好地参与到社会与宇宙的创化之中。休闲的自然化本质，其形而上的自然本性的回归以及形而下的在自然山水中游玩、亲近大自然的现实活动，无非就是想表明休闲是人的**私人领域**的回归。对于休闲来说，私人领域这一概念是非常重要的。所谓的私人领域"是指一系列物、经验以及活动，它们属于一个独立于社会天地的主体，无论那个社会天地是国家还是家庭"[61]，也即苏轼所言"勾当自家事"[62]。人在社会化的过程中，私人领域往往被占用，这就意味着个体生命自由体验的被剥夺，异化也就因此而生。我们在工作、劳动中经常会有一种被机器化的体验，即自我生命异化为机器的一部分，成为机器的延伸，或者个体生命沦为群体延续的手段；我不再是我，我感觉到存在家园的丧失等等。我们已经习惯让外在的力量或权威奴役自己，将个体的私人领域让位给公共领域或他人。当这个外在的力量或权威一旦离去，自由出现在我们眼前时，我们却感到了莫大的空虚与恐惧。回到私人领域已经开始让我们对自己感到陌生，因为我们早已习惯了被客体化的命运。这就是为什么有些人一旦闲下来，一旦从公共领域中脱身而出便无所事事，不知做什么好，甚至丧失生命的自主性而走向堕落与犯罪。苏轼说得好："处贫贱易，处富贵难。安劳苦易，安闲散难。"[63] 那些驰心于外在公共事务中的人，一旦面对私人领域就会无所适从。所以只有真正地能够关注私人领域、重视私人领域的人，才是一个完整的人，也是最自由的人。那些能够掌握自己命运的人才是自己的主人；将自己的命运寄托于外在的公共空间的人，则很容易失去自由，丧失本真的自我。重视私人领域的人，无论是在其私人空间，还是身处公共空间，他都能游刃有余，闲暇自适。退回到私人领域，是为了更好地参与自己生命的创造，也更好地参与社会、宇宙的创造。也就是说，"安于闲散"之人，不仅在空闲的时候能够自由地支配闲暇，体现出自我生命的创造力；而且，即便是在繁忙的工作中、坎坷的人生中，无论顺境逆境，他始终能做到安时处顺，无往不适。

所以，我们看到，处于闲情的私人领域之中，并非仅仅是一己之私欲的表现，而是"克小己之私、去小我之蔽以成就个体人格"[64]，是一种处于"天地境界"的生存状态。私人领域的休闲本体通向的是消弭了善恶、公私、是非对立殊异的人生境界。"这是一种即道德而超道德、即审美而化道德的最高的理想境界"[65]，它表现为"无入而不自得"的审美人生体验，却也内在地含有了"至诚""至善"的真理与道德境界。正如潘立勇教授针对王阳明的人生本体境界所言的那样："阳明的思想当从其辩证的两面，两面的一体去理解，在其人生境界上则是入世与出世，实落与超越的统一。他的事功意识使其注意时时处处在现实用功，他的超越意识又使其注意时时处处在心灵自得。诚境、仁境都是需要实地用功的入世境界，而他的精神境界又不局限于实地用功，他更需要精神的超越。'吾心便是宇宙'，宇宙在一念中明觉，人生在一念中自由。工夫的积累终需至一念的灵觉。"[66] 我们这里所说的"私人领域"概念所显示的休闲之本体也应是这样一种"两面的一体"。明代董其昌说王阳明的心学"其说虽非出于苏，而血脉则苏也"[67]。可以说，王阳明的心学本体与苏轼之休闲本体皆是一种私人领域的回归，虽然其所体现的具体形式不尽一样，但其实质则多有相通之处。

二、休闲审美工夫论

工夫是通往本体之手段、途径。如何才能达到休闲之本体存在，或者通过什么样的途径来通达闲，这是关系一个人是否能够自觉地寻求闲、得到闲的关键所在。工夫是汉语哲学的表达词语，对于西方休闲学研究来说，他们并不讲休闲之工夫，而当他们关涉到人类如何才能休闲时，考虑最多的是制约休闲的因素有哪些，然后再去寻找解除休闲制约因素的途径，减小休闲制约因素的消极影响，或者主体设法取得与休闲制约因素的协商，由此来通达休闲之路。虽然，西方休闲学研究中休闲并非即指本体意蕴，然而这种由休闲制约因素出发去考虑达到休闲的方式，却对我们如今所提到的休闲工夫论别有意义。

制约即限制约束，休闲制约即限制约束进行休闲，或指影响休闲质量提高的因素。杰弗瑞·戈比认为休闲是"从文化环境和物质环境的外在压力解脱出来的一种相对自由的生活，它使个体能够以自己所喜爱的、本能地感到有价值的方式，在内心之爱的驱动下行动，并为信仰提供一个基础"，这一定义显然即是着眼于对休闲制约的摆脱。总体看来，休闲制约因素是来自于文化环境和物质环境两个方面，其中文化环境作用于人的心理情感，属于内在的制约；而物质环境则主要影响人的生理存在，属于外在的制约。因此，当戈比从制约理论对休闲展开研究时，其提出的制约因素的分类便很具有代表性。他把休闲的制约因素分为三类：

（1）个人内在制约（例如心理问题：压力或压抑等；表现为"我不想做那些事来出洋相"）。

（2）人际间制约（例如合适的休闲伙伴的缺乏；表现为"没有人会和我一起做那些事的"）。

（3）结构性制约（例如时间、金钱或其他资源及家庭生活周期；表现为"我没有时间或者金钱做这些事"）。[68]

虽然盖瑞·奇克等人提出文化对休闲的制约因素当更为内在，逻辑上更先于这三种制约，但毫无疑问在西方休闲制约理论中，无论是从文化层面还是从社会的经验层面来考察休闲的制约因素，都体现出休闲在西方文化传统中的社会化特征。也就是说，在西方人的眼中休闲并不是一个人的事情，而是在公共空间的活动方式。因此，在他们看来，想要进行休闲，并不是要取消这些制约因素，而是要与这些制约因素进行协商。这是一种"外向调节"获得休闲的方式。因此，我们看到在西方，休闲学一般是放在社会学的理论框架下进行阐释研究，这样的休闲研究就非常重视对休闲的时间、休闲的经济条件、社会建构、休闲载体等影响人们休闲的外在条件的关注。在这样的休闲学理论视野下，休闲与劳作、个体与社会便会截然对立起来，由此必然造成一些理论阐释上的困难，也会越来越远离休闲的本质。

外向调节的休闲工夫虽在一定程度上可以给人创造一些休闲的契机与条件，但并不能从根本上解决休闲作为本体的问题。有时候这种外向调节的休闲反而会求闲而得忙，总是在个人与社会、休闲与工作的对立矛盾中去寻求休闲，反倒会给休闲制造更多的障碍。

中国传统的休闲观由于把"闲"作为人生本体的价值与意义所在，因此，它的休闲工夫更为强调的是"内向的调节"[69]。在中国人看来，休闲重视的是内在的精神品格。"心闲"相对于"身闲"更具有根本之意义，所谓由内向调节达至休闲也就意味着是一种心灵的自我调适。孟子尝言："行有不得者，皆反求诸己。"（《孟子·离娄上》）这种向内反省的文化心理结构体现在中国人的休闲观上，即表现为"适"的工夫论。

《说文解字注》中云："适，之也。"段玉裁注："女子嫁曰适人。"[70]故"适"又有宜义。之且宜，这就是"适"。又曰："往自发动言之，适自所到言之。""适"不同于"往"在于"适"是目的地的到达。从这个核心延展出去，就产生适会、偶合诸义；进一步延伸就有了偶尔、刚刚等更抽象的含义。《说文解字注》中云："适从啇声。"[71]"适""啇"同源，它们又都有从止义而引申出来的仅限义。于是对"适"之义稍加总结可以看出，"适"原本具有到达、宜、刚刚、仅限的意思，后来就又自然发展出满足、舒适、当下、适度等意思。**"适"作为"闲"的工夫论，其深层含义即指人在身心欲求得以合乎限度地满足舒适之后，在当下的人生境遇中享受生命之安闲。**

那么"适"何以成为"闲"之工夫？"不适"意味着什么？将"闲"与"适"相连，使"适"成为休闲之工夫论的最早应推庄子。正像很少谈论"闲"一样，先秦儒家也很少谈论"适"。由于其浓厚的功利性人生观，儒家那种杀身成仁的人生理念必然会导致在一定情况下可以舍弃个体自我之"适"来获得集体的利益。当鱼与熊掌二者择一之时，宁取其一而后已。如果这也算是一种"适"的话，也只能是舍小我成全大我之"适"，这样的人生观不在于享受而在于奉献，不在于闲于"自适"而在于忙于兼济。所以，真正将"适"转向休闲人生观的不是儒家，而是道家，在庄子那里有着对"适"的直接而理论化的论述。

庄子哲学是无为之哲学，是人的自然化的诗意阐释。休闲，本质上说来也即自然无为。庄子以自然无为为本，即指向了一种以休闲为本的哲学。因此，庄子是古代休闲哲学的奠基者，很多休闲之思想与范畴都可以在庄子文本中找到依据。庄子对于"适"的言说也是指明了走向闲之人生的途径。

首先，庄子之适是由"身之适"到"心之适"，再到"忘适之适"。

> 工倕旋而盖规矩，指与物化而不以心稽，故其灵台一而不桎。忘足，屦之适也；忘要，带之适也；知忘是非，心之适也；不内变，不外从，事会之适也。始乎适而未尝不适者，忘适之适也。
>
> 《庄子·达生》

屦、带之"适"，其实就是"身之适"，由"身适"到"心适"，最后"忘适"，是一个工夫渐进的过程，也是不断"物化"，"一而不桎"的过程。郭庆藩疏"身适""心适"曰：

> 夫有屦有带，本为足为要；今既忘足要，屦带理当闲适。亦犹心怀忧戚，为有是非；今则知忘是非，故心常适乐也。[72]

《庄子·齐物论》言"大知闲闲，小知间间"，于是我们可以断定，对外在形迹的执着、是非善恶的执着，最终都是"小知"的表现。"大知"乃无是无非，故而"闲暇而宽裕也"（郭庆藩疏）。由此看来，无论是"身适"，还是"心适""忘适"，皆是从"忘"而来，而能"忘"则为"大知"，也就是能闲暇。毫无疑问，"适"是指向闲的。

其次，庄子之适为"适志"：

> 昔者庄周梦为胡蝶，栩栩然胡蝶也，自喻适志与！不知周也。俄然觉，则蘧蘧然周也。
>
> 《庄子·齐物论》

郭象注"栩栩然胡蝶也，自喻适志与"：自快得意，悦豫而行。郭庆藩疏"蘧蘧"：惊动之貌。看来，能"适志"自然即显闲暇貌。

最后，庄子之适为"自适"：

> 若狐不偕、务光、伯夷、叔齐、箕子、胥余、纪他、申徒狄，
> 是役人之役，适人之适，而不自适其适者也。
>
> 《庄子·大宗师》

庄子所举这几个人乃儒家常颂之人物。他们是"适人之适"，是为人所役。他们为他人所驱使，为他人奔波而忙碌。凡是有为于天下之人，皆不得"自适"，所以不闲。而"自适"者，则闲。郭庆藩疏此为：

> 此数子者，皆矫情伪行，亢志立名，分外波荡，遂至于此。自饿自沈，促龄夭命，而芳名令誉，传诸史籍。斯乃被他驱使，何能役人！悦乐众人之耳目，焉能自适其情性耶！[73]

这里的"适"，可以释为满足，自适即自我满足。自足于己而不外求，这也是适的应有之义。自足之适也就是自得。《庄子·让王》有这样一个记载：

> 舜以天下让善卷，善卷曰："余立于宇宙之中，冬日衣皮毛，夏日衣葛绨；春耕种，形足以劳动；秋收敛，身足以休食。日出而作，日入而息，逍遥于天地之间而心意自得。吾何以天下为哉！悲夫，子之不知余也。"遂不受。于是去而入深山，莫知其处。

同样是《庄子·让王》载：

> 孔子谓颜回曰："回，来！家贫居卑，胡不仕乎？"颜回对曰："不愿仕。回有郭外之田五十亩，足以给饘粥；郭内之田十亩，足以为丝麻；鼓琴足以自娱，所学夫子之道者足以自乐也。回不愿仕。"孔子愀然变容曰："善哉回之意！丘闻之：'知足不以利自累

也，审自得者失之而不惧，行修于内者无位而不怍。'丘诵之久矣，今于回而后见之，是丘之得也。"

自足而自得，则心闲而无事。适乃闲之工夫，庄子虽未明言，但其意在此，不可疑也。对于劳劳人生，庄子认为如何才能使之"悬解"？答曰：

且夫得者，时也，失者，顺也；安时而处顺，哀乐不能入也。此古之所谓悬解也。

《庄子·大宗师》

又说：

知其不可奈何，安之若命，德之至也。

《庄子·人间世》

潘岳《闲居赋》：

于是览止足之分，庶浮云之志，筑室种树，逍遥自得。[74]

郭若虚将"自足"与"闲"的关系概括为：

夫内自足，然后神闲意定。[75]

适，一定是自我满足，而不是智思和情欲向外无限地驰骋。适是闲之工夫，只有适然后才能得闲。可以说无适不成闲。相反的，如果不适，则无论如何也不能得以闲暇：

幽人清事总在自适。故酒以不劝为欢，棋以不争为胜，笛以无腔为适，琴以无弦为高，会以不期约为真率，客以不迎送为坦夷。若一牵文泥迹，便落尘世苦海矣！[76]

为什么不适就难以休闲呢？李渔给予我们答案：

> 弈棋尽可消闲，似难借以行乐；弹琴实堪养性，未易执此求欢。以琴必正襟危坐而弹，棋必整椠横戈以待。百骸尽放之时，何必再期整肃？万念俱忘之际，岂宜复较输赢？常有贵禄荣名付之一掷，而与人围棋赌胜，不肯以一着相饶者，是与让千乘之国，而争箪食豆羹者何异哉？故喜弹不若喜听，善弈不如善观。人胜而我为之喜，人败而我不必为之忧，则是常居胜地也；人弹和缓之音而我为之吉，人弹噍杀之音而我不必为之凶，则是长为吉人也。或观听之余，不无技痒，何妨偶一为之，但不寝食其中而莫之或出，则为善弹善弈者耳。[77]

不适的时候往往是利欲交攻于心胸，得失计较于眼前的时候，此时想得休闲而不能得。所以只有自然本性恰到好处的满足才能给人带来足够的闲暇，也会令人安于闲暇。这正如《富翁和渔夫》故事中那个渔夫一样，面对富翁辛勤劳作便可以利滚利地发财的诱惑，渔夫的回答显然表示了一种知足常乐的人生观，他得以在沙滩上恣意地晒太阳休闲的行为，也正是自适心理带来的。[78] 这也正应了庄子中这样一句："鹪鹩巢于深林，不过一枝；偃鼠饮河，不过满腹。"（《庄子·逍遥游》）于是，我们可以说，自足自适者方能"芒然彷徨乎尘垢之外，逍遥乎无为之业"（《庄子·大宗师》），"无为也，则用天下而有余"（《庄子·天道》）（郭庆藩疏"有余"，即闲暇）。无为自然，则我自适自得，而天下万物闲暇有余，这也就是苏轼最终提出的"我适物自闲"这一休闲命题。

三、休闲审美境界论

境界一词亦是中国美学特有的范畴。境界虽然至迟在唐就已经出现，然而直到王国维《人间词话》标举境界，并予以论述和界定之后，境界说才成为继意象、意境之后，中国美学理论的又一成熟的范畴。[79] 自此，中国学界学人多有论境界者，较为有影响的境界论如冯友兰的四境界说："各人有各人的境界，严格地说，没有两个人的境界是完全相同底。每个人的境界，都是一个个体底境界。……人所可能有底境界，可以分为四种：自然境界，功利境界，道德境界，天地境界。"[80]他认为自然境界的特征为，"其行为是顺才或顺习底。此所谓顺才即是普通所谓率性"，并举苏轼之语"行乎其所不得不行，止乎其所不得不止"。[81]在苏轼的思想中，这种率性而行是一种自然主义的人生境界，其实并不与冯友兰所言自然境界相等。所以冯友兰又说自然境界之人"对于其所行事的性质，并没有清楚的了解"，"他的境界似乎是一个混沌"，"此种境界中底人，不可以说不知不识，只可以说是不著不察"，也就是对所行之事之理并未有自觉之体认。他认为功利境界的人，"其行为是为利底"；道德境界的人，"其行为是行义底"。"在功利境界中，人的行为都是以'占有'为目的。在道德境界中，人的行为，都是以'贡献'为目的。"[82]据我们的理解，占有是损人而利己，贡献是损己而利人，两者虽然有境界之高低，然都是将己与人、个体与社会做一对立关系来看待的。因此这两种境界就都还未获得完全的超脱。

至于天地境界，冯友兰认为在这种境界中的人，"其行为是'事天'底"。天地境界是人所能达到的最高境界，是"天人合一"的境界。冯友兰认为自己所提的天地境界就是道家所指的"道德境界"：

> 我们所谓天地境界，用道家的话，应称为道德境界。《庄子·山木》篇说："乘道德而浮游"，"浮游乎万物之祖，物物而不物于物"，此是"道德之乡"。此所谓道德之乡，正是我们所谓天地境界。不过道德二字联用，其现在底意义，已与道家所谓道德不同。[83]

冯友兰也曾说过要以天地胸怀来处理人间的事物，以道家的精神来从事儒家的业绩。他的这种超脱功利、摆脱世俗，"物物而不物于物"的最高境界观，李泽厚直接指出此即为审美的人生境界。

另外，唐君毅则根据心与境的通感关系，将人生境界划为三类：客观、主观境、通主客观境。表面看来此三类境界的划分与冯友兰不一样，实际上也多暗合之处，如唐的第一境界客观境，即相当于冯的自然境界；主观境则相当于冯友兰的功利境界和道德境界。而主客观相通的境界则是天地境界。[84]

国外并无境界一范畴，他们在描述人类的存在的状态时常用模式（modes）抑或形态来表示，如克尔凯郭尔将人的存在模式（modes of existence）区分为三种：审美的、伦理的和宗教的。这一境界论模式基本可以代表西方对人的生存层次的理解。其中非常明显的是将审美的（或感性的）境界视为最底层，而将宗教的境界放到了最高层。

除了用模式（modes）来阐述人类境界，有的西方学者还从人类所择取的价值及其体验与意义上来表达类似的意思，如德国结构主义心理学家施普兰格尔将人的价值等级划分为"经济的、理论的、审美的、社会的、政治的、宗教的"[85]，共六个层次。[86]而人本主义心理学家马斯洛立足动机理论所提出的著名"需要层次"学说，其实也可以看作是对人生境界的描述：生理需要、安全需要、爱的需要、尊重的需要、自我实现的需要。有需要即要寻求满足，通常是当一种需要得到满足后，另一种需要便会马上出现。人的心理需要的逐级满足，也象征着人的境界的提升。当最后一个需要也是最高级的需要——自我实现得以满足时，人便会产生一种"高峰体验"，"感受到一种发自心灵深处的战栗、欣快、满足、超然的情绪体验"，由此获得的人性解放，心灵自由，照亮了他们的一生。马斯洛认为："高级需要的满足能引起更合意的主观效果，即更深刻的幸福感、宁静感，以及内心生活的丰富感。"[87]法里那认为马斯洛的这种"自我实现"与休闲是等同的。[88]我国学者也指出："休闲作为人的生命的自觉，经历了从生理体能的要求，到生存消费的需求，再到文化精神诉求的过程。即从物质的需要进入精神的需要。"[89]这种精神的需要，其实就是自我的最终实现。

就休闲学领域来说，我们似乎更多地认识到休闲作为人类一种生活方式也是一种人生境界，然而就休闲活动本身的境界问题则很少见有专门且深入的论述。休闲活动本身其实存在着多重维度，休闲也便有境界与格调的高低不同。我们不能一提休闲，就简单地将之理想化，也不能把休闲视为生命的挥霍与沉沦。就休闲活动的丰富性与复杂性来讲，它体现了人类生命与生存活动的复杂性。我国古代就有很多对休闲境界的描述，比如自古《尚书》中就有记载"玩物丧志"，而至朱熹则言"玩物适情"。同样是玩物，一丧志，一适情，此乃不同境界之表现。另外苏轼常言"寓意于物"与"留意于物"之别，这也是看到了休闲娱乐活动的不同境界。可见，休闲的境界也有高低差异，我们可以引鉴上述不同的境界理论，参之休闲活动本身的复杂性，试着对休闲的境界提出我们的看法。

对休闲的境界高低进行衡量即是休闲美学的任务。通过美学的视角对休闲活动进行美的判断，可以让我们甄别休闲层次的高低、雅俗，从而不仅可以选择那些最适合自己休闲的活动，也可以自觉地抵制或远离那些格调低下，对健康不利，损害生命浪费时间的活动。休闲实践表明，越是高层次的休闲越是充满了审美的格调，越是体现出休闲主体对自我生命的爱护与欣赏，也越是能体验到生命—生活的乐趣。人们不仅会为自己拥有了生命的自由、自得与自在而感到愉悦，而且这种愉悦一旦与其他同类的自由生命相感召，甚而与天地自然、周围环境的自由生命相呼应，其愉悦程度会更加强烈。在这样的休闲实践中，人们感到的是个体自我生命意义的扩大与充满（孟子所谓"充实之谓美"《孟子·尽心下》、"万物皆备于我"《孟子·尽心上》，儒道常言的"仁者，以天地万物为一体"）。相反，越是低层次的休闲，离审美的生活就越远。低层次的休闲活动更多的是受本能欲望的驱使，以满足生命自我的物质性需求为目的。因此，越是低层次的休闲活动，越是表现出狭隘、自私的特点。表面看来，低层次的休闲也是一种对个体生命的自由支配，但是这种自由往往是虚幻的自由，它过多地依赖外界的事物，它要获得物质性的满足，就要不停地向外索取和占有。因此，这种对生命的自由支配是以对有限生命的挥霍与浪费为条件的。相比于高层次的休闲活动，低层次的休闲活动往往更容易达到，其休闲快感的程度也更强烈，但是这种休闲的快感常常是短暂而虚幻的。低层次的休闲活动往往是以自由始，以异化终。真正的休闲是一种高层次的休闲，它没有更多的快感，但内心常常充满了愉悦。在高层次的休闲活动中，我们会体验到平静如大海般的精神状态——看似平静却充满了生命的生机与能量。

我们提出休闲审美境界分为三种，即自然境界、功利境界、超然境界。休闲的本质是人的自然化，它体现了人的一种自然主义的生活方式。当休闲成为人自觉去追求的价值时，那么如何休闲就等于人如何回到自然主义（自然化）的存在状态。一般说来，人的自然化体现在两个层面，一是外在的自然化，即优游于自然山水中寻求一份闲适；二是内在的自然化，也即人的内在性情的本真化、自然化。我们所理解的休闲的本质更侧重在自然化的第二个层面。然而，往往第二个层面的自然化会通过第一个层面，即人在自然山水的游玩中典型地体现出来。更有甚者，个体为了性情得以率真自然，便主动地以自然山水作为摒隔公共事务的手段，通过隐遁于深山僻水中而回到人的自然状态。以山水自然作为屏障，别人就很难再奴役自己。而自己由于摆脱了公共事务的侵扰，也即避世，从而获得了大量闲暇时间，为达到一种闲适自然的生活提供了最大的方便。我们就称这样的休闲境界为自然境界。卢梭提出的"自然的自由"，与休闲境界的自然境界多有相同。卢梭认为"自然的自由"，即人在自然状态中的自由。人享受天赋自由，每个人是自己的主人，不受任何人的奴役。如果要有所服从，也必须经过他的同意。每个人对他企图要求的一切东西，都有无限的权利，这种自由在进入社会状态时便丧失了。[90]陶渊明是自然休闲境界的典型代表。避世所营造的"空间隔绝"[91]对于休闲生活的获得不失为一种有效的策略，如庄子所言鸟高飞以避矰矢之害，鼷鼠深穴以避熏凿之患，亦做如是暗示。然而人毕竟不是动物，他对空间的要求越高、依赖越高，其自身的脆弱性越是明显。故，这一休闲境界最大的局限之处在于个体对自然的执着与依赖。因此，对于休闲的人生来说，我们需要寻求一种更为巧妙的策略才行。

休闲的第二个境界是功利境界，这也是从实现休闲的本质，即实现人的自然化的方式而言的。人的生活方式往往会反映一个人的人生境界。有什么样的生活方式便有什么样的人生境界。影响休闲的因素有很多，而时间、经济基础以及心理状态无疑是最核心的三个因素。如果说休闲的自然境界是通过逃避世界来获得大量的自由时间，从而达到休闲的话，那么功利境界就是充分认识到经济基础，即物质条件对于实现休闲的重要性，并努力地寻求足以令其闲适的经济基础。在这一休闲境界中的人过分依赖于功利的生活，具体表现在对一份工作、职位包括社会地位、名誉都非常重视。他能够认为工作是为了休闲，因为工作所得来的物质基础是其休闲得以进行的前提条件。但他又认为如果没有这个物质基础，则休闲便难以实现。功利境界的典型代表是白居易。他的"中隐"理论[92]，无非就是通过隐于吏职，既不用劳心费神于国计民生之中，又能轻松获得适宜休闲的物质财富。白居易曾说：

贫穷心苦多无兴，富贵身忙不自由。唯有分司官恰好，闲游虽老未能休。

《勉闲游》

因此，功利境界对自然境界的超越体现在不再执着于逃世、逃到纯自然的状态中忍受贫困的折磨，而是依然存在于公共的行政领域，享受由于从政而得到的钱财俸禄以及优越的社会地位，从而能够更自由地休闲。但功利境界在解决休闲的物质基础的同时，又陷入对这种功利生活的执着。从过分执着这一角度而言，自然境界与功利境界是一样的。这两种境界如果在其前提条件皆能满足的情况下，他们便能很容易地获得休闲。但是如果这种条件——自然的、功利的——一旦失去，作为人生本体的休闲能否达到，便成为一个未知数了。这也就是说，真正的休闲人生还需要为超越的境界。

超然境界则是休闲所能达到的最高境界。事实表明，通过回到自然状态和依赖于功利的生活来获得一种自然化的生存方式，最终往往适得其反。因为回到自然状态意味着要冒贫困的危险，且有避世之讥；而依赖于功利条件，则又很容易让人"怀禄而忘返"，溺于物中不能自拔。只有从精神上做到超然，才能化解各种执着的生活方式，从而完全回归内在的精神，"它不受任何外在的限制，只服从人自己的意志和良心……因为仅有嗜欲的冲动便是奴役状态，而唯有服从人们自己为自己所规定的法律，才是自由"[93]。正如有论者指出的境界之闲即是绝对的"心闲"，"这是主体内在精神完全超越状态下的自然自由，它可以完全超越对象"。[94]

在中国古代休闲审美史中，也许只有到了苏轼所代表的宋代士人那里才真正完成了对前两种休闲境界的超越，从而达到了一种超然的高层次的休闲境界。

注释

[1] 关于休闲美学的研究现状，可参看潘立勇:《关于当代中国休闲文化研究和

休闲美学建构的几点思考》，《玉溪师范学院学报》，2014 年第 30 卷第 5 期。章辉：《中国当代休闲美学研究综述》，《美与时代》，2011 年第 8 期。李爱军、陈曦：《休闲美学研究综述》，《韶关学院学报》，2009 年第 30 卷第 8 期。

［2］《尚书·旅獒》，周秉钧注译，长沙：岳麓书社，2001 年，第 131 页。

［3］朱熹：《四书章句集注》，北京：中华书局，1983 年，第 94 页。

［4］"休闲是一种境界，意味着自由。这种定义我不会反对，只是它的抽象意义我还不太明白。"见胡伟希、陈盈盈：《追求生命的超越与融通：儒道禅与休闲》，昆明：云南人民出版社，2004 年，第 12 页。另见〔英〕马林诺夫斯基：《自由与文明》，张帆译，北京：世界图书出版公司，2009 年。此书有对自由的深刻探讨，同时也揭示了自由定义的复杂性。

［5］林东泰：《休闲教育与其宣导策略之研究》，台北：师大书苑有限公司，1992年，第 13 页。

［6］〔美〕约翰·凯利：《休闲导论》，王昭正译，台北：品度有限公司，2003年，第 18 页。

［7］据赵玉强博士考证，中国古代"休闲"最早出现在西周时期《鄂侯驭方鼎铭文》中，为"休闲"。休闲即休闲，见赵玉强：《优游之道：宋代士大夫休闲文化及其意蕴》，上海：上海古籍出版社，2017 年，第 13 页。

［8］魏收：《魏书》，付艾琳编，阿图什：克孜勒苏柯尔克孜文出版社；乌鲁木齐：新疆青少年出版社，1982 年，第 1186 页。

［9］白居易：《白居易集笺校》，朱金城笺校，上海：上海古籍出版社，1988 年，第 2357 页。文中所引白居易诗文，皆引自此书，只随注篇名，不再加注。

［10］孟浩然：《孟浩然集》，长沙：岳麓出版社，1990 年，第 26 页。

［11］司马迁：《史记》，北京：中华书局，1963 年，第 1 页。文中所引《史记》篇目，皆引自此书，只随注篇名，不再加注。

［12］班固：《汉书》，赵一生点校，杭州：浙江古籍出版社，2000 年，第 1194 页。

［13］欧阳修、宋祁：《新唐书》，北京：中华书局，1975 年，第 5573 页。

［14］辛弃疾：《稼轩词注》，俞樟华注，长沙：岳麓书社，2005 年，第 36 页。

［15］朱德才主编：《增订注释秦观黄庭坚词》，北京：文化艺术出版社，1999 年，第 105 页。

［16］"身闲"与"心闲"相对，"辞轩冕之荣，据林泉之安，此身闲也；脱略势力，超然物表，此心闲也"（见张萱《西园闻见录》卷 21《知止》）。然此"身闲"与"心闲"之分只是相对地说，应该辩证看待。"身闲"只是强调身体处于一种休的状态，但有时也会体现为一种心灵境界；而"心闲"强调的是心灵安闲的境界，但有时也会表现为身体的闲暇。

［17］班固：《汉书》，赵一生点校，杭州：浙江古籍出版社，2000 年，第 273 页。

［18］沙少海:《易卦浅释》,贵阳:贵州人民出版社,1988年,第227页。

［19］徐锴:《说文解字系传》,北京:中华书局,1987年,第120页。

［20］钱钟书:《管锥编》第4册,北京:生活·读书·新知三联书店,2001年,第12页。

［21］董仲舒:《春秋繁露新注》,曾振永、傅永聚注,北京:商务印书馆,2010年,第340页。

［22］刘安:《淮南子》,郑州:中州古籍出版社,2010年,第122页。

［23］曹丕、曹植:《三曹诗集》,太原:三晋出版社,2008年,第102页。

［24］朱熹:《四书章句集注》,北京:中华书局,1983年,第190页。

［25］〔英〕菲斯克:《解读大众文化》,杨全强译,南京:南京大学出版社,2001年,第3页。

［26］〔美〕杰弗瑞·戈比:《你生命中的休闲》,康筝译,昆明:云南人民出版社,2000年,第21页。

［27］"生命的本真状态是休闲,休闲意味着生命进入其本真的状态。"胡伟希、陈盈盈:《追求生命的超越与融通:儒道禅与休闲》,昆明:云南人民出版社,2004年,第14页。

［28］〔美〕托马斯·古德尔、杰弗瑞·戈比:《人类思想史中的休闲》,成素梅等译,昆明:云南人民出版社,2000年,第11页。

［29］于光远、马惠娣:《于光远马惠娣十年对话》,重庆:重庆大学出版社,2008年,第45页。

［30］转引自〔美〕克里斯多夫·爱丁顿:《休闲:一种转变的力量》,李一译,杭州:浙江大学出版社,2009年,第48页。

［31］〔美〕托马斯·古德尔、杰弗瑞·戈比:《人类思想史中的休闲》,成素梅等译,昆明:云南人民出版社,2000年,第11页。

［32］潘立勇:《休闲与审美》,《浙江大学学报》(人文社会科学版),2005年第6期。

［33］〔美〕约翰·凯利:《走向自由:休闲社会学新论》,赵冉译,昆明:云南人民出版社,2000年,第1页。

［34］庸碌,笔者的理解就是为了庸俗之事而忙碌奔波,从而迷失真我,是休闲的对立面。

［35］周均平:《"比德""比情""畅神":论汉代自然审美观的发展和突破》,《文艺研究》,2003年第5期。

［36］"游戏是除了当下所得的快感、满足外,没有其他目的……有不少的人,把艺术的起源,归之于人类的游戏的本能。游戏常可以不受经验的与范围的限制。而在游戏中所得到的快感,是不以实际利益为目的。这都合于艺术的本性。"

见徐复观:《中国艺术精神》,上海:华东师范大学出版社,2001 年,第 37—38 页。

[37] 于光远先生就说过:"游戏是休闲的重要组成部分。"见于光远、马惠娣:《于光远马惠娣十年对话》,重庆:重庆大学出版社,2008 年,第 103 页。

[38]〔美〕约翰·凯利:《走向自由:休闲社会学新论》,赵冉译,昆明:云南人民出版社,2000 年,第 20 页。

[39]〔美〕约翰·凯利:《走向自由:休闲社会学新论》,赵冉译,昆明:云南人民出版社,2000 年,第 264 页。

[40]〔美〕杰弗瑞·戈比:《你生命中的休闲》,康筝译,昆明:云南人民出版社,2000 年,第 21 页。

[41]〔德〕约瑟夫·皮珀:《闲暇:文化的基础》,刘森尧译,北京:新星出版社,2005 年,第 42 页。

[42] 朱熹:《四书章句集注》,北京:中华书局,1983 年,第 370 页。

[43] 李泽厚:《历史本体论·己卯五说》,北京:生活·读书·新知三联书店,2006 年,第 262 页。

[44] 徐碧辉:《从"自然的人化"到"人自然化":后工业时代美的本质的哲学内涵》,《四川师范大学学报》(社会科学版),2011 年第 4 期。

[45] 马克思、恩格斯:《马克思恩格斯全集》第 42 卷,北京:人民出版社,1956 年,第 120 页。

[46] 李泽厚:《李泽厚哲学文存》下册,合肥:安徽文艺出版社,1999 年,第 523—524 页。

[47] 郑明、陆庆祥:《人的自然化:休闲哲学论纲》,《兰州学刊》,2014 年第 5 期。

[48] Henri Lefebvre. *Everyday Life in the Modern World*.London: The Penguin Press, 1971, p.231.

[49]〔德〕席勒:《审美教育书简》,冯至、范大灿译,北京:北京大学出版社,1985 年,第 79 页。

[50]〔德〕席勒:《审美教育书简》,冯至、范大灿译,北京:北京大学出版社,1985 年,第 80 页。

[51]〔法〕笛卡尔:《谈谈方法》,王太庆译,北京:商务印书馆,2000 年,第 44 页。

[52] 王绍轩:《论培根的身体艺术》,《美与时代》(下旬刊),2017 年第 3 期。

[53] 黄菊等:《后现代文化对休闲旅游的影响》,《河北大学学报》,2011 年第 6 期。

[54] 李泽厚:《历史本体论·己卯五说》,北京:生活·读书·新知三联书店,

2006 年，第 15 页。

［55］学界关于"本体论"曾有过非常热烈的讨论，"本体"一词在中西不同的语境下有着很大的差异，其间复杂的关系可看潘立勇教授：《西学"存在论"与中学"本体论"》，《江苏社会科学》，2004 年第 4 期。笔者在此所提"本体"正如潘立勇所言乃"中学思想本体的理论"，即"这里所谓本体是本来状态之义，也是应然状态之义；按其思辨的逻辑，本然即应然，应然即本然，心之本体既指心的本来状态，亦指心的应然状态；本然为逻辑本体，应然为理想境界，在王阳明，本体即境界，境界即本体，两者合而为一"。此论甚为精到，笔者于此亦深表认同。

［56］元好问：《颖亭留别》，见钟星选注：《元好问诗文选注》，上海：上海古籍出版社，1990 年，第 48 页。

［57］苏状提出闲的"体用二维"是："一方面，'闲'用来指示一种精神境界，体现为自然、平静的自由心灵体验，是体之'闲'；一方面'闲'也用来指示一种现实生存，表现为闲暇时间里的自由文化活动，是用之'闲'。"见苏状：《"闲"与中国古人的审美人生》，复旦大学博士学位论文，文艺学专业，2008年，第 4 页。

［58］苏轼：《苏轼全集》上册，张春林编，北京：中国文史出版社，1999 年，第 39 页。文中所引苏轼诗文，除特殊说明外，皆引自此书，只随注篇名，不再加注。

［59］"人类的种种活动，包括游戏，一旦纳入人类理性的轨道，被工具化与实用化，它就不再是原来意义上的游戏。"胡伟希、陈盈盈：《追求生命的超越与融通：儒道禅与休闲》，昆明：云南人民出版社，2004 年，第 16 页。

［60］〔德〕约瑟夫·皮珀：《闲暇：文化的基础》，刘森尧译，北京：新星出版社，2005 年，第 44 页。

［61］〔美〕宇文所安：《中国"中世纪"的终结：中唐文学文化论集》，北京：生活·读书·新知三联书店，2006 年，第 71 页。对于"私人领域"概念的具体分析请参看第四章第一节的内容。

［62］李廌：《师友谈记》，孔凡礼点校，北京：中华书局，2002 年，第 34 页。

［63］何薳：《春渚纪闻》，张明华点校，北京：中华书局，1983 年，第 89 页。

［64］潘立勇：《"自得"与人生境界的审美超越：王阳明的人生境界论》，《文史哲》，2005 年第 1 期。

［65］同上。

［66］同上。

［67］沈德符：《万历野获编》卷 27，北京：中华书局，1959 年，第 689 页。

［68］〔美〕盖瑞·奇克、董二为：《休闲的文化制约》，选自〔加拿大〕埃德

加·杰克逊主编：《休闲的制约》，凌平等译，张建民等校，杭州：浙江大学出版社，2009 年，第 200 页。

[69] 托马斯·古德尔其实已经指出："物质享受已经变成一种（目的性的）理想，而不是作为实现休闲理想的一种手段。但是，它并不能使我们幸福。一种自足的哲学或许是非常可靠的。"其所说的"自足的哲学"就是"内向调节"的哲学，也就是"适"的工夫。见〔美〕托马斯·古德尔、杰弗瑞·戈比：《人类思想史中的休闲》，成素梅等译，昆明：云南人民出版社，2000 年，第 30 页。

[70] 许慎：《说文解字注》，段玉裁注，上海：上海书店出版社，1992 年，第 71 页。

[71] 同上。

[72] 郭庆藩：《庄子集释》，王孝鱼点校，北京：中华书局，1961 年，第 662 页。

[73] 郭庆藩：《庄子集释》，王孝鱼点校，北京：中华书局，1961 年，第 234 页。

[74] 潘岳：《潘黄门集校注》，王增文校注，郑州：中州古籍出版社，2002 年，第 74 页。

[75] 郭若虚：《图画见闻志·一·论用笔得失》，四部丛刊续编子部。

[76] 常万里主编：《菜根谭智慧》，北京：中国华侨出版社，2002 年，第 490 页。

[77] 李渔：《闲情偶寄》，沈勇译注，北京：中国社会出版社，2005 年，第 100 页。

[78] 〔德〕海因里希·伯尔：《一桩劳动道德下降的趣闻》，黄文华译，选自《伯尔中短篇小说选》，北京：外国文学出版社，1980 年。在地中海风景如画的海边，一名美国游客兴奋地拍照，而一名渔夫却懒洋洋地睡觉。游客兴奋之余问渔夫，为什么睡懒觉而不出海打鱼。渔夫说已经打到了四只龙虾和三十来条鲭鱼。游客说，为什么不多打些鱼，赚够钱，可以买艘游艇，躺在上面享受美好的阳光。渔夫奇怪地说，我刚才不是在享受吗？是你把我吵醒了。

[79] 郁沅：《境界与意境辨异》，《文艺理论研究》，2002 年第 4 期。

[80] 冯友兰：《冯友兰集》，北京：群言出版社，1993 年，第 306 页。

[81] 同上。

[82] 冯友兰：《冯友兰集》，北京：群言出版社，1993 年，第 306—308 页。

[83] 冯友兰：《冯友兰集》，北京：群言出版社，1993 年，第 309 页。

[84] 唐君毅：《唐君毅集》，北京：群言出版社，1993 年，第 631—637 页。

[85] 〔美〕马斯洛等著，林方主编：《人的潜能和价值》，北京：华夏出版社，1987 年，第 162—168 页。

[86] 值得注意的是，舍勒也根据人的存在不同领域，区分了四类价值：感性价值、生活价值、精神价值、宗教价值。他的这一价值的区分也可以看作是对不同人生境界的区分。见赵敦华主编：《西方人学观念史》，北京：北京出版社，2004 年，第 454 页。

［87］〔美〕马斯洛等著，林方主编：《人的潜能和价值》，北京：华夏出版社，1987年，第202页。

［88］〔美〕亨德森等主编：《女性休闲》，刘耳等译，昆明：云南人民出版社，2000年，第150页。

［89］张立文语，参看吴小龙：《任情适性的审美人生：隐逸文化与休闲》，昆明：云南人民出版社，2005年，《总序一》第2页。

［90］赵敦华主编：《西方人学观念史》，北京：北京出版社，2004年，第61页。

［91］文青云语，见〔澳〕文青云：《岩穴之士：中国早期隐逸传统》，徐克谦译，济南：山东画报出版社，2009年，第46页。

［92］白居易"中隐"理论的休闲审美内涵，请看本书的第五章第四节的相关部分。

［93］赵敦华主编：《西方人学观念史》，北京：北京出版社，2004年，第61页。

［94］苏状：《"闲"与中国古人的审美人生》，复旦大学博士学位论文，文艺学专业，2008年，第5页。

第二章　宋代休闲审美文化结构 [1]

第一节　宋代美学的休闲旨趣

一、宋代审美与艺术的生活化旨趣

唐宋文化转型表现在宋代文化的内倾性特征的形成。在宋人的艺术表现领域，日常生活的题材以及对个体生命意趣的表现越来越明显，艺术借助闲情进入生活，人生通过艺术而得到雅致化，宋代美学由此呈现出不同于往代的休闲特征。

就艺术领域而言，从北宋诗文革新开始，宋诗开始更多地表现诗人琐细平淡的日常生活（如梅尧臣、苏轼等），注重从生活中格物穷理、阐发幽微（如邵雍、程颢、朱熹等），由此感喟人生、嘲弄风月。典型的如苏轼在海南写过《谪居三适》，包括《晨起理发》《午窗坐睡》《夜卧濯足》三首诗，将一种诗意的情怀赋予看似平庸琐碎的日常生活，体现了闲适自放的文人情怀。缪钺指出："凡唐人以为不能入诗或不宜入诗之材料，宋人皆写入诗中，且往往喜于琐事微物逞其才技。如苏黄多咏墨、咏纸、咏砚、咏茶、咏画扇、咏饮食之诗，而一咏茶小诗，可以和韵四五次（黄庭坚《双井茶送子瞻》《和答子瞻》《省中烹茶怀子瞻用前韵》《以双井茶送孔常父》《常父答诗复次韵戏答》，共五首，皆用'书''珠''如''湖'四字为韵）。余如朋友往还之迹，谐谑之语，以及论事说理讲学衡文之见解，在宋人诗中尤恒见遇之。此皆唐诗所罕见也。"[2] 邵雍的诗歌如"林下一般闲富贵，何尝更肯让公卿"（《初夏闲吟》）[3]，程颢的"闲来无事不从容，睡觉东窗日已红。万物静观皆自得，四时佳兴与人同。道通天地有形外，思入风云变态中。富贵不淫贫贱乐，男儿到此是豪雄"（《秋日偶成》）[4]，也表现了在平凡生活中的理趣与闲情。

宋词的生活化特征更是明显，它本是"诗之余"，是娱宾遣兴的艺术形式。词与诗之不同在于"诗常一句一意或一境。整首含义阔大，形象众多；词则常一首（或一阕）才一意或一境，形象细腻，含义微妙，它经常是通过对一般的、日常的、普通的自然景象（不是盛唐那种气象万千的景色事物）的白描来表现，从而也就使所描绘的对象、事物、情节更为具体、细致、新巧，并涂有更浓厚更细腻的主观感情色调，不同于较为笼统、浑厚、宽大的'诗境'"[5]。宋代文人对于日常生活的关注以及市民休闲文化的繁荣，是唐宋的主要文学体裁由诗转向词的重要原因。诸如宋代城市生活、节日民俗、士人交游情趣等生活题材都由词更自由地传达出来。而宋代文人特有的细腻深婉的主观情感，也因词的特性而较诗更易体现。如"浮生长恨欢娱少，肯爱千金轻一笑？为君持酒劝斜阳，且向花间留晚照"（宋祁《玉楼春》）[6]与"翠叶藏莺，朱帘隔燕，炉香静逐游丝转。一场愁梦酒醒时，斜阳却照深深院"（晏殊《踏莎行》）[7]词中那种缠绵悱恻的闲情与落寞，是唐诗之中少有的境界。而词里透露出来的清新而又朦胧的人生韵味，则让读者品味到了浓重的生活气息与生命脉动。

宋代绘画，无论山水、人物还是花鸟，都充满了非常浓厚的生活气息与审美趣味。人物画的主流不再是历代帝王将相、贵族侍女，而是充满了生活化场景的文人雅集、童子嬉戏、妇女纺线、货郎、渔樵等。宋代山水画也把大众平民的生活融入山水之中，如李成《茂林远岫图》、郭熙《早春图》。宋代花鸟画惟妙惟肖，写实而不失灵动。最具生活气息的绘画代表作品要算张择端的《清明上河图》，简直就是把北宋城市生活的一角呈现在画面之上。两宋风俗绘画所表现的主题也不再是门阀地主和贵族的生活，而是对新兴的城市平民和乡村世俗生活的着力描绘。

由于城市都会经济的兴盛，与诗词绘画这种高雅文学艺术亲近日常生活现象相对应的，是底层世俗文学的繁荣。这里面就有诸宫调、杂剧、小说、宋平话等。与常以鬼怪神奇、瑰丽辞藻等获取精英上层人物阅读的六朝志怪、唐人小说不同，宋代俗文学则是将逼真的现实生活搬上表演的舞台，即便是对历史故事的演绎，也多立足当下生活中一般受众的情趣水平来组织情节与刻画人物性格。例如：

> 说国贼怀奸从佞，遣愚夫等辈生嗔；说忠臣负屈衔冤，铁心肠也须下泪。讲鬼怪，令羽士心寒胆战；论闺怨，遣佳人绿惨红愁。说人头厮挺，令羽士快心；言两阵对圆，使雄夫壮志。[8]

在民间艺术家的倾情渲染演绎之下，听众也会喜怒随之，非常地投入。如此贴近市民、贴近生活的艺术形式到了宋代才普遍出现。正是这种文学的繁荣，迎合并推动了宋代城市休闲文化的勃兴，甚至受到了文人士大夫的普遍关注与参与。

除了诗词文学领域与日常生活结合紧密，宋代的园林艺术也越来越私人化、生活化了。园林本是古代审美文化与生活实践交接的典型空间。但在宋之前，中国园林的主流是皇家园林，士人私家园林尚未普及。皇室园林讲究规模宏大，气势排场，设在郊区，远离都市；而且唐代园林，尤其中唐之前尚带有实用性的功能，如生产、祭祀等。到了宋代，这一现象有了很大的改变，大型庄园与园林基本分离，私家园林大量出现，园林的风格和形式有着浓厚的文人色彩，园林本身只作为怡情养性或游宴娱乐活动的场所。甚至宋代的皇家园林也深深受士人园林的影响。例如北宋末年宋徽宗在东京营造的艮岳，是当时士人园林环境模式及风格特征的集锦。园林的私人化，是士人审美理想的生活化体现。园林一旦成为一种生活理想的宣示，加上士人诗意情趣的灌注，便使得这一壶中天地别有洞天。这个既能封闭又可无限敞开的领域，将士人独特的审美生活展露无遗。司马光的"独乐园"就是士人审美意趣应用于生活实践的体现，"熙宁六年买田二十亩……以为园……其中为堂，聚书五千卷，命之曰：'读书堂'"，另设有"弄水轩""种竹斋""采药圃""浇花亭""见山台"等，"不知天壤之间复有何乐可以代此也"（司马光《独乐园》）。[9] 宋代士人对生活的诗意营构在其所撰写的众多园林记文中不胜枚举，这显然成为当时士人的普遍精神追求。

宋代园林的生活化，一方面让宋人的生活别具诗意情调，另一方面也使得宋人所追求的艺术审美理想得以在这一生活化的场景中实现。一个狭小的园林空间，就容纳了宋代士人最为精致的日常生活。园林促成的身心俱闲的生活模式，使得宋士人在激烈斗争的政治环境与民族危机中反而显得特别的优容闲适。

宋人审美生活化的另一重要体现是居室的园林化。一方面，文人的居室在整体格局的设计中体现出强烈的园林化倾向。如陆游故居三山别业，由住居室、园林、园圃构成，居室与园林融为一体，共用一门，而园圃环绕四周。王十朋曾描写居住的茅庐、小室、小园，抒发自己悠然闲居的意绪:"予还自武林,葺先人弊庐,静扫一室,晨起焚香,读书于其间,兴至赋诗,客来饮酒嚷茶,或弈棋为戏;……有小园,时策杖以游。"(《小诗十五首序》)[10] 居室的园林化倾向表明了宋代士人认识到日常起居休闲游憩的重要性。另一方面,在室内的陈设与日用器皿的使用上也体现出清远闲逸的园林风趣。宋代开始流行在居室内墙壁上装饰一些画作,尤其是将当时流行的山水画张贴悬挂于墙壁上,寄托一种山水恬淡的闲情,所谓"不下堂筵,坐穷泉壑"[11]:

> 但烧香挂画,呼童扫地,对山揖水,共客登楼。付与儿孙,只将方寸,此外无求百不忧。
>
> 陈著《沁园春》[12]

宋代的一些休闲场所如青楼、商铺、酒店等,也流行将山水画张贴于室内,以招徕顾客。这些都是在借山水绘画增添居住空间的休闲情调。

另外,居室内的日用器皿也被赋予了高雅清远的风格。宋代日用器皿讲究古拙清逸,尚平淡简易的审美追求。居室中所常见的如香炉、花瓶、茶具、屏风等,都是士人日常起居中增添闲情逸致的载体。宋代日用器皿中那些散发着清雅淡远意味的陶瓷器,更是在士人眼中成为日常生活艺术化的一部分:"厅堂、水榭、书斋、松下竹间,宋人画笔下的一个小炉,几缕轻烟,非如后世多是把它作为风雅的点缀,而是本来保持着一种生活情趣。"[13]

宋代士人普遍追寻日常生活的体验与享受,以及在享受日常生活体验的过程中所表达出来的那种雅致与诗意,反映了一种新的休闲审美心态的形成,即"玩物适情"。虽然朱熹并未对这一命题进行更多的阐述,但我们可以认为,其中"玩"的心态正是弥合艺术与日常生活之间鸿沟的重要因素;也正是在"玩"的过程中,宋人将传统的艺术形式精致化、高雅化、韵味化、意趣化了,同时也促生了一些能够适应时代审美心理需求的新的文艺形式,这都对后世中国的美学发展产生了深远的影响。总之,多种多样的艺术不仅极大地丰富了宋代士大夫的休闲生活,使宋代士大夫的休闲生活在事实上处于一种为艺术所包围、所环绕的状态中,而且也直接地提升了宋代士大夫休闲的文化品位,使宋代士大夫的休闲活动体现出精致优美、蕴蓄深厚而又俗中带雅、别有韵味的基本特点。可以说，丰富的艺术情调与艺术气息是宋代士大夫的休闲生活之所以迷人，并充满独特文化魅力的重要原因。

二、"闲"的本体认同

在宋代，"闲"被士大夫看作为人生的本体。所谓的本体，即是一种终极意义、价值。闲作为人生之本体，意味着将休闲审美的生活方式作为人生最有价值意义的存在方式。在宋代的知识分子看来，一个人的社会价值和生命意义既可以通过外在的事功去实现，亦可从个体内心的适意、自足与自由中获得，二者本不矛盾。然而，尽管仕途经济依然是士人获取生活之资的重要手段，但单纯地走仕途来实现士人的精神抱负已然越来越困难了。在此情况下，士人如何重新体现其独特价值？如何彰显其作为一个阶层的自由创造力？一种文化的休闲人生观就成了必然的选择。于是，我们可以在宋人的文集中读到大量对闲的赞颂，如"百计求闲，一归未得，便得归闲能几年"（李曾伯《沁园春》）[14]、"乐取闲中日月长"（李曾伯《减字木兰花》）[15]、"一闲且问苍天借"（赵希迈《满江红》）[16]、"只思烟水闲踪迹"（吴渊《满江红》）[17]、"这闲福，自心许"（汪晫《贺新郎》）[18]。

那么休闲为何如此重要？从人的生理角度，宋人认为人长处于勤劳困苦中，生命未免局促衰敝，"人之情，久居劳苦则体勤而事怠"[19]，同时，宋人也从普遍的人情——人类心理角度说明休闲为人生之所必须，"人之为性，心充体逸则乐生，心郁体劳则思死"[20]。由此看来，"心充体逸"的休闲是生命的积极状态，而相反"心郁体劳"则令生命处于消极状态中。休闲乃至成为人的最基本、最普遍的权利诉求：

> 噫！彼专一人之私以自利，宜其所见者隘而弗为也。公于其心而达众之情者则不然。夫官之修职，农之服田，工之治器，商之通货，早暮汲汲以忧其业，皆所以奉助公上而养其室家。当良辰嘉节，岂无一日之适以休其心乎！孔子曰："百日之蜡，一日之泽。"

子贡且犹不知，况私而自利者哉！

韩琦《定州众春记》[21]

要注意，"当良辰嘉节，岂无一日之适以休其心乎！"这里不再仅指身体的放松、恢复精力，而是指"休其心"，精神情感层面的休憩。宋人节日风俗的游闲之盛，似能解释宋代由经济社会繁荣带来的情感解放。韩琦认为，那些表面勤于政务而无视民众休闲之情的官吏，其实是狭隘自私的。而民众官员假借庆典节日以狂欢嬉游，政府创作条件以鼓励之，实现之，则是"公于其心而达众之情"的表现。

宋代士人对休闲问题进行了十分严肃而深刻的思考，这已经不是局限于政治意义上的思考，而是更深入人的生命—生存领域。随着宋代商业经济的繁荣，社会物质财富的增加，宋人开始思考休闲对于人生的普遍意义了：

君曰："夫惫其形于事者，宜有以佚其劳。厌其视听之喧嚣，则必之乎空旷之所……岸帻穿屦弦歌而诗书，投壶饮酒谈古今而忘宾主，孰与夫擎跽折旋之容接于吾目也？凡所以好其意者如此。而又为夫居者厌于局束，行者甘于憩休，人情之所同……"噫！推君之意可谓贤矣。吾为之记曰：夫智足以穷天下之理，则未始玩心于物，而仁足以尽己之性，则与时而不遗。然则君之意有不充于是欤？

王安国《清溪亭记》[22]

王安国在这段记文中明确指出，"夫居者厌于局束，行者甘于憩休，人情之所同"，因为休闲的生活是自由随性的（"孰与夫擎跽折旋之容接于吾目也？"），休闲需求也是人之常情。然而人的智识往往能穷尽万物之理，却"未始玩心于物"，对于休闲之道似乎要有更高的人生智慧，也就是"仁足以尽己之性"。休闲上升到了生命本体的高度。

宋代审美走向生活，使得宋人能够以一种诗意的眼光去看待人的生存，从而发现休闲的价值。我们不能简单地看待宋代士人对休闲本体的认同，**休闲可以说是宋人在复杂文化背景与政治环境下，对个体人生的**

审美调节。宋代士人纵情闲逸、归依休闲的人生旨趣反映出宋代士人二重性的文化心理结构。所谓的二重性的文化心理结构即一方面宋代士人从内圣外王的角度体现出忧国忧民、勤勉报国、重理崇性的进取特征；另一方面又在个人私人领域体现出随缘任适、沉溺风月、抒写心灵的豁达享乐特征。[23]以休闲作为人生之本体，不能仅仅看到宋代士人红巾翠袖、诗酒风流的一面，此充其量只是休闲之一方面而已。我们更应看到宋人休闲文化更为深刻的一面，也就是将休闲的本体价值提升至一种精神的高度，也即超然豁达的"心闲"境界。在宋代士人那里，休闲既是本体，也是境界。这从欧阳修、王安石、苏轼、黄庭坚、朱熹等人物的休闲人生实践中即可总结出来。他们所倡导的"寓意于物""心充体逸则乐生""无往不乐""超然物外""玩物适情"等思想，就是把一般的休闲情致提升内化为精神的超越性理念，视休闲为本体，自觉追求一种闲适的心态，成为宋人生命实践中起着导向调节作用的精神机制，从而在复杂的二重性文化格局之下，使得他们能够从容不迫、优游自然地达到一种身心的审美平衡与相对和谐。

三、"适"的工夫实践

在宋人看来，"适"对于审美人生的意义重大。苏轼曾说"适意无异逍遥游"（《石苍舒醉墨堂》），苏辙亦有"盖天下之乐无穷，而以适意为悦"（《武昌九曲亭记》）[24]的说法，司马光也主张"人生贵适意"（《送吴耿先生》）[25]，其实适意的文化心理已经成为宋代士人安身处世的重要依据。

适与休闲审美的关系如何？适的思想最早应上溯至庄子。庄子哲学中适的思想非常丰富，既有由身之适到心之适，再到忘适之适的层次变化，又有"适志"的本体观念，还有"自适其适"的价值取向。[26]

庄子这种适的思想最为契合宋人的内倾型的文化心理。有证据表明，宋人的休闲自适的文化心理受了庄子思想的影响，苏舜钦在《答范资政书》中提道：

> 今得心安舒而身逸豫，坐探圣人之道，又无人讥察而责望之，

何乐如是！摄生事素亦留意，今起居饮食皆自适，内无营而外无劳，斯庄生所谓遁天之刑者也。[27]

由适必然导向休闲的审美文化观。适与闲到底有何关联？从苏轼的休闲思想中，我们大概能得出结论。苏轼曾言"心闲手自适"（《和陶贫士七首》），又言"我适物自闲"（《和陶归园田居》）。从前者来看，强调了一种在艺术创造过程中，主体心灵处于超功利审美的状态，也即闲的状态，这是进行艺术创造非常重要的规律。闲成了适的必要条件。而在后者看来，"我适"是主体身心处于一种自我满足而无所外求的状态，此时主体也是处于审美的无功利状态，世界的美与趣味便在个体眼前呈现出来。而适则成了闲的条件，也即适乃闲之工夫。闲与适互为手段、条件，同时也互为目的。互为手段、目的的两个元素，从本质上看来是等价的。所以，至少在苏轼那里，闲与适在某种意义上是相通的。

在欧阳修看来，休闲自由的生活方式能令人适意，反之奔走忙碌的生活，则令人痛苦难堪：

> 余为夷陵令时，得琴一张于河南刘几，盖常琴也。后做舍人，又得琴一张，乃张越琴也。后做学士，又得琴一张，则雷琴也。官愈高，琴愈贵，而意愈不乐。在夷陵时，青山绿水，日在目前，无复俗累，琴虽不佳，意则萧然自释。及做舍人、学士，日奔走于尘土中，声利扰扰盈前，无复清思，琴虽佳，意则昏杂，何由有乐？乃知在人不在器，若有以自适，无弦可也。
>
> 《书琴阮记后》[28]
>
> 余既与世疏阔，人所能为皆不能，正赖闲旷以自适。
>
> 《与梅圣俞书》

在夷陵为令，官务省简，而山水丰美，恣意休闲于自然之中，内心是自由的，充满了诗意；而官越大，责任越重，反倒失去了生活的乐趣。"自适"是宋人追求的一种新价值观，休闲、闲处被认作是实现内在价值的契机。宋代士人文化心态由外向内转型，这一大的文化背景，是休闲价值得以被推崇的重要原因。正是自觉地回归内在自我，使得士人主动地寻求闲适。

以"适"来获得诗意之人生，宋人获得闲暇之乐的途径看似是非常简单的。以欧阳修、苏轼为代表的宋代士人在遭遇贬谪时，往往将休闲之乐的获得归于两个方面，**其一是拥有闲暇之时间**。此闲暇之时间在贬谪士人那里是被给予的。由于贬谪而得到的闲暇时间，常被认为是因祸得福，拥有了嘲弄风月、流连山水的条件。**其二，更为重要的是要具备自适之心态**。也就是不再怨天尤人，内心真正发现自我价值，而不是念念不忘仕途的功利。否则如宋之前的贬谪文人韩愈、柳宗元等，也会因悲剧的境遇而自我哀悯、愤懑。苏轼曾在贬谪生涯期间得出两个很重要的论断，如"江山风月本无常主，闲者便是主人"，"何夜无月，何处无竹柏，但少闲人如吾两人者耳"（《记承天夜游》），他所谓的"闲者""闲人"既是因被贬谪而拥有了闲暇时间之人，更是内心平和自适的人。然而就一般士人而言，休闲的两个条件当如何做到？梅尧臣的一段小文中有着清晰的论述：

> 有趣若此，乐亦由人。何则，景虽常存，人不常暇。暇不计其事简，计其善决；乐不计其得时，计其善适。能处是而览翠，岂不暇不适者哉？吾不信也。
>
> 梅尧臣《览翠亭记》[29]

趣景在于能休闲之人的赏临，而休闲之人不是说要事情少，而是要善于决断；能够得到快乐的人，在于"善适"，即知足常乐之意。不要有太多与自己能力不相称的欲望。无论"善决"还是"善适"，其实都是要从根本上减少过多向外求索的欲望，而回到内在真实的自我生命上来。没有一种自我满足、知足常乐的心态，就很难从容优游于山水林泉之间。宋代贬谪文人大多都能做到休闲旷达、内心平和，这与他们善于自适的实践工夫是有很大关联的。

四、超然物外的境界追求

适的休闲工夫在让宋人获得休闲的同时，也让他们进入了超然物外的境界。具体说来，这种超然物外的境界一是表现在对具体休闲对象（物）的超越，二是表现在对出处、穷达、毁誉、是非等人生际遇的超越。超然物外的境界最终是一种"心闲"的审美境界。

宋代琴棋书画、铜鼎钟彝作为文玩进入士人的日常生活，宋人则以玩的心态去避免因为过度嗜好这些物什而导致有累于心的，甚至丧失主体性的倾向。欧阳修认为以玩乐之心爱好书法，可以"不为外物移其好"。因为他认为"自古无不累心之物，而有为物所乐之心"（《学真草书》），以一种玩乐的心态去游于此艺中，自然会超越物的束缚，让所好之艺术与主体之生活更加融为一体。所以，他说艺术之休闲"在人不在器，若有以自适，无弦可也"。苏轼也有此意，"自言其中有至乐，适意无异逍遥游"（《石苍舒醉墨堂》）。这其实就是欧阳修与苏轼所倡导的"寓意于物"的思想。

苏轼在《宝绘堂记》中对"寓意于物"的思想进行了深入的阐发。他说："君子可以寓意于物，而不可以留意于物。寓意于物，虽微物足以为乐，虽尤物不足以为病。留意于物，虽微物足以为病，虽尤物不足以为乐。""寓意于物"，即是超越现实功利，以一种审美的心态去对待物，也就是他所说的"譬之烟云之过眼，百鸟之感耳，岂不欣然接之，然去而不复念也"。这样，无论是"微物"，还是"尤物"，都能带给主体以快乐。而若"留意于物"，带着功利、执着的心态去对待物，则无论所爱好的是什么都会对自身造成伤害。苏轼还通过列举历史上钟繇、宋孝武等人"以儿戏害其国凶此身"的例子说明休闲之境界高低给人带来的危害。

"寓意于物"，放大而言，就是一种超然物外的审美人生境界。苏轼在《超然台记》中同样指出这种境界：

> 凡物皆有可观。苟有可观，皆有可乐，非必怪奇伟丽者也。哺糟歠醨，皆可以醉，果蔬草木，皆可以饱。推此类也，吾安往而不乐？

对于具体之物是这样，"推此类也"，则对于人生所遭之一切际遇，苏轼都以"寓意"的人生态度，获得了超然物外的境界。这里的"物"，就不仅仅是具体的物了，而是人生各种机遇。欧阳修曾提出："知道之明者，固能达于进退穷通之理，能达于此而无累于心，然后山林泉石可以乐。"（《答李大临学士书》）[30] 看来，山水园林之乐并非一般所言的乐。一般的乐是纯然感性的日常情感，而山水园林之乐则属于"知道者之乐"，是内心达于进退穷通之理之后，一种深入人生存在价值体验之后的情感。苏轼的超然物外，就是"达于进退穷通之理"。宋代士人，包括欧阳修、苏轼在内，一生仕途跌宕起伏，鲜有没经历过贬谪的。但他们大多能在日常的生活中，表现出一种闲暇自若、无往不乐的姿态，这也正是由于他们懂得"达于进退穷通之理"，正所谓"县有江山之胜，虽在天涯，聊可自乐"（欧阳修《与梅圣俞书》）。

宋代道学家同样以这样的境界为最高。程明道《定性书》中说："天地之常，以其心普万物而无心；圣人之常，以其情顺万物而无情。故君子之学，莫若廓然而大公，物来而顺应。"[31] 对于曾点舞雩风流的休闲行为，朱熹也曾评价道："见道无疑，心不累事，而气象从容，志尚高远。"[32] 这都表现了宋人对闲适无累、洒落自然的心闲境界的追求。

第二节 文人士大夫的休闲审美之境

一、仕隐之间

1. 隐与闲

就士人而言，隐逸与休闲关系紧密。宋代士人对于隐逸的态度客观上给宋代休闲审美文化的勃兴创造了条件。宋代隐士文化出现了转折，首先表现在隐士的数量很少，《宋书·隐逸传》记载的隐士只有49人，可见其少。其次，隐士之隐，很少再有像陶渊明那样避世疾俗的了，宋代的隐士多与仕宦者往来交游。最后，最重要的一点变化是，宋代士人普遍具有"归隐"的倾向，而且这种甘于归隐的心理并不能完全用传统隐士那种为了名节、人格之独立等来解释了，更多的是源于一种形而上的人生之思。也就是在对外在事功名利与内在生命享受两者之间的权衡上，宋人思考得更为深入了。前者通常被看得很虚幻、无意义，而后者通常被认为是生命的真实。注重对生命的个性化体验，追求审美的自由生活，成为大多数士人孜孜以求的人生理想。政治意义上的隐居落实到了略显世俗的诗酒人生、壶中天地的闲隐。至少这种趋势与特点在宋人的诗文中表现得很明显。

比如北宋邵雍：

> 蓬蒿隐其居，藜藿品其飡。上亲下妻子，厚薄随其缘。人虽不堪忧，己亦不改安。阅史悟兴亡，探经得根源。……近日游三城，薄言尚盘桓。当世之名卿，加等为之延。或清夜论道，或后池漾船。数夕文酒会，有无涯之欢。十月初寒外，万叶清霜前。归来到环堵，竹窗晴醉眠……[33]

邵雍的隐居是那么的生活化，丝毫看不出有"高尚其事"、自命清高的心态。他坦然地展现出其隐居的生活充满了人伦之情、世俗交游的欢乐。

另如苏辙《吴氏浩然堂记》：

> 新喻吴君志学而工诗，家有山林之乐，隐居不仕，名其堂曰浩然。曰："孟子，吾师也。其称曰：'我善养吾浩然之气。'吾窃喜焉，而不知其说，请为我言其故。"[34]

隐士傅公谋尝作小词曰：

> 草草三间屋，爱竹旋添栽。碧纱窗户，眼前都是翠云堆。一月山翁高卧，踏雪水村清冷，木落远山开。唯有平安竹，留得伴寒梅。唤家童，开门看，有谁来。客来一笑，清话煮茗更传杯。有酒只愁无客，有客又愁无酒，酒熟且徘徊。明日人间事，天自有安排。[35]

在这些隐士那里，隐而不仕已不再是为了宣泄某种与政治对抗的情绪，或者宣扬一种洁净的人格魅力。[36] 这些都不是。而是出于很简单的理由："家有山林之乐。"对自然审美的欣赏进入了"可游可居"（《林泉高致》）[37] 的生活化场景之中。另外日常生活的亲情、友情，既是一种对生活审美的重视，也成为士人隐居不仕的借口。过一种审美的生活，充满情感的生活，而非忙碌、异化的政治生活，是促使很多士人放弃仕宦而归田园，或者在仕宦而梦寐田园的重要因素。从儒家隐士邵雍与隐士傅公谋对其隐居生活的描述来看，隐士的生活可以说都是世俗的享乐，是对一种休闲生活模式、休闲人生观的铺张与回归。

中唐以来，士人普遍流行及时行乐的闲逸心理，唐宋词中多有表现。究其原因，以白居易为代表的"中隐"文化心态对此影响显著。比如，宋都官员外郎龚宗元"取白乐天'大隐住朝市，小隐入丘樊，……不如作中隐，隐在留司官'之诗，建'中隐堂'，与屯田员外郎程适、太子中允陈之奇相与从游，日为琴酒之乐，至于穷夜而忘其归"（龚明之《中隐堂三老》）。龚况又"用宗元中隐故事，自号'起隐子'"；太子中舍王绅也把他在长安城中的居第园圃曰"中隐堂"；徐得之建"闲轩"，"欲就闲旷处幽隐"。[38] 可见，举凡以"中隐"名其堂者，皆意在此营构诗意的生活空间，以寻求一种艺术化的本真生命体验，表现了一种休闲生活的审美旨趣。相对于外在异化的政治生活空间，中隐堂无疑更像一处世外桃源——精神停泊的港湾。

"中隐"既是隐逸的一种方式，也是一种休闲审美心态的体现。或者可以说，中隐是以审美来调节生活，以休闲来获得有着生命韵律的生存方式，在休闲的生活中实现一种不离政治而又远离政治的仕途智慧：

> 今张氏之先君，所以为其子孙之计虑者远且周。是故筑室艺园于汴、泗之间，舟车冠盖之冲，凡朝夕之奉，燕游之乐，不求而足。使其子孙开门而出仕，则跬步市朝之上；闭门而归隐，则俯仰山林之下。于以养生治性，行义求志，无适而不可。
>
> 苏轼《灵壁张氏园亭记》

虽然宋代士人大多倾慕白居易的中隐模式，但亦有很大的超越。白居易的中隐前提，他说得很清楚，"隐在留司官"（《中隐》）。这样的官位是"不劳心与力，又免饥与寒。终岁无公事，随月有俸钱"（《中隐》）。而对于"大隐"，即隐于朝市的做法，白居易是否定了的，认为"朝市太喧嚣"（《中隐》）。而小隐入山林的模式又显得过于冷清辛苦。

白居易的休闲审美生活仍是要寄托于外在物质条件之上，要有官做，但不大不小、不闲不忙，还要有较为丰裕的俸禄；因此，大隐、小隐、遭遇贬谪等，对于白居易而言似很难真正洒脱闲适。宋代的士人则大为不同。诸如面对在朝为官、隐居山野、遭遇贬谪等传统士人可能处的所有境遇，宋代士人仍表现出诗酒风流、山水怡情的人生姿态；他们自觉地将审美的因素与张弛有致的生命节奏融入日常生活中来，在仕与隐之间做到无往而不闲，无入而不自得。

因此，在宋人看来，更为难得的并非身心两闲，而应是"体未得休，而心无他营"身不闲而心闲的生活方式。尹洙在《张氏会隐园记》中提到：

> 夫驰世利者，心劳而体拘，唯隐者能外放而内适，故两得焉。有志者虽体未得休，而心无他营，不犹贤乎哉？[39]

"有志者"通过休闲的方式体现出很高的人生智慧。无论大隐还是中隐、小隐，隐于何处已经不重要了，重要的是"心隐"，也即心闲。这是士人休闲观念的深刻独到之处：

> 盖得夫郊居之道。或霁色澄明，开轩极望；或落花满径，曳杖行吟；或解榻留宾，壶觞其醉；或焚香启阁，图书自娱。逍遥遂性，不觉岁月之改，而年寿之长也。此其游适之乐，居处之安，又称其庄之名矣。今士大夫或身老食贫，而退无以居；或高门大第，而势不得归。自非厚积累之德，钟清闲之福，安能享此乐哉？
>
> 范纯仁《薛氏乐安庄园亭记》[40]

在范纯仁看来，郊居之道、游适之乐，不在于士大夫退休获得身闲，也不在于高门大第有很丰厚的经济基础，而在于"厚积累之德，钟清闲之福"。这种重视主体内在精神力量的休闲观念，一方面提升了士人休闲活动的文化内涵与层次，另一方面也成为宋代士大夫普遍追求闲、享受闲的重要心理依据。

总之，中国的隐士文化自宋代起就越来越休闲化了。就是说隐逸并不主要是为了达到一种政治目的，而更是为了获得诗意的生存，是从对劳形怵心到闲情逸致的转化。当然，也不否认在宋代及以后的时代，有个别时期隐逸文化会带有很浓的政治色彩，但这已经不是隐逸文化的主流形态。正如苏辙所言：

> 一出一处，皆非其真。燕坐萧然，莫之与亲。
>
> 《壬辰年写真赞》[41]

出处、隐仕都是形迹之寄托，最为重要的是"萧然"之心境。萧然心境，即为淡泊、闲适的心境。当官的往往劳形累心，隐居者往往内心向往功名。所以，能拥有"萧然"（审美心胸）的人是最真的了。

2. 仕与闲

宋代是文人治天下，所以士大夫获得了前所未有的政治机遇。具备文艺才能的宋代士人从政难免会将审美情感带入到政治生活中来。在从政文人那里，审美不仅融入生活，还贯穿从政的始终。然而宋代士大夫的双重人格结构，使得士人休闲总处在公与私的夹缝之中。在宋代特殊的政治环境下，范仲淹的一句"先天下之忧而忧，后天下之乐而乐"[42]是萦绕在大多数宋代士子头上的道义准则。作为在私人领域发生的休闲活动虽然被赋予了非常大的价值，但行走在政治空间的士人无论是从自身的道德自律来讲，还是从国家、社会对他们的期望，制度对其的约束来讲，都不得不遵循先公后私的为政之道。就政治领域而言，勤政爱民毕竟具有统治形象的正面意义，而若在其位不谋其政，将游乐狎戏作为任职期间的首务的话，则很容易被认为是不尽忠职守、不务正业。韩琦在《定州众春园记》中提到一种观点，也许就是当时一般流俗的观点，即认为如果为官上任，致力于"园池台榭观游之所"的话，容易"使好事者以为勤人而务不急，徒取庚焉"[43]。因此，具有才情的士人如果想过一种休闲的生活，就必须找出足够好的理由以免遭外界的批判。

一种策略是在休闲于庭园林泉之际，向外宣示自己为政地方岁物阜成，天下无事，平安太平。此时休闲游赏，便无愧于皇帝，百姓也不会有怨言。如欧阳修知滁州时，曾于琅琊山幽谷泉上修建丰乐亭，记云：

修之来此，乐其地僻而事简，又爱其俗之安闲。既得斯泉于山谷之间，乃日与滁人仰而望山，俯而听泉。掇幽芳而荫乔木，风霜冰雪，刻露清秀，四时之景，无不可爱。又幸其民乐其岁物之丰成，而喜与予游也。因为本其山川，道其风俗之美，使民知所以安此丰年之乐者，幸生无事之时也。夫宣上恩德，以与民共乐，刺史之事也，遂书以名其亭焉。

《丰乐亭记》[44]

此似指出为政一方，有事治事，无事就要"宣上恩德，与民共乐，刺史之事也"。休闲不仅是民众之情，更成了治事者的正经之务了。

　　苏舜钦对这种无事而休闲的为政观也表示了赞同，其云：

　　名之丰乐者，此意实在农。使君何所乐，所乐惟年丰。年丰讼诉息，可使风化浓。游此乃可乐，岂徒悦宾从。

《寄题丰乐亭》[45]

这里苏舜钦极力地想解释欧阳修所乐，并非徒为休闲、悦宾从，而是乐此丰年之事。内含的意思似乎唯有此丰年才有休闲之乐的机会（"游此乃可乐"）。这也从侧面看出，当时的士大夫若想恣意休闲还是有一些心理上的顾忌的。

　　另外，《梁溪漫志》记载苏轼"平生宦游多在淮浙间，其始通守余杭，后又为守杭。人乐其政，而公乐其湖山"[46]。在宋代苏轼的闲情逸致是出了名的，但也要首先强调"人乐其政"。王安石在《石门亭记》中认为要想休闲游乐，就必须先政成民化；反之若"民不无讼"则很难做到"令其休息无事，优游以嬉"。[47]这里就出现了士人为政休闲的第二条策略，即**政成而始游乐**。

　　随着宋代林泉休闲游赏的发达，构建园林池榭成为士人的风尚。"天下郡县无远迩大小，位置之外，必有园池台榭观游之所，以通四时之乐。"[48]这种兴园之风，宋代统治者是有所顾虑的，生怕大兴休闲类建筑空间会招来地方百姓的不满。对于地方官兴修非必要的官廨或亭园，统治者多半是消极不鼓励的。因此，地方官要想从事休闲类的空间筑造以及从事游玩之乐的话，就必须强调百姓丰衣足食、民不知役、政通人和这样的前提：

> 予曰：池馆之作，耳目之娱，非政之急，何足道哉？……后之踵予武者，其以才选而来，厥职是宜，**政成民和，能无燕嬉之事欤**？
>
> 苏洵《袁州东湖记》[49]

"政成民和，能无燕嬉之事欤？"这就是说，当社会发展到一定程度之后，休闲才好成为必需。这似乎是当时士人的通识。兹举六例：

> 政成治东圃，于焉解宾榻。
>
> 赵抃《留题剑门东园》[50]
> 政通人和，百废俱兴，乃重修岳阳楼。
>
> 范仲淹《岳阳楼记》[51]
> 平政岁丰，士民康乐，乃作亭于北城之上。
>
> 陈师道《忘归亭记》[52]
> 政成有暇日，始作新堂，治燕息之地。
>
> 黄庭坚《北京通判厅贤乐堂记》[53]
> 不深鞭罚而政和。乃浚沼开圃，陆艺桃李，水植菱藕，稍缮故址，作亭。
>
> 黄庭坚《河阳扬清亭记》[54]
> 政成俗阜，相地南山，得异境焉。
>
> 陆游《盱眙军翠屏堂记》[55]

政成则可以休闲，是因为政成之后，会有休闲的时间（"政成有暇日"），也能避免流俗的指责。那么怎么样做到政成呢？黄庭坚给出了较为具体可操作的策略，即**"惟整故能暇"**：

> 无事而使物，物得其所，可以折千里之冲之谓整；有事而以

逸待劳，以实击虚，彼不足而我有余之谓暇。夫不素备而应卒，可以侥幸于无患，而其颠沛狼戾者，十常八九也，岂唯人事哉！……**夫惟整故能暇，上天之道也**。……今之郡守，古诸侯也，提千里之兵以守关要。平居燕安，拙者奉三尺而有余；至于仓卒变故，巧者应事机而不足。**此惟不知素整暇故也**。荥阳鱼侯仲修，……在官二年，内明而外肃，吏畏而民服，乃作堂以燕乐之。表里江山，不知风雨，于以燕宾客，讲问阙遗，沈沈翼翼，千里之观也。……问名于江南黄某，某曰："若鱼侯，**可谓能整能暇矣**。"

黄庭坚《阆州整暇堂记》[56]

"整暇"观比起政成民和始游乐，又更进了一层，而且很简洁地将"政成"与"休闲"联系了起来。所谓"整"，"无事而使物，物得其所，可以折千里之冲之谓整"，也就是事事物物各得其所，恰到好处，呈现出一种合理而有机的秩序；而"暇"，则是"彼不足而我有余之谓暇"。"整"与"暇"之间的关系，黄庭坚认为"惟整故能暇"。也即如能令一方之政呈现出合理有机的秩序，"为阆中太守，知学问为治民之源，知恭俭为勤学之路，先本后末，右经而左律"，那么这个地方就会出现所谓的"政成"局面，"内明外肃，吏畏民服"。"政成有暇日"，于是官吏与民众皆可以为休闲之事了。这种**"整——成——暇"**的为政休闲模式，是宋代士人政治休闲文化的高度提炼与概括，具有很强的指导意义。如果士人为政完全做到了既能"整"，又能"暇"，这被宋人认为是为政的最佳境界：

尚书外郎杜君挺之之为守也，狱无冤私，赋役以时，事举条领，民用休息，近郭胜概，亡不周览……挺之以诚应物，庭无留事，日自适于山水间，**乃知为政自有体也**。

余靖《涌泉亭记》[57]

总之，在时间与经济两个休闲基本要素都具备之后，如何能合理有效地开展休闲活动，便主要是从文化的角度进行设计了。宋代士大夫对古代休闲思想的主要贡献就在于通过"无事而休闲""政成始游乐""惟整故能暇"这三种途径成功地解决了为政与休闲之间的矛盾。通过这样的诠释与构建，宋代士人一方面可以承担起对社会、国家的道义与责任，另一方面也通过合情合理地方式满足了自己与民众的休闲需求。**山水园林的自然审美、民俗游憩的生活审美等审美形式都借此契机融入士人的仕途生涯。**

二、山水之兴

宋代士人山水田园休闲，是指其暂时摆脱世俗琐务尤其是政治生活的纷扰，而沉浸于自然山水与田园生活中，从而获得一种回归山水林泉，体验宁静、淡泊、平和的生活与境界的休闲方式。这也是宋代自然审美日趋生活化的体现之一。如果说魏晋士人还是将自然山水作为生活背景的点缀之物，或者更多的是以玄观山水的话，宋代士人则更多地在休憩游赏中亲近山水。"江山风月本无常主，闲者便是主人"，人与自然走得更近了。[58] 甚至，最佳的自然山水不再是荒寒偏远的地方，不再是"高蹈远引""离世绝俗"（《林泉高致》）[59] 的场所，而是"可游可居"能够生活化的地方。

清代孙琮在评论宋代士大夫的行为时说："宋世士大夫类皆耽于玩山水，以为清高，亦是一时风气。"[60] 此话不虚。在宋代休闲文化风气的影响下，由于江南经济的开发，山水林泉休闲不仅成为宋代士人普遍追求玩赏的对象，而且几乎到了魂牵梦萦的地步。沈括在《梦溪笔谈》自志中说："翁三十许时，曾梦至一处，登小山，花木如履锦，山之下有水，澄澈极目，而乔木荫其上。梦中乐之，将谋居焉。自尔岁一再或三四梦至其处，习之如平生之游。"[61] 这真的如郭熙《林泉高致》所言的"林泉之志，烟霞之侣，梦寐在焉"[62]，汪藻亦有"我老不足惜，余年苦匆匆。愿为名山游，何必问所终"[63]。另外如司马光、欧阳修、邵雍、苏轼、范成大、陆游、朱熹等人皆是有名的游赏休闲的大家，都有大量的山水园林游记传世。欧阳修在任西京留守推官时，"凡洛中山水园庭、塔庙佳处，莫不游览"[64]。谪守滁州，当地"有琅琊幽谷，山川绮丽，鸣泉飞瀑，声若环佩，公临听忘归"[65]。苏轼则"有山可登，有水可浮，子瞻未始不褰裳先之。有不得至，为之怅然移日。至其翩然独往，逍遥泉石之上，撷林卉，拾涧实，酌水而饮之，见者以为仙也"[66]。朱熹同样是嗜好山水，自称是"性好山水"，"每经行处，闻有佳山水虽迂途数十里，必往游焉。……登览竟日，未尝厌倦"。[67]朱何《霍山记》曰："予素性特林壑嗜，平居病未能穷览而历走焉，谓异日庶几此志。"[68]范纯仁《安州白兆山寺经藏记》曰："予自少喜为山水之游，凡所至有名山胜概，虽遐险必造焉。"[69]在宋代，士大夫普遍具有怡心山水、田园的生活倾向。在这种投身于山水田园休闲的生动实践中，表现出一种追求自然与超逸的休闲情趣。游于山水田园从而获得闲逸之趣，成为宋代士大夫回归自然从而获得诗意生存的重要途径。

宋代士大夫山水之兴的特征有三：一是乐乎性情，二是探索求知，三是阶层认同。

其一，乐乎性情。北宋释智圆对此有深刻的论述：

> 处则讨论经诰以资乎慧解，出则遨游山水以乐乎性情。道远乎哉？在此而已。今是行也，始欲归故乡，游山水，吾知其将乐于性情乎。……然静为躁君，乐不可极，祖师之言备矣，待上人研几而力行之，无以盘游为务也。
>
> 《送智仁归越序》[70]

正所谓"仁者乐山，智者乐水"，释智圆虽为名僧，却也有着儒家的情怀。他认为出处语默无非道的体现。遨游山水，是乐乎性情。他提出性情之乐并非纵意狂欢之乐，而是要注意"静为躁君，乐不可极"。他在《送天台长吉序》中也提到"吾有幽忧之疾，方且治之，由是放浪于江湖间，博览景物，以求自适。……名士招游名山，谋道乐性耳"[71]。他对山水之休闲做了深入的思考与辨析，认为同样是"山水之游，乐乎性情"，亦有君子小人之别：

> 山也水也，君子好之甚矣，小人好之亦甚矣。好之则同也，所以好之则异乎。**夫君子之好也，俾复其性；小人之好也，务悦其情。**君子知人之性也本善，由七情而汩之，由五常而复之，五常所以制其情也。**由是观山之静似仁，察水之动似知，故好之**，则心不

忘于仁与知也。心不忘仁与知，则动必由于道矣。故曰："仁者乐山，知者乐水"焉。**小人好之则不然，唯能目嵯峨、耳潺湲以快其情也。**……夫飞与走非不好山也，鳞与介非不好水也，唯不能内思仁与知耳。呜呼！人有振衣高岗，濯足清渊，而心不能复其性，履不能由于道者，飞走鳞介之好欤！

《好山水辩》[72]

君子之好山水，是"俾复性"，小人之好山水则仅为"悦其情"。前者由山水林泉而反观仁智之性，后者则徒快一时耳目之情。若游憩山水间而不能"复其性""由于道"者，与动物无异。这种自然休闲审美观显然是深刻的。

除此形而上的性情之乐，休闲于林泉之间还被认为是公务之余的调剂身心、散心探幽的重要手段。官员于假日之中出外闲游，可以纾解政务繁忙的压力。山水林泉既是他们愉悦耳目、放松心情的地方，同时也可以涤除现实俗务的烦恼及郁闷，即所谓的"外作官劳，内适情性"[73]。如余靖所道：

> 贤人君子乐夫佳山秀水者，盖将寓闲旷之目，托高远之思，涤荡烦绁，开纳和粹。故远则攀萝拂云以跻乎杳冥，近则筑土饬材以寄乎观望。[74]

这里可以看出，林泉之乐乎性情有三个层次：一是感官层愉悦（"寓闲旷之目"），二是情感层愉悦（"涤荡烦绁，开纳和粹"），三是意志层的愉悦（"托高远之思"）。

其二，探索求知。所谓"读万卷书，行万里路"，奇山秀水不仅是大自然神妙造化的产物，引人遐思；更蕴含着古往今来的人文遗迹，供人凭吊。林泉休闲之乐，很大部分是能满足宋代士人好学求知、广博见闻的心理需求的。苏辙在《上枢密韩太尉书》中谈到自己行旅汴京的经验：

> 其居家所与游者，不过其邻里乡党之人，所见不过数百里之

间，无高山大野可登览以自广。百氏之书虽无所不读，然皆古人之陈迹，不足以激发其志气。恐遂汩没，故决然舍去，**求天下奇闻壮观，以知天地之广大**。

过秦汉之都，恣观终南、嵩、华之高；北顾黄河之奔流，慨然想见古之豪杰。至京师，仰观天子宫阙之壮，与仓廪府库、城池苑囿之富且大也，**而后知天下之巨丽**。[75]

这真是"百闻不如一见"，囿于乡里难免志气拘束，坐井观天；游观览胜，云游四方，则激发志气，增长见闻。

另外如苏轼在游览石钟山时，考证求索石钟山名之来历，写下《石钟山记》："事不目见耳闻，而臆断其有无，可乎？郦元之所见闻，殆与余同，而言之不详；士大夫终不肯以小舟夜泊绝壁之下，故莫能知；而渔工水师虽知而不能言。此世所以不传也。而陋者乃以斧斤考击而求之，自以为得其实。余是以记之，盖叹郦元之简，而笑李渤之陋也。"陆游的《入蜀记》以日记体的形式写景物，记古迹，叙风俗，做考证。在游玩的同时广博见闻，这应该是宋代士大夫山水休闲的重要内容。

其三，阶层认同。宋代士大夫作为一个群体重新登上历史舞台，他们必须向外界宣示一种士大夫所独有的阶层特质与文化品位。在宋代游玩林泉是普遍的社会风尚，但士人的林泉之乐自有其鲜明的特征，不同于一般流俗的"盘游"。实际上，那种在山林间纵玩不已以示夸耀的休闲方式，是被士人所不齿的。他们通过"道德理性、节制、才情、性理、雅趣"等，较为自觉地构建起属于士人阶层的独有趣味。前面提到的释智圆就指出"然静为躁君，乐不可极……无以盘游为务也"；另外如朱熹认为山水自然审美之乐，一不留神就会流于庄子式的放荡。他在评价曾点沂水舞雩之乐时着重指出了这点：

恭甫问：曾点咏而归，意思如何？曰：曾点见处极高。只是工夫疏略。他狂之病处易见，却要看他狂之好处是如何。缘他日用之间，见得天理流行，故他意思常恁地好。只如暮春浴沂数句，也只是略地说将过。又曰：曾点意思与庄周相似，只不至如此跌荡。庄子见处亦高，只不合将来玩弄了。[76]

由此看出，朱熹认为曾点和庄周与自然山林的和谐之游，是"见处极高"。但对庄子来说，由于他耽迷于山水林泉之乐，而显得有些"跌荡"了。所以，当朱熹的学生陶醉在山水之乐时，朱熹却警告他：

> 问：山居颇适，读书罢，临水登山，觉得甚乐。曰：只任闲散不可，须是读书。又言：上古无闲民，其说甚多，不曾记录。大意似谓闲散是虚乐，不是实乐。[77]

朱熹也曾多次批评陆九渊师徒闲散、放荡，只恁地高谈阔论，游荡不羁而不读书。朱熹认为这种闲散于自然山水中而疏于读书进道的行为，是虚乐而非实乐。这显然是十分警惕学者向庄释思想滑进的观点，充满了儒家理性主义精神。

除此之外，宋代士人表现出了对奢侈、低俗的林泉之乐的排斥。

> 故贤者谓其外作官劳，内适情性；不肖者谓其外张威气，内尽荒佚。……松篁啸风，怪石嵌虎，岂不体节贞欤？又焉婴花进红，乳草织绿而已？竹林诞放，金谷淫侈，亦奚足俦也？
>
> 张咏《春日宴李氏林亭记》[78]

士人之林亭之休闲，"外作官劳，内适情性"。一般人或者小人则是"外张威气，内尽荒佚"。君子之贤人之休闲，于林泉之中"体节贞"，不是纵一时的耳目之欲。他也嘲讽批评了魏晋诞放、淫侈的林泉之乐。宋初王禹偁同样对魏晋那种奢侈的休闲之风进行了暗讽：

> 昔裴晋公作绿野堂，负共鸣而务闲适也；李卫公作精思堂，居密勿而彰尽瘁也。虽各有趣尚，而不无豪华，异乎兹亭，独履中道。
>
> 《野兴亭记》[79]

奢华之乐，脱离了中道，是没有智慧的表现。因此王禹偁说：

> 夫崇高富贵，非全德不能常守；忧勤逸豫，非上智不能兼行。
>
> （同上）

这其实是强调了士人道德文化素养的重要性。另外，休闲于林泉之间，也被看作是有才情之表现：

> 公，贤宰相子，人门冠代，不骄富贵，而意乃在乎山水之间。**愚将见其美，不专于竹石花木、风晴雨雪之际，而在乎学者之材也。**
>
> 张景修《尽美亭记》[80]

除了道德、才情是林泉休闲的构成要素之外，性理之乐也是士人休闲特别要强调的。如：

> 吾所以乐于耳目之玩者，岂独快须臾行役哉，盖俯仰间有见万物之理而乐也。
>
> 王安国《池轩记》[81]

宋人山水游记中动辄好议论、讲理趣，正体现出士人山水休闲的一种深度内涵。

士人在自然山水中休闲，自然美景与朋侣交游助发士人之诗兴，歌诗相咏，体现了士人休闲是融自然美与艺术美为一体的，自然审美通过诗文艺术而带上了文人化、精英化的色彩。

对于士大夫而言，艺术常常与日常生活融合为一，生活中无处不画图，无处不诗意；而对庶民大众而言，生活与艺术则相隔较远。日常生活平凡无奇，艺术则相对难以企及。这也就决定了，在最为闲适自由的林泉休闲之乐中，士大夫通过特殊的文化理性观照，实现了士人阶层的身份认同。

三、园林之境

正如郭熙所言："林泉之志，烟霞之侣，梦寐在焉，耳目断绝。"（《林泉高致》）自然山水毕竟远离都市人群，偶尔一至尚可，若经久流连则并不现实。因此，对于宋代士人而言，引自然山水入园庭，构建士人化、私人化的园林空间，就既能满足"林泉之志"的一份闲情，又能实现坐卧起居随时休闲的逸致。在煞费苦心找到了为官而休闲的理由之后，宋代士大夫为官期间开始积极努力地营建休闲的空间，或堂，或室，或轩，或园圃，或亭台楼阁。这些休闲空间的构建，一方面起到融入自然山水的作用，另一方面也提供了邀朋聚友的场所。在这样的休闲场所，主人往往能达到人与自然的和谐、人与人的和谐、人与自身的和谐。

宋代的士大夫喜爱园林、乐于游园，是一种较为普遍的潮流。值得注意的是，他们不仅对一些名家园林感兴趣，对一些小巧的园林也颇为倾心，如苏轼在《新葺小园二首》其一云：

> 短竹萧萧倚北墙，斩茅披棘见幽芳。使君尚许分池绿，邻舍何妨借树凉。亦有杏花充窈窕，更烦莺舌奏铿锵。身闲酒美谁来劝，坐看花光照水光。

苏轼认为在用短竹制作而成的篱笆围成的小园中，有碧绿的池塘，有可以乘凉的大树，有争奇斗艳的杏花，还有黄莺悦耳的鸣叫，人身闲静而酒味醇美，水光花色相互映照，一种悠悠自在的感受油然而生。

司马光在居洛阳时，曾于国子监之侧买地辟建独乐园，过着惬意悠游的生活，引来许多士大夫艳羡的目光。如苏轼就曾在《司马君实独乐园》中对其表示赞叹：

> 青山在屋上，流水在屋下。中有五亩园，花竹秀而野。花香袭杖履，竹色侵杯斝。樽酒乐余春，棋局消长夏。洛阳古多士，风俗犹尔雅。先生卧不出，冠盖倾洛社。虽云与众乐，中有独乐者。

苏轼此诗中的"先生卧不出",表明了司马光隐而不仕的基本生活境况,而司马光在能"与众乐"的同时,更加看重"独乐",则更说明司马光之隐并非只是表明一种政治不合作的基本态度,在很大程度上更是为了获得一种生活的乐趣。司马光在园林中的"独乐"之隐充分说明宋代士大夫园林之隐有着旨在满足自我生命的内在需要、自觉追求人生快乐的基本性质。

下面分四方面谈宋代士人园林之境。

1. 由天地到人心

士人园林自中唐就已经大量出现,宋代士人园林正是承续中唐而来。然而其间士人心态的变化是明显的。中唐常被史学家称为中国古代社会向近代转型的一个分水岭,是士人文化内向转型的开始。盛唐士人那种建功立业、拔剑问天的豪情已渐退去,代之以个体内在生命的沉潜。孟郊有诗云:"出门即有碍,谁谓天地宽。"(《赠崔纯亮》)[82]这形象地说明了中晚唐士子生命外向构建的艰难。从园林休闲的角度而言,盛唐园林如太平公主的巨大庄园,从长安绵延到终南山的规模,在中唐也很少见了。士子纷纷建构自家的私人园林——所谓的"壶中天地"[83],士人通过园林这样微小的空间来容纳广阔的天地。其实仔细观察不难发现,中唐士人表面看是回到了私人的领域,实际上盛唐士人建功立业、开疆拓土的豪情依然在他们的胸中燃烧,并未完全消失。中唐士人在园林休闲时的心态,仍是一种功利性的占有,只不过是以对私人空间的占有来幻想对外在空间的占有。我们先看具有代表性的白居易的壶中心态:

> 帘下开小池,盈盈水方积。中底铺白沙,四隅甃青石。勿言不深广,但取幽人适。泛滟微雨朝,泓澄明月夕。岂无大江水,波浪连天白。未如床席间,方丈深盈尺。清浅可狎弄,昏烦聊漱涤。最爱晓暝时,一片秋天碧。

> 《官舍内新凿小池》

小池规模不大,但相比波浪滔滔的大江,小池的优势在于主人对它的完全占有,以至于可以"狎弄"。而且小池虽小,但在白居易眼中,它提供了大自然的微型幻象,青石或许有山岳之姿,而小小池面也能倒映微型的天空。诗中"勿言""岂无"的话语模式[84],是在极力想说服别人承认这个小池存在的价值,它足以与大江相媲美。有学者指出:"欲望、建构、在一个封闭天地中策划安排快乐、在人工构造中再现作为幻象的自然——所有这些私人天地的活动,都是以诗人为中心的,这个诗人不是社会的存在,也不是感性的存在,而是善于想办法满足自己欲望的心智……这样的一种'私人性',始终关注外部对自己的观照,它最终是一种社会性展示的形式,依赖于被排斥在外的他人的认可与赞同。"[85]因此,白居易对园林的赞美,实际上是在炫耀他对小池的轻松占有,这与他对自己虽处于微官而能做到生活富裕闲适所进行的炫耀的心理是一致的。而宋人对园林的赞美则更加深入到了人生的深处,体现了形而上的人生之思。我们来看宋人眼中的小池:

> 盆池虽小亦清深,要看澄泓印此心。不谦蛙黾相喧聒,夜静恐有蛟龙吟。

张孝祥《和都运判院韵七首》[86]

这里最为明显的区别就是,同样是小池,白居易以"深广"的角度拿来与外面的大江做比较,从而说明小池的价值;而宋代诗人张孝祥则以小池之"清深"联想到人之"心"。前者还是一种外向功利的心,而后者则完全转向了内在心性的沉潜。前者虽拒绝天地之宽,但仍然在天地之内,后者则由天地广度转向了人心的深度。另外如朱熹:

> 半亩方塘一鉴开,天光云影共徘徊。问渠那得清如许,为有源头活水来。

《观书有感》[87]

> 长廊一游步,爱此方塘净。急雨散遥空,圆文满幽镜。阶空绿苔长,院僻寒飙劲。长啸不逢人,超摇得真性。

《试院杂诗》[88]

我们看到,无论是张孝祥眼前的盆池,还是朱熹的方塘,诗人都没有要去炫耀或占有的意思，而是从中获得审美的形而上感悟，"要看澄泓印此心""为有源头活水来""超摇得真性"。正如有学者指出的："以心路为主，可见中唐以来壶中天地园林境界入宋以后的分途。"[89] 宋代士人是把他们的审美情趣、人生感悟与园林景观融合在了一起，园林即人生，人生即园林。这从唐宋士人园林的命名的差异上也可以看到其中的变化。[90] 因此，宋代园林不仅有天地，更有人生。说壶中天地，是说通过小小园林，容纳天地宇宙之美。[91] 说园林人生，是说园林的设计、游赏，寄托了士人形而上的人生理念。或者说，宋代园林之境，是宋代士人心中境界的外显。士人通过园林休闲，将天人合一之审美理念实践到了生活之中。

2. 由迫怵到本真

宋代士人普遍认识到奔波于政途中，生命难免遭受异化之苦，谈不上快乐。例如苏舜钦说："……便都无此事，亦终日劳苦，应接之不暇，寒暑奔走尘土泥淖中，不能了人事，羸马敝仆，日栖栖取辱于都城，使人指背讥笑哀悯，我亦何颜面，安得不谓之愁苦哉？"（《答韩持国书》）而回归园林山水、自由享乐，则被认为是返回人之本真之性情，是消解政治异化的有效途径：

> 君曰：夫惫其形于事者宜有以佚其劳，厌其视听之喧嚣，则必之乎空旷之野，然后能无患于晦明。飞禽之啁啾，怒浪之汹涌，渔蓬樵跻啸于前而歌于后，孰与夫讼诉答榜之交于耳也！岸帻穿屦，弦歌而诗书，投壶饮酒，谈古今而忘宾主，孰与夫攀跽折旋之密接于吾目也！
>
> 王安石《清溪亭记》[92]

孙觉在《众乐亭记》中道：

> 物之可乐多矣，惟其性之所嗜。至山溪之胜绝，水石之清凉，则未有不乐之者。……暂而至山水之间，**濯去迫怵，而返其本真**，则释然而喜，脩然而忘归。[93]

可见，对于宋代士大夫，园林休闲之乐确实是在政治异化生命存在的环境下，进行的自我选择。这种乐是生命的自由本真体验。

3. 共乐与独乐

"乐"其实是宋型文化的一项重要的内容。从理学上讲，有对"孔颜乐处"这一古老命题的热烈讨论与实践，文学艺术审美领域乐的主题逐渐取代了悲哀主题成为艺术审美的主流面貌。[94]山水园林之乐也是宋代乐文化心理的重要体现。如果说孔颜乐处之乐是理学道德理性向生活感性的一种转变，文学中乐的主题是对人生存在意义的艺术化思考，那么对于士大夫而言，山水园林之乐，亦与政治有很大的关联。

首先，共乐观。这种观点既包括与民同乐，又包括与贤者共乐。前者如欧阳修《醉翁亭记》中记载"从太守游而乐"。另外如梅尧臣《览翠亭记》：

> 郡城非要冲，无劳送还往；官局非冗委，无文书迫切。山商征材，巨木腐积，区区规规，袭不为宴处久矣。始是，太守邵公于后园池旁作亭，春日使州民游遨，**予命之日共乐**。[95]

还有像田况的《浣花亭记》《寄题众乐亭记》等，都表现出与民同乐的主题。宋代很多士人的私人园林或者官署、园圃，都在节假日或平时免费对一般百姓开放，典型体现了与民共乐的思想。

还有与贤者乐，如欧阳修曾写信劝人：

> 足下知道之明者，固能达于进退穷通之理，能达于此而无累于心，然后山林泉石可以乐，**必与贤者共**，然后登临之际有以乐也。[96]

其次，独乐观。休闲本来就是私人领域的生命体验，休闲之乐也应是非常个性化的感受。所谓的共乐只不过是士人为了迎合儒家"独乐乐不如与众乐乐"的文化传统。宇文所安认为中唐那种"对于壶中天地和小型私家空间的迷恋而做机智戏谑的诠释，成了在宋代定形的以闲暇为特征的私人文化复合体的基础"[97]。迫于政治形势而退居独乐园的司马光在为其私家园林所写的记文中，向人们袒露了在私人园林中恬然自乐的闲适情趣：

> 迂叟平日多处堂中读书。上师圣人，下友群贤，窥仁义之原，探礼乐之绪。自未始有形之前，暨四达无穷之外。事物之理，举集目前。所病者学之未至，夫又何求于人，何待于外哉？志倦体疲，则投竿取鱼，执衽采药，决渠灌花，操斧剖竹，濯热盥手，临高纵目，逍遥相羊，唯意所适。明月时至，清风自来，行无所牵，止无所柅，耳目肺肠，悉为己有。踽踽焉，洋洋焉，不知天壤之间复有何乐可以代此也。因合而命之曰"独乐园"。
>
> 司马光《独乐园》[98]

从外在的公共空间退回到个人的私人领域，司马光向我们展示了他的微型天地——独乐园。在这一微型天地中，他既可以做精神上的无穷畅游，又可以在"微物"（钓鱼、采药、灌花……）间自由地徜徉。正因为这完全是私人领域中的快乐，因此命之为"独乐"。司马光还将自己的独乐与孟子所谓的"众乐""孔颜之乐"做了比较，认为众乐是王公大人之乐，孔颜之乐是圣贤之乐。司马光甘愿认为自己是渺小、贫贱的，甚至把自己认同为比极为平凡、普通的人还要低一层次的"迂叟"。

为了进一步为其"独乐"的行径做辩解，防止一般人误解，司马光解释道，自己所乐的东西实在是微不足道：

> 若夫鹪鹩巢林，不过一枝；偃鼠饮河，不过满腹，各尽其分而安之，此乃迂叟之所乐也。
>
> （同上）

"一枝""满腹"言其至微。这意味着私人生活的满足与快乐非常容易达到，只要个人的生存与温饱能基本解决，剩下的就都是快乐了。然而有些人认为"**君子所乐必与人共之**，今吾子独取足于己，不以及人，其可乎？"司马光答道：

叟愚何得比君子？**自乐恐不足，安能及人**？况叟之所乐者，薄
陋鄙野，皆世之所弃也。虽推以与人，人且不取，岂得强之乎？必
也，有人肯同此乐，则再拜而献之矣，安敢专之哉！

（同上）

　　"自乐恐不足，安能及人"，这表明司马光对个人之乐极为重视。这
在古代士大夫"修齐治平"的功利文化模式下，为个人留下了一处没有
完全被社会和政治整体吞没的审美自由空间，本身即至为难得。宋代士
人园林体现的共乐与独乐观，也正是宋代士人双重性文化人格的体现。
两者实际也并非相互排斥，而是能够在"乐"的审美之境中统一起来。
司马光虽声称独乐，但其独乐园仍然会在庆典节日期间向公众开放，且
文末也说道："必也，有人肯同此乐，则再拜而献之矣，安敢专之哉！"
这说明他仅是以"独乐"之名宣示一种非常个性化的审美价值取向，以
此对抗社会政治下那种功利、喧嚣的现实人生。

　　4.园林之玩

　　士人园林中有关文玩的休闲活动，本质上属于艺术审美与工艺审美
两种审美形态生活化的表现。艺术与工艺回归生活，成为文人士子把玩
消遣、寄寓才情的对象。而其中最能体现士人审美心态的就是"玩"。

　　玩并非一般的喜好、玩弄，它有着精英主义的休闲审美情调。与
其说玩是一种玩赏的行为、动作，不如说更强调了玩的过程中那种从容
不迫、优容潇洒而又追求一种高雅理趣的心态。它是随兴而发、兴趣盎
然、摒弃外务、沉淀心情而又精神高度集中的一种心境。正如有研究者
指出的："这'玩'不是一般的玩，而是以一种胸襟为凭借，以一种修养
为基础的'玩'。它追求的是高雅的'韵'，它的对立面是'俗'。"[99]宋
代士人对文玩的玩味往往在深入世俗生活，而又化俗为雅的过程中，宣
扬了主体的闲情逸致，渗透着深刻的人生之思、性理之趣，并营造出士
人特有的生活审美氛围。正如南宋赵希鹄在《洞天清录序》中所言：

　　殊不知吾辈自有乐地，悦目初不在色，盈耳初不在声。尝见
前辈诸老先生，多蓄法书、名画、古琴、旧研，良以是也。明窗净
几，罗列布置，篆香居中，佳客玉立相映，时取古人妙迹，以观鸟

篆蜗书、奇峰远水，摩挲钟鼎，亲见商周。端研涌岩泉，焦桐鸣玉佩，不知身居人世。所谓受用清福，孰有逾此者乎！是境也，阆苑瑶池，未必是过，人鲜知之，良可悲也。[100]

苏轼亦常于品茶之事中发现性理之趣，他称黄儒"博学能文，淡然精深，有道之士也。作《品茶要录》十篇，委曲微妙，皆陆鸿渐以来论茶者所未及。非至静无求，虚中不留，乌能察物之情如此详哉？……今道辅无所发其辩，而寓之于茶，为世外淡泊之好，此以高韵辅精理者"（《书黄道辅品茶要录后》）。

总之，以玩的心态来对待日常物什，宋人将日常实用之物如茶、酒皆化为了艺术，用以寄托才情；以玩的心态留意旧物古货，则这些钟鼎器皿焕发出生机，情趣盎然。这些日常生活的艺术化和审美取向同样影响到了宋代的传统的艺术审美领域，绘画由此成为墨戏，书法亦有消遣之乐，诗词皆可为戏为嬉。艺术的风格也由境转韵，由志入趣，士人的内在风度与潇洒韵味，就在这园林之玩中全面地体现出来了。

注释

[1] 本章部分内容已编入《中国美学通史》（宋金元卷）出版，此处又较之做了些修改，可参考叶朗主编，朱良志副主编：《中国美学通史》（宋金元卷），潘立勇、陆庆祥等著，南京：江苏人民出版社，2014年。

[2] 缪钺：《论宋诗》，见《宋诗鉴赏辞典·代序》，上海：上海辞书出版社，1987年。

[3] 邵雍：《伊川击壤集》，陈明点校，上海：学林出版社，2003年，第70页。

[4] 选自谢枋得、王相：《千家诗评注》，北京：北京联合出版公司，2015年，第181页。

[5] 李泽厚：《美学三书·美的历程》，合肥：安徽文艺出版社，1999年，第155页。

[6] 选自胡跃荣选注：《精选宋诗三百首》，长沙：岳麓书社，2015年，第356页。

[7] 晏殊、晏几道：《晏殊词集晏几道词集》，上海：上海古籍出版社，2016年，第46页。

［8］罗烨:《新编醉翁谈录》甲集卷一《舌耕叙引·小说开辟》,上海:古典文学出版社,1957年,第3—5页。

［9］曾枣庄、刘琳主编:《全宋文》第56册,上海:上海古籍出版社,2006年,第236页。

［10］傅璇宗等主编:《全宋诗》第36册,北京:北京大学出版社,1995年,第22761页。

［11］郭熙:《林泉高致》,选自于民:《中国古典美学举要》,合肥:安徽教育出版社,2000年,第517页。

［12］任汈、武陟仁编集:《全宋词》,北京:国际文化出版公司,1995年,第1266页。

［13］扬之水:《古诗文名物新证》(一),北京:紫禁城出版社,2004年,第82页。

［14］任汈、武陟仁编集:《全宋词》,北京:国际文化出版公司,1995年,第1199页。

［15］高守德、迟乃义主编:《历代词曲一万首》上册,石家庄:山花文艺出版社,1997年,第877页。

［16］萧枫选编:《唐诗宋词全集》第16卷,西安:西安出版社,2000年,第29页。

［17］萧枫选编:《唐诗宋词全集》第16卷,西安:西安出版社,2000年,第616页。

［18］任汈、武陟仁编集:《全宋词》,北京:国际文化出版公司,1995年,第998页。

［19］田况:《浣花亭记》,曾枣庄、刘琳主编:《全宋文》第30册,上海:上海古籍出版社,2006年,第52页。

［20］王安石:《风俗》,曾枣庄、刘琳主编:《全宋文》第65册,上海:上海古籍出版社,2006年,第12页。

［21］曾枣庄、刘琳主编:《全宋文》第40册,上海:上海古籍出版社,2006年,第37页。

［22］曾枣庄、刘琳主编:《全宋文》第73册,上海:上海古籍出版社,2006年,第55页。

［23］宋代士人文化的二重性特征请参看潘立勇:《朱子理学美学》一书,其中有诸多精彩剖析。

［24］苏辙:《苏辙集》,北京:中华书局,1990年,第406页。

［25］司马光:《司马温公集编年笺注》(一),成都:巴蜀书社,2009年,第404页。

［26］可见《庄子》达生、齐物论、大宗师诸篇。

［27］曾枣庄、刘琳主编:《全宋文》第41册,上海:上海古籍出版社,2006年,

第 47 页。

[28] 欧阳修:《欧阳修集编年笺注》(八),成都:巴蜀书社,2007 年,第 345 页。文中所引欧阳修诗文,除特殊说明外,皆引自此书,只随注篇名,不再加注。

[29] 曾枣庄、刘琳主编:《全宋文》第 28 册,上海:上海古籍出版社,2006 年,第 165 页。

[30] 曾枣庄、刘琳主编:《全宋文》第 33 册,上海:上海古籍出版社,2006 年,第 103 页。

[31] 程颢、程颐:《二程集》,北京:中华书局,1981 年,第 460 页。

[32] 钱穆:《朱子新学案》(第 4 册),台北:联经出版社,1998 年,第 433 页。

[33] 北京大学古典文学研究所编:《全宋诗》第 7 册,北京:北京大学出版社,1992 年,第 4455 页。

[34] 苏辙:《苏辙集》,北京:中华书局,1990 年,第 408 页。

[35]《嘉靖袁州府志》卷 9,载《天一阁藏明代方志选刊》,上海:上海书店,1990 年。

[36] 因为在两宋太平之日比任何朝代都要多,其统治者对待士大夫不薄,《林泉高致》中说得好:"直以太平盛日,君亲之心两隆,苟洁一身出处,节义斯系,岂仁人高蹈远引,为离世绝俗之行,而必与箕颖埒素黄绮同芳哉!白驹之诗,紫芝之咏,皆不得已而长往者也。"

[37] 选自于民:《中国古典美学举要》,合肥:安徽教育出版社,2000 年,第 519 页。

[38] 张再林:《中唐:北宋士风与词风研究》,北京:人民文学出版社,2005 年,第 80 页。

[39] 曾枣庄、刘琳主编:《全宋文》第 28 册,上海:上海古籍出版社,2006 年,第 34 页。

[40] 曾枣庄、刘琳主编:《全宋文》第 71 册,上海:上海古籍出版社,2006 年,第 299 页。

[41] 曾枣庄、刘琳主编:《全宋文》第 96 册,上海:上海古籍出版社,2006 年,第 207 页。

[42]《岳阳楼记》,见曾枣庄、刘琳主编:《全宋文》第 18 册,上海:上海古籍出版社,2006 年,第 402 页。

[43] 曾枣庄、刘琳主编:《全宋文》第 40 册,上海:上海古籍出版社,2006 年,第 37 页。

[44] 曾枣庄、刘琳主编:《全宋文》第 35 册,上海:上海古籍出版社,2006 年,第 114 页。

［45］苏舜钦：《苏舜钦诗诠注》，杨重华注释，重庆：重庆出版社，1988年，第379页。

［46］费衮：《梁溪漫志》卷4，上海：上海古籍出版社，1985年，第38页。

［47］曾枣庄、刘琳主编：《全宋文》第65册，上海：上海古籍出版社，2006年，第56页。

［48］曾枣庄、刘琳主编：《全宋文》第40册，上海：上海古籍出版社，2006年，第37页。

［49］曾枣庄、刘琳主编：《全宋文》第43册，上海：上海古籍出版社，2006年，第327页。

［50］吴之振等选编：《宋诗钞》，北京：中华书局，1986年，第186页。

［51］曾枣庄、刘琳主编：《全宋文》第18册，上海：上海古籍出版社，2006年，第402页。

［52］曾枣庄、刘琳主编：《全宋文》第123册，上海：上海古籍出版社，2006年，第362页。

［53］曾枣庄、刘琳主编：《全宋文》第107册，上海：上海古籍出版社，2006年，第171页。

［54］曾枣庄、刘琳主编：《全宋文》第107册，上海：上海古籍出版社，2006年，第178页。

［55］陆游：《渭南文集校注》（二），马亚中、涂小马校注，杭州：浙江古籍出版社，2015年，第288页。

［56］曾枣庄、刘琳主编：《全宋文》第107册，上海：上海古籍出版社，2006年，第168页。

［57］曾枣庄、刘琳主编：《全宋文》第27册，上海：上海古籍出版社，2006年，第47页。

［58］《林泉高致》云："君子之所以爱夫山水者，其旨安在？丘园，养素所常处也；泉石，啸傲所常乐也；渔樵，隐逸所常适也；猿鹤，飞鸣所常亲也。尘嚣缰锁，此人情所常厌也。烟霞仙圣，此人情所常愿而不得见也。"可见山水林泉对于宋代士人的亲切程度。

［59］选自于民：《中国古典美学举要》，合肥：安徽教育出版社，2000年，第517页。

［60］孙琮：《山晓阁选宋大家欧阳修庐陵全集》评语卷1《答李大临学士书》。

［61］沈括：《梦溪笔谈校证》，胡道静校注，上海：上海出版公司，1956年，第7页。

［62］选自于民：《中国古典美学举要》，合肥：安徽教育出版社，2000年，第517页。

［63］汪藻:《浮溪集》卷29《次韵赵叔问侍郎送曾吉甫学士按刑浙右篇末见及之作》。

［64］王辟之:《渑水燕谈录》卷4《才识》,北京:中华书局,1981年,第40页。

［65］王辟之:《渑水燕谈录》卷7《歌咏》,北京:中华书局,1981年,第85页。

［66］苏辙:《苏辙集》,北京:中华书局,1990年,第406页。

［67］罗大经:《鹤林玉露》丙编卷3《观山水》,北京:中华书局,1983年,第281页。

［68］曾枣庄、刘琳主编:《全宋文》第69册,上海:上海古籍出版社,2006年,第318页。

［69］曾枣庄、刘琳主编:《全宋文》第71册,上海:上海古籍出版社,2006年,第298页。

［70］曾枣庄、刘琳主编:《全宋文》第15册,上海:上海古籍出版社,2006年,第192页。

［71］曾枣庄、刘琳主编:《全宋文》第15册,上海:上海古籍出版社,2006年,第193页。

［72］曾枣庄、刘琳主编:《全宋文》第15册,上海:上海古籍出版社,2006年,第255页。

［73］张咏:《春日宴李氏林亭记》,见曾枣庄、刘琳主编:《全宋文》第6册,上海:上海古籍出版社,2006年,第134页。

［74］曾枣庄、刘琳主编:《全宋文》第27册,上海:上海古籍出版社,2006年,第46页。

［75］曾枣庄、刘琳主编:《全宋文》第95册,上海:上海古籍出版社,2006年,第185页。

［76］朱熹:《朱子四书语类》,上海:上海古籍出版社,1992年,第614页。

［77］黎靖德编:《朱子语类》卷113,王星贤点校,北京:中华书局,1986年,第2740页。

［78］曾枣庄、刘琳主编:《全宋文》第6册,上海:上海古籍出版社,2006年,第134页。

［79］曾枣庄、刘琳主编:《全宋文》第8册,上海:上海古籍出版社,2006年,第73页。

［80］曾枣庄、刘琳主编:《全宋文》第93册,上海:上海古籍出版社,2006年,第220页。

［81］曾枣庄、刘琳主编:《全宋文》第73册,上海:上海古籍出版社,2006年,第57页。

［82］孟郊:《孟郊集校注》,韩泉欣校注,杭州:浙江古籍出版社,1995年,第

230 页。

［83］"壶中天地"这一典故，最初并非指园林。这里是借用。

［84］这种句式在白居易诗中很常见，另外还有如"何言""何必"等句式。这其实是反映了中唐文化转型的初始，白居易作为士人话语权失落之后很不自信的一种文化心态。

［85］〔美〕宇文所安：《中国"中世纪"的终结：中唐文学文化论集》，北京：生活·读书·新知三联书店，2005 年，第 82 页。

［86］张孝祥：《于湖居士文集》，上海：上海古籍出版社，1980 年，第 97 页。

［87］朱熹：《朱熹集》，郭齐、尹波点校，成都：四川教育出版社，1996 年，第 90 页。

［88］朱熹：《朱子全书》第 20 册，上海：上海古籍出版社，2002 年，第 244 页。

［89］张法：《中国美学史》，上海：上海人民出版社，2000 年，第 171 页。

［90］中晚唐的园林很少有从士人人生追求与审美情趣的角度来命名的，而宋代往往一座园林亭台堂榭的名字就是园林主人的人生意趣的体现，如沧浪亭、超然台、快哉亭、乐圃、独乐园、众乐园等，不胜枚举。

［91］如苏轼《涵虚亭》诗："唯有此亭无一物，坐观万景得天全。"

［92］曾枣庄、刘琳主编：《全宋文》第 65 册，上海：上海古籍出版社，2006 年，第 64 页。

［93］曾枣庄、刘琳主编：《全宋文》第 73 册，上海：上海古籍出版社，2006 年，第 30 页。

［94］程杰：《诗可以乐：北宋诗文革新中"乐"主题的发展》，《中国社会科学》，1995 年第 4 期。

［95］曾枣庄、刘琳主编：《全宋文》第 28 册，上海：上海古籍出版社，2006 年，第 165 页。

［96］曾枣庄、刘琳主编：《全宋文》第 33 册，上海：上海古籍出版社，2006 年，第 103 页。

［97］〔美〕宇文所安：《中国"中世纪"的终结：中唐文学文化论集》，北京：读书·生活·新知三联出版社，2005 年，第 6 页。

［98］曾枣庄、刘琳主编：《全宋文》第 56 册，上海：上海古籍出版社，2006 年，第 237 页。

［99］张法：《中国美学史》，上海：上海人民出版社，2000 年，第 224 页。

［100］曾枣庄、刘琳主编：《全宋文》第 344 册，上海：上海古籍出版社，2006 年，第 408 页。

第三章　苏轼休闲审美的哲学基础

宋人好议论，苏轼也不例外。尽管苏轼的诗文较之前人，多了"理、义、趣"，但与理学家们还是有着根本的不同。因为，理学家之所以称为理学家，实在是因为"理"是其哲学的核心范畴。而苏轼更重情，甚至以情为本，他的思想基础是情本哲学。在中国思想史中，理被特殊重视起来，通常认为是宋明理学的功劳。其实先秦儒家很少谈理，论语中没有理，孟子中理仅有四处，荀子多谈理，但也没有将之上升到形而上的本体地位。先秦儒家谈的较多的是心、性、情。苏轼对儒家原典的诠释更多的是从心、性、情出发，并参照佛禅、道家之心性之学，左右择取，最终融合为一种新型的具有独创性的心性哲学。

如果说中国哲学发展到宋代，理学家们在三教融合潮流的影响下，通过提出理范畴而建立起了儒学发展的理学形态，那么苏轼则是通过对情的重视与阐释，建立了以情为本的儒学新形态。无论是"理本"儒学还是"情本"儒学，都堪称儒学在宋代取得的新发展。理本儒学即新儒学已经得到了长足的重视与研究，而情本儒学则一直处于被冷落的边缘[1]，苏轼之情本论儒学尤其如此。

第一节　情本哲学之本体论

牟宗三指出："性……是中国哲学的一个很特别的重要法门。"[2] 对于儒家哲学的发展来说，性尤为重要。苏轼重视情，但并非不谈性。实际上，苏轼的情本论哲学的建构就是在对传统性论的解剖与批判的基础上完成的。苏轼所说的性，不是伦理学范畴的道德之性，而是自然之性。他在《扬雄论》中如此说性：

> 彼以为性者，果泊然而无为耶，则不当复有善恶之说，……人生而莫不有饥寒之患，牝牡之欲，今告乎人曰：饥而食，渴而饮，男女之欲，不出于人之性也，可乎？是天下知其不可也。圣人无是，无由以为圣；而小人无是，无由以为恶。

苏轼认为不当以善恶来言性，他所指的性即从人的生理本能说起：

饥而食，渴而饮，男女之欲。苏轼把人的生理本能欲望说成是性，让我们想起了与孟子同时代的告子"食、色，性也"（《孟子·告子上》）的思想。其实，将人的自然本能看成人性，实是性的古训本然。"生之谓性"（《孟子·告子上》），性的最初意即是如此。告子最初秉承此种性论，便被孟子大骂一顿。孟子认为将人之性等同于食、色之本能欲望，是把人性混同于动物、自然之性。人性应该是一种超自然之性。于是孟子从人的恻隐辞让、是非羞耻等心理特征开掘出人的善根来，宣称人性本善。孟子并不认为人的自然情欲是人之所以为人的本性，而把仁义礼智之性看成人性：

> 口之于味也，目之于色也，耳之于声也，鼻之于臭也，四肢之于安佚也，性也，有命焉，君子不谓性也。仁之于父子也，义之于君臣也，礼之于宾主也，智之于贤者也，圣人之于天道也，命也，有性焉，君子不谓命也。

《孟子·尽心下》

从此段中可以看出，孟子并不否认传统的对性的解释，即以人的自然情欲为人之性，也就是生之谓性。但是孟子认为在"君子"眼中，自然情欲并不是人之性，人之性是仁义礼智（道德之性）。食色之性乃人之感性欲望，是本能的需求，这是具体的经验的；而仁义礼智作为人伦之间的道德法则是道德理性之范畴，这是抽象的超验的。前者是植根于当下的感性需求，富于变化性与个体性，但同时又具有普遍性，即"有命焉"，也是苏轼所谓"圣人无是，无由以为圣；而小人无是，无由以为恶"；而后者则具有道德法则的性质，虽然具有超验的普遍性与纯粹性，但就现实经验中的具体人来讲，这种理想意义的道德法则并不具有普遍的现实性。

现实生活就其特征而言是不确定与残缺的，对现实的这种真实性与完美性的深刻认知，往往导致两种理论形态，一种即理想主义。这种理论思想常常在头脑中幻构一种乌托邦式的理想人生图景，并将这种理想中的人生强加给现实当中的人。相对于现实生活的不完美与不确定，这种理想的人生状态常常是确定无疑的，更是完美意义上的存在。从不确定到确定、从残缺到完美，被意为一种超越。而确定性与完美意义的乌托邦设准往往也就成为人超越自身与现实的归宿，同时这一设准也自然成为人之本体。

对于人性的确定性与完美性的追求始终体现在孟子的言行当中。比如"天之生物也，使之一本"（《孟子·滕文公上》），这是对夷子"二本"论的批判。朱子的解释是："天之生物，有血气者本于父母，无血气者本于根荄，皆出于一而无二者也。其性本出于一，故其爱亦主于一焉。"（《孟子或问》）[3] 这是由生物学意义上的一本过渡到伦理学意义上的一本，但其最主要的是表达了"性本出于一"的思想。这样，从孟子开始，儒家之性就从含义的不确定性向确定性发展了。但其理论的失误之处在于以这种理想意义的确定性思想来解释人类的存在，甚而推向解释万物宇宙的存在。这固然是人类理性发展的趋势使然，但这种理论的确定性面对纷繁复杂的人类经验现象时，往往不能自圆其说。就性本善来说，以善这种抽象的道德伦理范畴来规范少数人则可，以之规范所有人则明显感觉勉强。无论是性善论还是性恶论，还是性善恶混论，实际上都是想以人性的确定性代替人性的不确定性的表现，也就都不能完满地解释变化多样的世界。这种从僵硬的观念出发而不从人的鲜活的现实情感和生活出发的人性论，极易被古代封建统治者所利用。

另一种则是现实主义。这是对人生之不完美与不确定性的正视。苏轼看到了人性并不能"一本"，也即人性并不能确定为一。正因为此，苏轼才提出性无善恶论。包弼德指出，苏轼的这种对性的言说方式很可能受到老子"道可道，非常道"的影响，这是一种否定式的下定义方式。在道家那里，道不可描述而却万物共之。苏轼所言之性亦是如此：

> 君子日修其善以消其不善，不善者日消，有不可得而消者焉。小人日修其不善以消其善，善者日消，亦有不可得而消者焉。夫不可得而消者，尧舜不能加焉，桀纣不能亡焉，是岂非性也哉！[4]

张岱年认为苏轼之人性论"甚精"，但却认为苏轼此段论说是以性为善为恶了，并以此说苏轼人性论有其不一贯处。[5] 其实苏轼这里并非认为君子性善，小人性恶，而是认为君子小人"不可得而消者"才是性，性实乃人最为基本的，是人皆有的性质。苏轼认为此即人性。什么是"不可得而消者"？苏轼提道：

> 渴必饮，饥必食，食必五谷，饮必水。此夫妇之愚所共知，而圣人之智所不能易也。
>
> 《张厚之忠甫字说》
>
> 圣人无是，无由以为圣；而小人无是，无由以为恶。
>
> 《扬雄论》

可见，人的自然情欲是圣人、小人，乃至一切人之普遍共存的东西，是人之所以成为人的本质基础。舍此而言他，便是架空立论，不具有说服性。这便是人的本性，也就是人性。苏轼更进一步认为这人所共有的东西即是"诚"：

> 尧、舜之所不能加，桀、纣之所不能亡，是谓"诚"。[6]

此"不能加""不能亡"者既是性，又是诚。可见诚即性，性即诚。而苏轼认为由此诚而发出的便是"情"：

> 见其意之所向谓之"心"，见其诚然谓之"情"。[7]
>
> 情者，其诚然也。"云从龙，风从虎"，无故而相从者，岂容有伪哉！[8]

这种以情来诠释诚的思路显然不同于之前的儒家，也异于与苏轼同时以及后来的程朱理学。

"诚"是《中庸》的一个核心范畴，在第 20 章末提出："诚者，天之道也；诚之者，人之道也。"孟子认为"诚者，天之道也；思诚者，人之道也"（《孟子·离娄上》）。《大学》中，有"诚意"一章："所谓诚其意者，毋自欺也，如恶恶臭，如好好色，此之谓自谦，故君子必慎其独也！"由此可见先秦儒家典籍中对诚的重视，已然把诚上升到了本体的位置，所谓"诚者，物之终始，不诚无物"（《中庸》）。[9]

理学鼻祖周敦颐认为"寂然不动者，诚也"[10]，这是以静释诚，并以诚为圣人之本。与苏轼同时的程颐则以理释诚，"诚者，理之实然"[11]。程颐认为，诚与敬是沟通天理和人心的桥梁，通过"存诚"或"反身而诚"，就可以达到与物同体的境界，这是学为圣人的突破口。在程颐那里，理是一种"超越现实"[12]的"本体论的实有"[13]。伊川做如此改造，其真实用意恰是要使社会人伦取得的"天道"的权威地位合理化。故程颐常将诚与敬并提，所谓"以诚敬存之""诚敬循理"等。朱熹则释诚为"诚者，真实无妄之谓，天理之本然也"[14]，算是对诚的含义做了一个概括性的总结。总之，理学家是以天道人伦的道德论来诠释诚，诚并非源发自人类的自然情欲，而是来自"天理"。这种从外在客观的伦理法则解释诚的思路与苏轼从人的内在性情的角度释诚，显然昭示了两种完全不同的儒学进路。

另外，单从性情二者的关系上，苏轼是以情解性：

情者，性之动也。[15]

性之于情，非有善恶之别也，方其散而有为，则谓之情耳。[16]

性是不可见、不可言说的，也是不断变化、不确定的东西，性的现实表现即为情。"古之君子，患性之难见也，故以可见者言性。夫以可见者言性，皆性之似也。"[17]性与"可见者"实乃一而不二的关系，性并非"可见者"之外其他观念性的存在。[18]苏轼是想通过证明情出于性而证明情即性，情外无性，性外无情，情和性实际上是一个东西。[19]

这样，通过以情来诠释儒家传统哲学中的重要概念"性""诚"，苏轼便初步建立起了一种迥然不同于以往儒家以及同时代理学家的情本论哲学观。

既然性即情，那么性情是善还是恶？如果注意一下理学家的性情观，则可发现其大都认为性善而情有善有恶。虽然程颢也主张性情合一论，但是他主张性无不善，此与苏轼大不同。其实凡是理学家，都是以善恶来论性情的，无论是性之善恶，还是情之善恶。而苏轼显然是很谨慎地用善恶这一对伦理范畴的。何谓善恶？苏轼指出：

夫太古之初，本非有善恶之论，唯天下之所同安者，圣人指以为善，而一人之所独乐者，则名以为恶。

《扬雄论》

这是苏轼对善恶这一对伦理范畴起源的推测。何谓善？首先善是由圣人制定的，这是善的权威性；其次善是天下之人共同认可的，这就是善的普遍性。最后，善的前提条件是天下之人的心理情感方向——"安"，这是善的情感原则。总的来讲，善即对共同情感的满足。从人类的情感角度定义善，明显地不同于从抽象而又超验的理去定义善。前者是普遍的具体，后者则易流于具体的普遍，即个别特殊之人将一己之见普遍化、权威化，从而限制、约束了大多数人的情感。

苏轼所认为的善是以情为本的善，是善来源于情，受情所决定，而不是以善恶来规约、判定情性。这就从根本上不同于理学家们的善恶观。在程朱理学看来，世间之善恶全由理决定，符合理的即为善，违背理的即为恶。理不能由经验的情感，而是以超验的道德法则来规定。这样，人的情感就被牢牢地束缚于外在的理的框架下。所谓"人欲尽处，天理流行"[20]，"存天理，灭人欲"[21]，礼教吃人，也正因此。

既然性不能以善恶言，那么性与善恶究竟是什么关系呢？

昔者孟子以善为性，以为至矣，读《易》而后知其非也。孟子之于性，盖见其继者而已。夫善，性之效也。孟子不及见性，而见夫性之效，因以所见者为性。性之于善，犹火之能熟物也。吾未尝见火，而指天下之熟物以为火，可乎？夫熟物则火之效也。[22]

圣人无是，无由以为圣；而小人无是，无由以为恶。圣人以其喜怒哀惧爱恶欲七者御之，而之乎善；小人以是七者御之，而之乎恶。由此观之，则夫善恶者，性之所能之，而非性之所能有也。

《扬雄论》

可见，善是性之效，以此可推，恶也是性之效。在苏轼看来，将善、恶等"性之效"等同于性本身，就像将被烤熟的食物等同于火一样。善恶只是性情之发用，圣人与小人之区别就在于圣人能将性情发用为善，而小人则把性情发用于恶。但在性与情这一层次上，并没有善恶可言。[23]

由此，苏轼的情本论哲学就有力地将客观性的善之法则请了出去，而代之以主观性乐的原则：

善者，道之继，而指以为道则不可。[24]

天下之人，固将即其所乐而行之，孰知夫圣人唯其一人之独乐不能胜天下之所同安，是以有善恶之辨。

《扬雄论》

乐的情感是人本身最自然的情感，而情感欲望的满足即为乐。这里如包弼德所指出的"他宣称找到了道德主义者的普遍起点，却反对孟子、荀子、扬雄……试图为道德确立特定的性质"[25]的做法。"即其所乐而行之"，不是道德原则，而是一种审美的原则——它因自然而显其自由的价值：

此自然而然者，天地且不能知，而圣人岂得与于其间而制其予夺哉？[26]

喜怒哀乐之情与性，是人性之最自然者，它自己决定自己，发展自己，并寻求满足，它不应受任何外在权威、规范、法则等的束缚与管制。在苏轼看来，与其受道德善恶之虚名所奴役，不如顺应性情之自然：

君子欲行道、德而不知所以然之说，则役于其名而为之尔。夫苟役于其名而不安其实，则大小相害，前后相陵，而道、德不和顺矣……是以君子贵"性"与"命"也。[27]

君子所行之道、德，乃虚名，考名责实，即其"所以然"者，也就是性、命。"性之所至者亦曰命。"人的一切行为都是源自所以然之性情，如人之饮食，即源自饥渴之性。这种自然的本性欲求比所谓的道德更为真实，也更应该为人所重视。

苏轼的这一人性论"超越了一般的所谓性善论、性恶论和性无善恶论，而是以人的自然欲求为本，所以我们把苏轼的人性论又可称为情本人性论"[28]。苏轼正是通过将性与情拉回到普通的人之自然本性，并进而将之作为人性之本体，从而避免了把德行等同于人性，起到了消解道德权威、尊重个体性情、消解确定性与同一性的作用。

同样，与这种从人的自然人性出发的名实之辩一样，在对待礼与情的关系上，苏轼也是从人情之本然的角度去规定礼的合理性。一般认为礼作为一种仪式化的存在形式，是对自在个体的束缚。在礼乐文化越来越失去其情感原则的时代，孔子曾引仁归礼，以避免礼演变为一种纯形式化的东西。先秦的礼乐典籍也基本上认为礼的制定是源于人情之自然而归于对情感的约束。至宋代新儒家将礼等同于理，如周敦颐谓"礼，理也"[29]，宋代新儒家多惯于以理来释礼。表面看来，这似乎与先秦儒家以情理释礼相同，实际上，随着宋代新儒学将理不断地提升，以至成为超越现实经验的道德法则，礼与人之自然情感也越来越远了。所以程颐才说："礼胜则离。"范氏说："凡礼之体主于敬……敬者，礼之所以立也。"[30]可见，将礼等同于高高在上统治一切的"天理"，其结果必然造成礼对自然人的压迫与宰制。所以，面对礼，人需要"敬"而非"乐"。

对于"礼节人情"，理学家最终发展出"存天理，灭人欲"之极端的观点。而苏轼则不从高高在上的天理去俯视人情，而是从人情出发去寻找礼之所以存在的依据。在苏轼看来，礼的存在并不是要去强人所难，更非让人战战兢兢一味地去"敬"；若从人的自然情感出发去"知其当然"，明其所以，那么在礼的规范中人自会求得乐处：

> 夫圣人之道，自本而观之，则皆出于人情。不循其本，而逆观之于其末，则以为圣人有所勉强力行，而非人情之所乐者。夫如是，则虽欲诚之，其道无由。故曰"莫若以明"。使吾心晓然，知其当然，而求其乐。今夫五常之教，惟礼为若强人者，何则？人情莫不好逸豫而恶劳苦，今吾必也使之不敢箕踞，而磬折百拜以为礼……今吾以为磬折不如立之安也，而将惟安之求，则立不如坐，

坐不如箕踞，箕踞不如偃仆，偃仆而不已，则将裸袒而不顾。苟为裸袒而不顾，则吾无乃亦将病之！夫岂独吾病之，天下之匹夫匹妇，莫不病之也；苟为病之，则是其势将必至于磬折而百拜。由此言之，则是磬折而百拜者，生于不欲裸袒之间而已也。夫岂惟磬折百拜，将天下之所谓强人者，其皆必有所从生也。辨其所从生，而推之至于其所终极，是之谓明。

《中庸论》

面对天理（礼），理学家一般要求学道者应做"敬"的工夫，同时还要洒落。王阳明言："洒落为吾心之体，敬畏为洒落之功。"有学者指出此乃"敬畏就是有洒落的敬畏，洒落是有敬畏的洒落"[31]，这种看似辩证的说法，实则让人很难信服。如何从敬畏中实现洒落，或者如何从洒落中带着敬畏，可能会仁者见仁智者见智。[32]苏轼则从"本于人情"的情本哲学观出发，直接抛开了敬畏与洒落、人情与天理二元对立的思维模式，把礼（理）看作人情自然所"从生"。礼是情的经验形式，情是礼的本体内涵，礼（理）与情成为二而一的关系。这样，人在面对礼（理）时，就不用理学家念念不忘的"敬"的工夫，而自然就是情本论哲学所提出的"乐"的工夫。

第二节　情本哲学之工夫论

何谓工夫？王阳明曾有句话："诚是心之本体，求复其本体，便是思诚的工夫。"[33]单从本体与工夫之关系的角度看，工夫是用来"复其本体"的，也就是说回到本体、达到本体的手段和方法。本体与工夫向来都是一致的，本体必然决定着与之相对的工夫，而工夫的不同便也体现出不同的本体倾向。情本哲学以自然情感为人生之本体，其工夫论的方向也定然是以情感的迸发、悦乐为特征。情感是活泼的自由的，情感本体的呈现也是要通过活泼自由的工夫来达到。在苏轼看来，情即是性，也即是诚，欲回复到情的本体，即是要走"乐"的工夫：

> 《记》曰:"自诚明谓之性,自明诚谓之教。诚则明矣,明则诚矣。"夫诚者,何也? 乐之之谓也。乐之则自信,故曰诚。
>
> 《中庸论》

诚作为儒家哲学中一个重要的范畴,其本体意义与工夫意义最早都是由《孟子》和《中庸》两部经典共同开创的。这里的"自诚明"即是从本体上说工夫,"自明诚"是从工夫上说本体。诚作为本体与工夫的意义在中庸这里已经可以打通。因此,我们既可以认为这里的诚乃本体层面的范畴,也可以将其视为工夫层面的范畴。中庸主要就是讲诚,对于诚的不同诠释自可以体现出不同哲学流派的特点。比如非常重视中庸的程朱学派在解释这句话时是这样说的:

> 德无不实而明无不照者,圣人之德。所性而有者也,天道也。先明乎善,而后能实其善者,贤人之学。由教而入者也,人道也。诚则无不明矣,明则可以至于诚矣。[34]

朱熹认为诚是"德无不实",也即"真实无妄之谓,天理之本然也"。其天道人道之说认为"诚则无不明矣,明则可以至于诚",这显然是一种知识论的成德之路。这样,诚与不诚取决于个体之心性与理之符合程度。诚,就是"理之实然""真实无妄",不诚就是"为德不能皆实"。在成德的过程中,"人欲之私"即个性逐渐消弭而归于共性,也即归于普遍的理当中。最终诚的结果是个性情感被最大限度地压抑,而代之以公共理性(理)的"无不实"。因此,从这一角度看来,程朱理本儒学一方面将理不断提升为一外在客观的超绝之实体,以此公共普遍性的理来压制个体自我之情感,另一方面却又让人洒落、寻"孔颜所乐",这其中本身便包含着不可调和之矛盾。

与此不同的是,苏轼以存在论之情为本体代替了知识论之理为本体,从人的感性存在出发去解释人的本体存在。他并不另设一外在于人的客观标准来框范人的行为,也并不是如理本儒学那样从理出发成就一个道德的人格,而是纯从人自在自发的情感体验出发呈现一个完整的审美人格。对于程朱来说,圣人乃"德无不实而明无不照者",是"所性而有者"，这种天赋而成的圣人观给圣人蒙上了一层神秘而不可企及的色彩；在苏轼看来，这种圣人天道观实则是故弄玄虚，以致使得本来简易可行的圣人之道离人越来越远，他指出：

> 其弊始于昔之儒者，求为圣人之道而无所得，于是务为不可知之文，庶几乎后世之以我为深知之也。后之儒者，见其难知，而不知其空虚无有，以为将有所深造乎道者，而自耻其不能，则从而和之曰然。相欺以为高，相习以为深，而圣人之道，日以远矣。
>
> 《中庸论》

那么什么是圣人之道？不同于其他儒者从天理之实现这一角度言圣人之道与诚，苏轼从"知之者不如好之者，好之者不如乐之者"（《论语·雍也》）这一孔子遗训入手，认为知之者与乐之者正乃贤人与圣人之辩。他认为：

> 夫惟圣人，知之者未至，而乐之者先入，先入者为主，而待其余，则是乐之者为主也。若夫贤人，乐之者未至，而知之者先入，先入者为主，而待其余，则是知之者为主也。
>
> （同上）

圣人之道即人在面对事物之时，虽未知之，而先"乐之"。贤人之道则是先去知之，"乐之"与否却难说。进而，苏轼认为诚就是"乐之"，明则是"知之"。"乐之"与"知之"的差别就在于前者是存在论范畴，后者则为知识论范畴。存在论范畴立足于人的存在体验而直接表现为人的实践活动；而知识论范畴立足于主客二元的对立关系，仍然停留在抽象之普遍阶段，并不能体现为具体的经验活动。因此，苏轼说：

> 乐之者为主，是故有所不知，知之未尝不行。知之者为主，是故虽无所不知，而有所不能行。
>
> （同上）

乐相对于知更有一种实践品格，是当下直接的生命体验，是主客体的相互融合，相互进入，故曰"知之未尝不行"。而知仍是将所知者看作是与主体相对立的因素，而并未与主体合而为一，故仅是"知之"就还有一个行的问题存在。只有"乐之"才能真正地行之，换言之，知行合一只有经过"乐之"这一心理体认才能最终完成。

所以，苏轼认为孔子并非因其"性而有者"而成为圣人。实际上孔子是"长而好学""晚而后知"，如果以"性而有者"来看孔子，孔子也并非圣人。孔子之所以为圣人，是因其能"乐之"。也就是说孔子不是因先天地具备了"真实无妄""浑然天理"的仁义道德之性而成为圣人，而是因为孔子无论"居安"，还是"居忧患"，都能"随心所欲不逾矩"，都能乐而行之。即使厄于陈、蔡之间，他都能"不愠"而安。孔子体现了一个活泼自由的完整人格形象，这也就是苏轼所认为的圣人之标准。

这里，我们不能简单地把苏轼所言"乐"等同于一般的心理情感表现，等同于喜怒哀乐之乐。乐既然作为一种工夫，它必然与本体相连，是通往本体之路，是人存在的一种方式。因此它是比一般心理原则意义上的乐更为深厚的一种力量（或者说此即"真乐"）。它是"以身心与宇宙自然合一为依归的最大快乐的人生极致"[35]。在这一意义上，乐作为工夫，同时也是本体。苏轼以情感为人生本体也就意味着是以乐为本体。虽然苏轼并没有直接说出"乐是心之本体"[36]，但他的情本哲学中已经逻辑上蕴含了这一点，并且苏轼正是以"安往而不乐"的生命精神实践了这一哲学命题：

> 凡物皆有可观，苟有可观，皆有可乐，非必怪奇伟丽者也。哺糟歠醨，皆可以醉；果蔬草木，皆可以饱。推此类也，吾安往而不乐。
>
> 《超然台记》

如果单从情感心理原则上看，有喜必有怒，有乐必有哀，有乐也必有苦，这是人的情感之自然，也是人类生活之现实。经验世界就是一个充满矛盾冲突对立的世界。但是作为一个自由完整的个体，其最大的特点就是身处如此对立冲突的世界而能超越之，即无论是喜怒哀乐、顺境逆境，都不会影响其作为一个自由独立人格的存在。正如王弼所言"圣人有情而无累"，这也才是真正的"乐"的工夫：

> 乐事可慕，苦事可畏，此是未至时心耳。及苦乐既至，以身履之，求畏慕者初不可得。况既过之后，复有何物比之？寻声捕影，系风趁梦，此四者犹有仿佛也。如此推究，不免是病，且以此病对治彼病，彼此相磨，安得乐处？当以至理语君，今则不可。
>
> 《乐苦说》

人之难能可贵之处在于不仅可以居安处乐，更要能处苦，面对困境仍然能"乐处"。苏轼这里虽然并未明说如何才能"无往不乐"，但有一点我们可以看出来，即所谓的"乐事""苦事"皆是外在的，是虚幻不实的，即"寻声捕影，系风趁梦"。苦乐穷达之境对于一个真实的人格来说，并无实质性的差别。如果人执着于现实遭际的苦与乐，那么就是"以此病对治彼病，彼此相磨"，永无乐处可言。对于苏轼来说，乐事并不可慕，而只是"寓意"焉；苦事也不可畏，苏轼一生颠沛流离，历经艰苦，但苏轼不是常言"劳苦之中，亦自有乐事"吗？

> 人生如朝露，意所乐则为之，何暇计议穷达？
>
> 《答陈师仲主簿书》

乐不仅是个体成圣复本的工夫，推而广之，苏轼认为这也是治理国家的有效手段：

> 古之君子，不择居而安，安则乐，乐则喜从事，使人而皆喜从事，则天下何足治欤？
>
> 《凤鸣驿记》

"喜从事"即"乐之"之谓。这明显不同于程朱理学以正心诚意的道德教化来治理国家社会的做法。可见苏轼"乐"的工夫一以贯之的特色。

　　然而，"'乐'是心之本体，虽不同于七情之乐，而亦不外于七情之乐"[37]。作为工夫之乐虽与本体相连，却也必然地体现为经验之乐。所以，乐作为一种情感具有很强的主观性与个体性。虽然情本哲学在乐的工夫上并不以客观普遍的外在真理或天理为旨归，但乐的工夫若想获得其有效性与合法性，仍需要有一种原则。否则，若一任情感的纵意、释放，这种情本哲学下的乐的工夫也有可能流为对个体生命的破坏，更容易走向一种自然主义纵欲观。朱熹对苏轼最大的不满、抗辞最为强烈的就是苏轼"好放肆"[38]，"天情放逸，全不从心体上打点，气象上理会，喜怒哀乐发之以嬉笑怒骂"[39]，这都是冲着苏轼之以情为本、以乐为工夫的生命实践来说的。但是朱熹又认为苏轼"要不至于悍然无忌，其大体段尚自好耳"，说明朱熹认为苏轼情感的抒发仍是有所依循的。其实作为情感哲学倡导者，苏轼也看到了这种哲学之末流的危害，所以他首先从理论上借助"中庸"的原则对"乐"进行了更深入的阐述：

　　　　夫君子虽能乐之，而不知中庸，则其道必穷。

《中庸论》

　　乐并非无原则之乐，乐必须近"中"才能实现自身之目标。什么是"中庸"呢？如何才能算是"中"？《中庸》原文中有这么一句：

　　　　道之不明也，我知之矣。贤者过之，不肖者不及也。

于是很多人都是凭借这句来解释中庸，认为中庸最简单地说来就是"无过无不及"，或者"不偏不倚"。[40]苏轼则又立新论，他明确地否认了以"无过无不及"来言中庸之道，因为在他看来"无过无不及"其实很容易做到，如果中庸只是"无过无不及"的话，孔子何以感叹"中庸不可能也"？再者，表面上的"无过无不及"的中庸之道很容易给小人以可乘之机而"窃以自便"，也就是容易产生"小人之中庸"。苏轼大概认为"无过无不及"式的中庸之道仍然是执着于"中"。执着于"中"没有错，但是若只是执中而不知变化，也即"无权"的话，那么这仍然是执着于一端的表现。他认为对于中庸来说，最难的恐怕就是"时中"，能够做到"时中"是君子，而小人之中庸是"无忌惮"的，是无原则的"乡愿"：

> 嗟夫，道之难言也，有小人焉，因其近似而窃其名，圣人忧思恐惧，是故反复而言之不厌。何则？是道也，固小人之所窃以自便者也。君子见危则能死，勉而不死，以求合于中庸。见利则能辞，勉而不辞，以求合于中庸。小人贪利而苟免，而亦欲以中庸之名私自便也。

《中庸论》

对于君子来说，"勉而不死""勉而不辞"，看似不是中庸，但此是"时中"；而小人"贪利苟免"，看似是中庸，其实恰恰是伪中庸。是"以中庸之名私自便"的恶举。所以，苏轼认为是否是中庸之道确实很难判别清楚，并非"无过无不及"这样的诠释所能确定的。那么当如何做到中庸，如何去判定一个行为是否符合中庸之道呢？苏轼认为首要的是不能被表面之"迹"所蒙惑，而应从其"所以迹"，也就是"味"去辨别：

> 信矣！中庸之难言也，君子之欲从事乎此，无循其迹而求其味则几矣。《记》曰："人莫不饮食也，鲜能知味也。"

《中庸论》

对于"乐"的工夫也是这样，苏轼并没有走向理学家所谓的"存天理，灭人欲"的道路上去，也并未阐述"乐而不淫"之类温柔敦厚的有节制的快乐观。相反，他认为这样的说教其实都还是一种"迹"，仅是外在之表现而已。他以"时中"之观点批驳了那种表面上衣冠楚楚，实际却干尽小人勾当的伪君子。在他看来，"喜怒哀乐"不妨发之"嬉笑怒骂"，偶尔"放肆"也无伤大雅，这些都是外在之"迹"。人只要"大节要不亏"，如朱熹所说的"大体段尚自好"，就一样可以为中庸之道的。

第三节　情本哲学之境界论

情本哲学本是一种境界形态的哲学，乐之工夫也最终形成一种人生的境界。蒙培元认为："所谓境界就是心灵超越所能达到的存在状态，可视为生命的一种最根本的体验。"[41] 陈来则认为："境界是标志人的精神完美性的范畴，是包含人的道德水平在内的对宇宙人生全部理解水平的范畴。"[42] 可以说两者对境界的言说是不同的，后者明显是受冯友兰以"觉解"言境界的影响，并没有接触到人的存在。蒙培元认为境界虽然是精神的境界、心灵的境界，"但是与人的存在不可分，与心灵的存在不可分"[43]。我们认为从存在的角度谈中国哲学之境界更为恰当。因为在我们看来，不仅苏轼的哲学是情本论哲学，而且先秦儒家、道家、佛教从根本上说来都是不同形态的情本哲学。他们对情的理解也许各有殊异，然而就其立论皆从人的情感出发，最终达至一种"天人合一"的境界而言则都是一致的。

然而陈来从有无之境区分了中国哲学的两种境界形态，一种是以儒家为代表的强调社会关怀与道德义务的境界，一种是以佛老为代表的注重内心宁静平和与超越自我的境界，并说"儒家主于'有'的境界，佛老主于'无'的境界"，两者和谐的统一始终没有达到完满的地步[44]，笔者于此不敢苟同。关于中国哲学的有无问题非常重要，也至为烦琐，我们无意于此纠结过多笔墨。只是在这里提出，其实中国哲学有无的长期对立问题在苏轼的情本哲学中已经显现出统一端倪，甚至在一定程度上说苏轼的情本哲学是始于情感本体之"有"（此"有"又是源自"性"。性是无，不可说），而归于"无心而一"的有无统一境界。（苏轼把水上升到一个哲学的范畴，赋予水特殊的意义，水承载了苏轼丰满而完整的人格精神，苏轼言"水者有无之际也，始离于无而入于有矣"，后面再详加论述。）

苏轼的境界哲学集中体现于其《东坡易传》一书。此书是苏轼立本于儒家，参之于道禅而成的具有鲜明情本哲学特色的易学阐释著作。易学大家余敦康曾说："苏轼提出了一个自然主义的易道观，表现了鲜明的理论特色，在宋代易学史上，卓然成家，独树一帜，其地位不可忽视。"[45]以自然主义标签苏轼之易道观，可以说已经成为学界之共识，主要根据是苏轼以庄解易，强调无心而反对有意；余先生从另一方面也发现了苏轼哲学同样重"人事之功"的一面，并以"自然之理与人事之功"来概括苏轼易学哲学之全貌，其实这也反映了苏轼情本哲学的完整特点：

> 苏轼在哲学上作为一个自然主义的代表，信奉"不以心捐道，不以人助天"的庄子的思想，主张无心而顺应自然之理，但在处理天人关系问题时，也本着儒家的那种浓郁的人文情怀，发表了许多人能胜天、志能胜气的思想，体现了一种以天下为己任的担待精神。[46]

很明显，按照余先生的理解，苏轼的情本哲学有着自然主义与人文主义一体两面的特征：自然主义显其无的超越性，而人文主义显其有的现实性、建构性。历史上儒道之间有无问题虽然尖锐对立，但在苏轼这里并非自相矛盾，而是内在地统一起来：

> "易"、"简"者，一之谓也。凡有心者，虽欲一不可得也，不一则无信矣。夫无信者，岂不难知、难从哉！"乾"、"坤"惟无心，故一；一，故有信；信，故物知之也，易而从之也不难。[47]

这里"一"的条件是"无心"，无心并非纯属虚无，而是内在地蕴含着有。有不是有心，而是此处的"一"，也就是"易简"。何谓易？

> 相因而有谓之生生，夫苟不生，则无得无丧，无吉无凶。方是之时，易存乎其中而人莫见，故谓之道，而不谓之易。有生有物，物转相生，而吉凶得丧之变备矣。方是之时，道行乎其间而人不知，故谓之易，而不谓之道。[48]

如果说"道"是无的层面之有，是"人莫见"而"易存乎其中"，那么"易"则就是有的层面之无，是"道行乎其间"而"人莫知"。若用《周易》的话来说，即无的层面之道是"寂然不动"，有的层面之易乃"感而遂通"。"易"就是"一"，就是"感而遂通"之意。只有感而能通，才是"信"。"一"而"信"，故"物知之""从之"。冷成金教授指出，苏轼的"一"，就是"万事万物的本体"[49]，笔者进一步认为对应于人的存在来说，这里的"一"更是一种境界本体，即要从存在论角度来理解。"一"的境界的实现需要以"无心"为条件，也可以说，"无心"已经圆融地含纳于"一"之中了。因为苏轼说得明白，"凡有心者，虽欲一不可得也""无心故一"，两者是二而一的关系。

那么何谓"无心"？无心是苏轼所论述的哲学境界，建立于人类之自然情感本体之上。情最是自然、本然，也最为当下、自我，它开出的必然是最自由活泼的境界。因此，我们可以说无心即顺其自然，任其自为，率性而动。自我虽然也参与社会人生的创造，但反对人为有意地横加干涉。

首先这种无心之境界本之于天道：

> 天地之间，或贵或贱，未有位之者也，卑高陈而贵贱自位矣；或刚或柔，未有断之者也，动静常而刚柔自断矣；……雷霆风雨，日月寒暑，更用迭作于其间，杂然施之而未尝有择也，忽然成之而未尝有意也。……我有是道，物各得之，如是而已矣！[50]

其次验之于人事：

> 圣人者亦然，有恻隐之心而未尝以为仁也，有分别之心而未尝以为义也，所遇而为之，是心著于物也，人则从后而观之，其恻隐之心成仁，分别之心成义矣。[51]

"从后而观之"此即是"有心"了，"未尝以为"则是纯然发自天然之本心，率性而作便有恻隐，有分别，以仁义之名加之，此乃人为。故苏轼又曰：

夫无心而一，一而信，则物莫不得尽其天理，以生以死。故生者不德，死者不怨。无德无怨，则圣人者岂不备位于其中哉！吾一有心于其间，则物有侥幸夭枉，不尽其理者矣。侥幸者德之，夭枉者怨之，德怨交至，则吾任重矣。[52]

可见"无心"也是一种超然、超脱的人生态度，表现为随物自然之理，生死、得失皆一任其运化。"有心于其间"，即以我之私意加之于物之上，以我之喜好看待物，则有"侥幸夭枉"之纷扰。苏轼将"无心而一"的境界观形象化地以"水"作喻：

阴阳一交而生物，其始为水。水者有无之际也，始离于无而入于有矣。老子识之，故其言曰"上善若水"，又曰"水几于道"。圣人之德，虽可以名言，而不囿于一物，若水之无常形。此善之上者，几于道矣。[53]

此处"不囿于一物""无常形"皆喻指"无心"，他在注释坎卦象辞说：

所遇有难易，然而未尝不志于行者，是水之心也。物之窒我者有尽，而是心无已，则终必胜之，故水之所以至柔而能胜物者，维不以力争而心通也。不以力争，故柔外。以心通，故刚中。[54]

万物皆有常形，惟水不然，因物以为形而已。……今夫水虽无常形，而因物以为形者，可以前定也。是故工取平焉，君子取法焉。惟无常形，是以遇物而无伤。惟莫之伤也，故行险而不失其信。由此观之，天下之信，未有若水者也。[55]

"水之心"，乃无心之心。外界之变化，所遭之难易，物之窒我者，这些统统都算是受人之主观意愿所无法改变之客观法则的控制。因此，若有心而为之则必定会受"伤"。苏轼说："富有者，未尝有，日新者，未尝新，吾心一也。新者，物耳。"富贵贫贱皆是物，而物在不断地变化，我不能将这不断变化的物视为己有（有心为之，有意），而是要"随物赋形""即物而有"。那么,这种"无常形",会不会导致一种无原则的随波逐流的"乡愿主义"呢?否也。苏轼所言境界是无中有有,"无心"只是对外物而言,向外时要"无心","不以力争",而内在地要保持一颗本心,此即无心之心,也就是"心通"。这样,在现实的实践过程中,无心则柔,心通则信,则刚。此乃有无相通、刚柔并济的哲学。

对于苏轼来说,无心而一之哲学境界观适可表现为旷达而执着的人格魅力。所谓旷达即是以一种超然的情怀观照人生。顺应自然,不以形拘,脱然物表,其要点即在于"无心";执着即常怀一颗人文情怀关心现实,关注世事。上可以急国家民族之用,下可以风化一方水土,其要点在于能"一"。旷达与执着,是自然主义与人文主义的交织,是有无之境的和谐。苏轼无心而一的人格境界超越了古人的诸多范式,而成为古代士大夫人格成熟的标志。

注释

[1] 对中国儒学的情感特征或儒学的情本哲学特征较为关注的学者有李泽厚、蒙培元、冯达文、黄玉顺等,其研究成果,在此不拟罗列。

[2] 牟宗三:《孟子讲演录》,《鹅湖月刊》,2004年第29卷第11期。

[3] 朱熹:《四书或问》,上海:上海古籍出版社;合肥:安徽教育出版社,2001年,第440页。

[4] 苏轼:《东坡易传》,龙吟译评,长春:吉林文史出版社,2002年,第5页。

[5] 张岱年:《中国哲学大纲》,北京:中国社会科学出版社,1994年,第198页。

[6] 苏轼:《东坡易传》,龙吟译评,长春:吉林文史出版社,2002年,第7页。

[7] 苏轼:《东坡易传》,龙吟译评,长春:吉林文史出版社,2002年,第104页。

[8] 苏轼:《东坡易传》,龙吟译评,长春:吉林文史出版社,2002年,第138页。

[9] 张岱年指出诚在《中庸》是"人生之最高境界,人道之第一原则",见张岱年:《中国哲学大纲》,北京:中国社会科学出版社,1994年,第328页;而蒙培元则认为诚与仁、乐一起分别表示了天人合一境界的真、善、美方面,见蒙培元:《理学范畴系统》,北京:人民出版社,1989年,第469页。这里我们还是认同张岱年的观点,蒙氏将诚等同于真,有割裂诚与仁、乐的一体关系之嫌疑。

［10］周敦颐:《周敦颐集》,陈克明点校,北京:中华书局,1990年,第17页。

［11］《中庸解》,见程颐、程颢:《二程集》,北京:中华书局,1981年,第1158页。

［12］葛兆光:《中国思想史》卷2,上海:复旦大学出版社,2009年,第272页。

［13］牟宗三:《心体与性体》中册,上海:上海古籍出版社,1999年,第68页。

［14］朱熹:《四书章句集注》,北京:中华书局,1983年,第31页。

［15］苏轼:《东坡易传》,龙吟译评,长春:吉林文史出版社,2002年,第5页。

［16］同上。

［17］同上。

［18］李泽厚指出:"'情本体'恰是无本体,是以现象为体。这才是真正的'体用不二'。熊十力讲'大海水即此一一沤',但又无端建构'辟、翕'的自然宇宙论。其实'大海水'并非那思辨的天体、道体、心体、性体以及'辟、翕'等等,那'一一沤'也并非那万事万物的心性现象,它们乃是种种具体的人生情感,而'大海水',即因融化理性于其中而使它们成为'本体'者也。"(见李泽厚:《李泽厚哲学文存》下册,合肥:安徽文艺出版社,1999年,第522页。)笔者认为熊十力依然没有脱离宋明理学的传统思维藩篱,而李泽厚所谓的"情本体"则正可以从苏轼哲学中看出。惜乎李先生并未对苏轼之哲学做专门申述。

［19］先秦文献《性自命出》曰:"喜怒哀悲之气,性也。""凡人虽有性,心亡奠志。待物而后作,待悦而后行,待习而后奠。"这也是性即情论,"从未发处言,性、情、学实为一体"。见余开亮:《性自命出的心性论和乐教美学》,《孔子研究》,2010年第1期。

［20］朱熹:《四书章句集注》,北京:中华书局,1983年,第130页。

［21］黎靖德编:《朱子语类》卷12,王星贤点校,北京:中华书局,1986年,第207页。

［22］苏轼:《东坡易传》,龙吟译评,长春:吉林文史出版社,2002年,第296页。

［23］但在国内有些学者认为,苏轼似乎是个性无善无恶论者,此明显为未深入了解苏轼性论所致,见余敦康:《内圣外王的贯通:北宋易学的现代阐释化》,上海:学林出版社,1997年,第90页。

［24］苏轼:《东坡易传》,龙吟译评,长春:吉林文史出版社,2002年,第296页。

［25］〔美〕包弼德:《斯文:唐宋思想的转型》,刘宁译,南京:江苏人民出版社,2001年,第278页。

［26］苏轼:《东坡易传》,龙吟译评,长春:吉林文史出版社,2002年,第303页。

［27］苏轼：《东坡易传》，龙吟译评，长春：吉林文史出版社，2002 年，第333 页。

［28］冷成金：《苏轼的哲学观与文艺观》（修订本），北京：学苑出版社，2004 年，第 167 页。

［29］周敦颐：《周敦颐集》，陈克明点校，北京：中华书局，1990 年，第 25 页。

［30］朱熹：《四书章句集注》，北京：中华书局，1983 年，第 52 页。

［31］宁新昌：《本体与境界》，南开大学博士学位论文，中国哲学专业，1997 年，第 210 页。

［32］潘立勇的解释也许更为恰当，他说："'敬畏'只是'洒落'之功，'洒落'方是心之本体。也可以说，道德规范与道德认同只是引人向善的一种手段，真正的'至善'还须进入与审美心境相通的"无入而不自得"的心灵境界。"见潘立勇："'自得'与人生境界的超越：王阳明的人生境界论》，《文史哲》，2005 年第1 期。

［33］《传习录上》第 121 条，王阳明：《王阳明全集》，吴光等编校，上海：上海古籍出版社，1992 年。

［34］朱熹：《四书章句集注·中庸章句》，北京：中华书局，1983 年，第 32 页。

［35］庞朴：《忧乐圆融：中国的人文精神》，选自刘贻群编：《庞朴文集》第 3卷，济南：山东大学出版社，2005 年，第 219 页。同时，我们注意到弗洛姆在其《健全的社会》一书中对快乐的理解非常的深刻，他也不同意将快乐定义为一般的哀愁和悲伤的反面，而是从更深层意义上认为"快乐来自于创造性生活的体验，来自于用爱和理性的力量把我们与世界相连"。见〔美〕埃里希·弗洛姆：《健全的社会》，王大庄等译，北京：国际文化出版公司，2007 年，第 171 页。

［36］此为王阳明所提出，见王阳明：《王阳明全集》，吴光等编校，上海：上海古籍出版社，1992 年，第 70 页。

［37］王阳明：《王阳明全集》，吴光等编校，上海：上海古籍出版社，1992 年，第 70 页。

［38］黎靖德编：《朱子语类》卷 130，王星贤点校，北京：中华书局，1986 年，第 3109 页。

［39］朱杰人等主编：《朱子全书》第 26 册，上海：上海古籍出版社，合肥：安徽教育出版社，2002 年，第 455 页。

［40］朱熹即持此观点，且影响较大。

［41］蒙培元：《漫谈情感哲学》，《新视野》，2001 年第 1 期。

［42］陈来：《有无之境：王阳明哲学的精神》，北京：人民出版社，1991 年，第6 页。

［43］蒙培元：《漫谈情感哲学》，《新视野》，2001 年第 1 期。

［44］陈来：《有无之境：王阳明哲学的精神》，北京：人民出版社，1991年，第5页。

［45］余敦康：《内圣外王的贯通：北宋易学的现代阐释化》，上海：学林出版社，1997年，第85页。

［46］余敦康：《内圣外王的贯通：北宋易学的现代阐释化》，上海：学林出版社，1997年，第98页。

［47］苏轼：《东坡易传》，龙吟注评，长春：吉林文史出版社，2002年，第290页。

［48］苏轼：《东坡易传》，龙吟注评，长春：吉林文史出版社，2002年，第297页。

［49］冷成金：《苏轼的哲学观与文艺观》，北京：学苑出版社，2004年，第80页。

［50］苏轼：《东坡易传》，龙吟注评，长春：吉林文史出版社，2002年，第289页。

［51］同上。

［52］苏轼：《东坡易传》，龙吟注评，长春：吉林文史出版社，2002年，第291页。

［53］苏轼：《东坡易传》，龙吟注评，长春：吉林文史出版社，2002年，第296页。

［54］苏轼：《东坡易传》，龙吟注评，长春：吉林文史出版社，2002年，第129页。

［55］苏轼：《东坡易传》，龙吟注评，长春：吉林文史出版社，2002年，第128页。

第四章　苏轼休闲审美结构

林语堂认为中国人是伟大的悠闲者，他把中国人的哲学称为"闲适哲学"[1]，并认为正是这丰富的闲暇创造了伟大的文化。随着休闲时代的来临，人们越来越重视休闲问题，向古代寻求休闲智慧，也是现代休闲文化发展的必然。中国古代有着高度发展的休闲文化，同时创造出了独特的休闲智慧。学界已经逐渐开始重视对古代休闲智慧的整理。苏轼在中国古代士大夫休闲文化的演进历程中占有重要的一环，他继陶渊明、白居易之后，将古代士大夫休闲文化推向了又一个高峰，并把其休闲审美的人生观念彻底地贯彻到了他的文学、艺术、哲学以及士人出处仕隐的遭际之中。苏轼是以休闲的心态成就了一个审美的人生。但是由于休闲学理论研究的滞后，休闲也并没有普遍地进入当代学术界的研究视域之中，因此，尽管苏轼的休闲实践与休闲智慧都很丰富，但对其研究却仍然停留于诗词歌赋、书法绘画等文艺领域，以及哲学领域，甚至对苏轼人格魅力的研究也很丰富。然而对苏轼的休闲审美智慧和艺术人生的系统研究和整理，至今没有出现。对苏轼休闲审美思想的忽视会大大影响对中国古代休闲思想研究的深度和广度，也不利于现代休闲思想向古代休闲大家汲取智慧。同时这种对苏轼休闲人格的漠视在一定程度上已经影响了苏轼研究的全面性与深入性。

正如有学者指出的那样："以审美人生来审视苏轼，则苏轼诗文艺术的种种怪怪奇奇的现象，都可以大致寻觅到源头。"[2] 此"审美人生"所体现的就是一种休闲哲学，事实上，苏轼不仅仅是一代文宗，更是一个深刻的哲学家和行动的思考家，秦观曾如此评价苏轼：

> 苏氏之道，最深于性命自得之际；其次，则器足以任重，识足以致远；至于议论文章，乃其与世周旋，至粗者也。
>
> 《答傅彬老简》[3]

"性命自得"，这是对苏轼人生哲学的精练的概括。如果说"性命自得"重点在"自得"[4]的话，那么其自由性、私人性的特征必然意味着一种休闲人生观的形成。休闲是从公共领域退回到私人领域的活动。"苏轼之'深于性命自得'的意义，就在于由对外在的社会功业的追求转化为对内在心灵世界的挖掘，把禅宗的生死、万物无所住心与儒家、道家执着于现实人生及个体人格理想的实现联系起来，使个体生命价值最终实现作为人生的最高境界，成为后世追求个体人格美的典范。"[5]李泽厚更是指出了"性命自得"的深刻之处：

> 苏一生并未退隐，也从未真正"归田"，但他通过诗文所表达出来的那种人生空漠之感，却比前人任何口头上或事实上的"退隐""归田""遁世"要更深刻更沉重。因为，苏轼诗文中所表达出来的这种"退隐"心绪，已不只是对政治的退避，而是一种对社会的退避……而是对整个人生、世上的纷纷扰扰究竟有何目的和意义这个根本问题的怀疑、厌倦和企求解脱与舍弃。[6]

李泽厚虽然没有明确指出苏轼的这种对社会的"退避"即是一种休闲的人生，但"对整个人生、世上的纷纷扰扰"的厌倦和舍弃正是休闲哲学观最基本的前提与规定。"'闲'充分体现了苏轼的生活心态、生存状态、人生境界及思想构建历程，'闲'是苏轼'深于性命自得之际'的关键。"[7]

可以说，苏轼的哲学思想与人生实践的休闲特征已经越来越被人重视。于光远就认为"因'闲'，苏东坡进入一种超乎寻常之境界——悠然深处，是他海纳百川的胸襟，是苍山翠柏的意志"[8]。那么，苏轼之闲究竟是什么？有学者把苏轼之闲分为三类：一是一般意义上的闲，与忙相对，指闲暇、安闲、无关紧要；二是"官闲"，相当于白居易的"中隐"；三是心灵之闲，这种闲完全抛弃了外在事务的影响，专注于自我，专注于内心，成为一种自觉的追求。[9]由此，沈广斌认为苏轼之闲的意蕴有三种指向："一是由闲求适，因闲而适；二是闲中有静，由闲而思；三是由闲生趣。"[10]沈广斌在其后来的文章中进一步深入探讨了苏轼之闲，他认为"闲字具有防闲去蔽和闲适闲静两种指向，两者构成了苏轼作品中多维的闲世界。在生存维度上，闲是安身之策，包括对政治的疏离和对生存状态的关照；在价值维度上，闲是立命之本，包括对社会、伦理、历史文化习规的疏离和对斯文、价值的承担与构建"[11]。这种从生存与价值两个维度去剖析苏轼之闲的做法，对于我们更深入地理解苏轼的休闲人生具有很强的借鉴意义。

还有学者将苏轼与白居易之休闲进行比较。杨胜宽指出，白居易与苏轼同是古代士大夫休闲文化的重要代表，但是，"总体上讲，白氏的'闲适之乐'，离不开物质的基础，他始终流露的某些满足感和炫耀之词，使其高雅的闲适之趣难免有庸俗的杂质，其闲适之乐的内涵还显得较为单调和肤浅；苏轼的'闲适之乐'则自始至终具有抗御物质诱惑的色彩，并在苏轼的人生进程中沿着超然物外的方向逐步深化和发展；他对'闲适之乐'感受最深的时候，不是在其志得意满、官高禄厚之时，而是在其物质生活匮乏，处于人生极度失意之时。苏轼中年以后的这种生活乐趣，显然在前人的基础上，大大地丰富了内涵，并具有与内在生活意识更为和谐统一的意味"[12]。进一步，杨胜宽认为苏轼"闲适之乐就由'闲'的表象提升到了发自心灵性情的'适'的深层次，是苏轼思考人生、丰富人生、美化人生的一部分"。在杨看来，苏轼的思想中的"适"要比"闲"更为根本，闲只是"表象"。因此，杨其实是没有正面承认苏轼之闲的价值。在我们看来正好相反，闲乃苏轼人生取得重大成就的更为根本的因素，从工夫论上讲，苏轼是由适进入闲，而非由闲进入适的。下面我们对苏轼休闲审美的结构进行初步的探讨。

第一节　休闲审美本体论：性命自得

以情为本的哲学观很容易导向一种休闲的人生观。休闲的特征之一在于其自由性，且休闲的自由性特征最主要地体现于休闲主体内在的自由。这种内在自由首先是由人的某种情感引起并力图实现的。正如哈耶克指出的自由是带有否定性的概念，"因为它所描述的就是某种特定障碍——他人实施的强制——的不存在"[13]。从身体自由或行动的自由来看，自由是对他人实施的强制的否定。若从内在自由及情感的自由来看，自由则是对某种文化环境的强制的否定。闲情作为一种情感，它的特殊之处就在于这种情感是由主体之"闲"带来的。闲作为人的生存状态，主要体现为主体的心境，是主体在摆脱了外在物质环境与文化环境的压力后获得的情感态度。从摆脱的含义看来，闲情也是否定性的概念。苏轼以情为本体的情感论哲学，正是一方面肯定了人类自然情感的地位与意义，另一方面又消解或否定了理性中心主义文化对个性情感的压制与约束。苏轼对情的强调，即是对自由的强调。这种对自由情感的强调使得苏轼形成了休闲的人生观。

理学家也是重视自由的，但其自由的思想主要是伴随着强制，即以理性的道德原则约束人类的行动。理性原则会促使人重视工作与劳动的作用，康德便强调按照"理性的原则，人必须通过劳动才能获得财产"[14]。在理学家那里，"财产"并非指物质上，而是道德上的成仁成圣。在超验的"理"的约束下，情感遭受了压制，而体现为"敬"。"敬不是万事休置之谓，只是随事专一，谨畏不放逸耳。"[15]余英时认为"敬"体现了新儒家伦理中的"天职"观念，后世社会上所强调的敬业精神即源于此。[16]"敬"不仅体现在敬业之上，更体现在道德的进取上：

> 夫子亦曰：造次必于是，颠沛必于是。须是如此做工夫，方得。公等每日只是闲用心，问闲事、说闲话的时节多；问紧要事，究竟自己事底时节少。若是真个做工夫底人，他是无闲工夫说闲话、问闲事的。[17]

朱熹不仅反对"闲"，更反对"懒"：

> 某平生不会懒，虽甚病，然亦一心欲向前做事，自是懒不得。[18]

朱熹最讲格物致知，而尤重格物。格物即"做工夫"，就是要从"存天理，灭人欲"的道德修养上开始，其中最要紧的便是"持敬"与"克己"了。朱熹对"闲""懒"的拒斥即对闲情的拒斥，首先的原因即由于"敬"。理学家之"敬"为何？前面我们也提到过，敬即"主一"，即相信并持存"天理"。这种对天理的持敬致使理学家认为"人生在世必须各在自己的岗位上'做事'以完成理分，此之谓'尽本分'"[19]。所以朱熹才说：

> 在世间吃了饭后，全不做得些子事，无道理。[20]

所以朱熹才对苏轼之闲情如此鄙夷：

> 问："东坡何如人？"朱子曰："天情放逸，全不从心体上打点，气象上理会，喜怒哀乐发之以嬉笑怒骂……"[21]

朱熹还批评苏轼"放意肆志，无所不为"[22]，这些都反映了对苏轼闲情的否定。朱熹认为苏轼这种自由洒脱、无所拘系的人格并不符合"从心体上打点，气象上理会"的理学家的人格。朱熹所理解的"气象"是"人欲尽处，天理流行"，是天理胜却人欲时人的道德境界。在他那里，天理人欲之间实是非常紧张的关系：

> 人只有个天理人欲，此胜则彼退，彼胜则此退，无中立不进退之理。凡人不进便退也。……初学者要牢扎定脚与它捱。捱得一毫去，则逐旋捱将去。此心莫退，终须有胜时。胜时甚气象！[23]

朱熹把天理人欲的关系比喻成拉锯战的关系，可见这气象（理性自由、道德自由）的最终获得是多么的艰难，而在这过程中，人是丝毫不能松懈的。

天理即道德上的权威与法则，"它对个体来说，也就是必须遵循、服从、执行的'绝对命令'"[24]。在天理权威的规范下，享乐（世俗之乐）即是堕落[25]，刻苦成了美德。约瑟夫·皮珀指出："我们的伦理教条向来认为，一个人不管做任何事情，如果只是出于一种自然的倾向，——换句话说，不经由努力——都是有违真正的道德原则的。……努力就是善良。"[26]这也正符合理学家的人生哲学。这种哲学要求人从"正心诚意"的内向超越出发，将自我人格扩充到社会公共领域，以完成某种职业化、道德化的目标。这是一种"含有目的的人类活动方式，其目的必须是经由实际运作之后产生了有用的效果而达到"，皮珀称这种功利目的的活动为"卑从的艺术"[27]。与之相对的是"自由的艺术"，"自由的艺术之所以称之为自由，主要还是因为其中不牵涉目的的要素，它并不为社会功能或是'工作'的制约而存在"[28]。约翰·亨利·纽曼认为这种"自由的艺术"也会回到理性的层次，融入哲学之中。我们认为这正说明了情本哲学与理本哲学的区别所在。前者导向一种自由的生活艺术，即休闲。休闲并非仅仅是低层次纵欲享乐之行为，而是一种生活美学；后者（理本哲学）则指向功利主义的事功境界。当然事功境界的极致也可以达到自由，如新儒家所津津乐道的"天地境界"。但这种圣人式的天地境界，并不具有世俗的普遍性，而只能说是少数人的专利抑或仅仅流于一种理想。

苏轼的情本哲学是关于自由的精神哲学，落实到现实人生便为"自由的艺术"。此自由之哲学从内在方面超越了道德之善恶法则对人类自然情感的制约，从外在方面超越了儒家功利主义的事功哲学对人（士人）的制约。总体看来，这双层超越的人生哲学使得苏轼顺理成章地发展出了一种闲情的美学。

那么，苏轼的闲情是如何体现的？在同时代的理学家大力宣扬性善情恶的道德法则以及"先天下之忧而忧"的道义承担的背景下，苏轼是怎样以闲情给予士人另一种生存模式的？

哈耶克说过：

> 个人是否自由，并不取决于他可选择的范围大小，而取决于他能否期望按其现有的意图形成自己的行动途径……因此，自由预设了个人具有某种确获保障的私域（some assured private sphere），亦预设了他的生活环境中存有一系列情势是他人所不能干涉的。[29]

对自由哲学的深刻洞察使哈耶克认为，自由并不在于选择多么宏大的事务去做，而关键是能否按照自己的意图与兴趣去完成一些事情。在自由面前并没有宏大与渺小之分，正如生命本身没有贵贱、大小一样。而且最为重要的是，自由存在于私人领域，只有在个体的私人领域中才谈得上真正自由的获得。在社会的公共事务中，自由往往成为一种幻象，或成为统治者以及少数人可利用操控的手段。传统士人正是在成仁、成圣的道德教条的引导下，日益被封建统治者纳入官宦的牢笼而失去了自由人格。澳洲汉学家文青云在其著作《岩穴之士：中国早期隐逸传统》中，通过研究得出结论认为，中国的隐士起源于儒家，这是令人深省的。[30] 虽然隐士退隐的原因有很多，但至少从隐之行为本身来看，士人从"致君尧舜"的公共领域中退回到荒野山林中以闲处，正是因为丧失了对公共空间的信心才转而到私人空间寻求士人个体的自由。

笔者很认同苏状博士所说的"中国传统之'闲'本于一种心灵的安顿，具有私人性和静态特征"，"古人之闲多是对意识形态和公共话语的逃离，是自我生命的自足自娱"。[31] 因此，闲情既然是对道德权威以及外在事功的双重否定，那么从苏轼回到私人领域的生活来探讨苏轼的闲情则是必要的。

人所能存在的领域不外乎私人领域和公共领域。然而中国古代的士人却因某种文化的原因而长时间地将自己的精神甚至生命都贡献于公共的领域。这在世界的历史中都是少有的现象。至少在中唐之前，大多数士人并没有表现出对私人领域的真正重视。[32] 在儒家文化的影响下，士人的私人空间差不多被"修齐治平"这样的一套内圣外王的"极权性总体结构"吞噬掉了。私人领域也因此显得珍贵而有特别的意义。[33]

我们有必要给"私人领域"做一界定。[34] 对于从私人领域的视角研究中国古代的文化与文学，宇文所安、杨晓山师徒做了大量的工作。据宇文氏的界定，私人领域"是指一系列物、经验以及活动，它们属于一个独立于社会天地的主体，无论那个社会天地是国家还是家庭"[35]。按照他们的研究，中国古代士人对私人领域的真正的重视是从中唐开始的，代表人物即为白居易。[36] 在这之前，隐士归隐的姿态看似是回到了私人生活，即对公共生活的拒绝。但宇文氏指出："早期的隐士世界不是被拥有的空间，也不是被疆域所限定的空间。选择隐逸世界，通常乃一种公开的表白，是对当权者的批评。它分享的是传统中国以中心而非边界来理解空间的意识。当一位中古时代的官员决定放弃官位、成为隐士，在官与隐这两个世界之间并没有清晰的界限，只有'此处'与'彼处'之别。"[37] 虽然隐居之后的隐士过的是一种个人生活，但往往他们并未真正回到私人领域，隐士的心中依然装满了"严肃或重要的东西"，身闲不代表心闲。"身在江湖，心存魏阙"是很多隐士的真实写照。

私人领域并非物理空间上的概念。向私人领域的回归实际上是要过一种悠闲自在的生活方式，这种生活主要取决于个体的心境。蒙田说："野心、贪财、踌躇、恐惧及淫欲不会因为我们换了地方而离开我们。"[38] 回归私人领域即让心"回归自我，让它自己照管自己：这是真正的清静，在城市和王宫都可以做到"[39]。关键是个体在私人领域体现出自我把握、自我控制、自我照管的自由。相对于国家、社会甚至家庭这样客观的环境，个体的私人生活是最容易被个体所把握，也是个体自由价值体现的地方。因为相对于外在公共领域的宏大来说，私人领域是微小的。苏轼曾说："入为侍从，出为方面。"（《答陈传道》）入，即进入公共事务领域，人容易被役使和异化[40]；出，即回归到自己所能控制的私人领域，便有了更多的自由。因此，私人领域首先体现为一种对微小之物的占有。这在白居易身上体现得最为明显：

> 一物苟可适，万缘都若遗。设如宅门外，有事吾不知。
>
> 《春葺新居》

"门"在中国古代的诗歌中是一个很有意思的意象。关门、闭门，门里、门外都是一种人生境遇的呈现。关门意味着士人回到个体的私人空间，而门外则常常意味着繁华的公共空间。门里是闲静的，门外则熙熙攘攘；门内有"一物"，门外则充满了"万缘"。这是一与多的对比，从中体现了私人领域的微小以及门外世界的宏大。这里的"一物"是白居易自家园林以及里面的松、柳、花、竹、小池。这些微物虽小，但却是白居易自由生活的一部分，或者说正是因其微小，才能为自己所有。与其说他占有这些物，不如说占有他赋予这些物的价值与意义——"可适"。

从对微物的占有角度展示私人领域的回归，并将对闲情的重视推向一个新高峰的士人是欧阳修。欧阳修不仅是北宋开创一代文风的文学大家[41]，更是在思想文化领域引领了当时的士风。苏轼尝自称师从欧阳修，也把欧阳修视为自己人生之楷模。他不仅受益于欧阳修之诗词文学，也在士人之出处上获得很多启发：

> "丰乐坡前一醉翁，余龄有几百忧攻。平生自恃心无愧，直道诚知世不容。换骨莫求丹九转，荣名何待禄千钟。明年今日如寻

我，颍水东西问老农。"此欧阳文忠公寄太尉懿敏王公诗。轼与公之子定国、定国侄孙子发、张彦若同游宝梵。定国诵此诗，以遗诗人戴仲达。仲达，尝从文忠公者也。元祐元年四月，门生苏轼书。

《跋欧阳寄王太尉诗后》

此跋颇能反映北宋士风之转变。从欧阳修诗之内容上看，反映了欧阳修从"直道诚知"的公共生活退回到"颍水东西"的私人生活。从苏轼与王定国诸士子对欧阳修诗及其为人的颂赞行为来看，当时至少有相当多的士人认可欧阳修的这一人生慧识与价值观念转变。

欧阳修可谓是真正懂得休闲的意义与价值：

> 吾见陶靖节，爱酒又爱闲。二者人所欲，不问愚与贤。奈何古今人，遂此乐尤难。饮酒或时有，得闲何鲜焉。浮屠老子流，营营盈市廛。二物尚如此，仕宦不待言。官高责愈重，禄厚足忧患。暂息不可得，况欲闲长年。少壮务贪得，锐意力争前。老来难勉强，思此但长叹。决计不宜晚，归耕颍尾田。

《偶书》

据笔者所见，这或许是古代士人第一次正面直接肯定"闲"之地位与价值的。欧阳修此诗首引陶渊明爱酒与闲，指出闲对于人的本体价值："二者人所欲"，此闲情之必然性；"不问愚与贤"，此闲情之普遍性。"饮酒或时有，得闲何鲜焉"，这两句让我们想起孔子对中庸之道的感慨："中庸之为德也，其至矣乎！民鲜久矣！"（《论语·雍也》）为何闲如此之鲜？从下面几句可以看出，人不能得闲是因为人不能回到私人领域里来：当时佛老盛行，而佛老之徒虽看似是回到了私人空间，但却心期市廛，似闲实忙；舍身于官宦者，位高责重，又戚戚于得失之间，忙而不得闲；从人生整个生命历程来看，闲更是难得——少时驰心于贪竞，老来病衰无力，这真如时下流行歌词中所唱："我想去桂林呀，我想去桂林。可是有时间的时候我却没有钱；……可是有了钱的时候我却没时间。"闲对于人是如此的重要，却又如此的难得，欧阳修揭示出了这一人生之悖论。最后他毅然决定及早回归个体私人领域，"归耕颍尾田"。这里我们便已看出欧阳修之归耕田园并非为了政治目的而隐退，也非弃世之行为，而纯粹是因他发现了闲的价值而要自觉地去追寻休闲的生活。

而他确实回到了私人领域，标志是其自名为"六一居士"。欧阳修《六一居士传》俨然是一篇彻底回归私人领域的宣言：

> 客有问曰："六一，何谓也？"居士曰："吾家藏书一万卷，集录三代以来金石遗文一千卷，有琴一张，有棋一局，而常置酒一壶。"客曰："是为五一尔，奈何？"居士曰："以吾一翁，老于此五物之间，是岂不为六一乎？"……客曰："其乐如何？"居士曰："吾之乐可胜道哉！方其得意于五物也，太山在前而不见，疾雷破柱而不惊；虽响九奏于洞庭之野，阅大战于涿鹿之原，未足喻其乐且适也。然常患不得极乐于其间者，世事之为吾累者众也。其大者有二焉：轩裳珪组劳吾形于外，忧患思虑劳吾心于内，使吾形不病而已悴，心未老而先衰，尚何暇于五物哉？虽然，吾自乞其身于朝者三年矣。一日天子恻然哀之，赐其骸骨，使得与此五物皆返于田庐，庶几偿其夙愿焉。此吾之所以志也。"客复笑曰："子知轩裳珪组之累其形，而不知五物之累其心乎？"居士曰："不然！累于彼者已劳矣，又多忧；累于此者既佚矣，幸无患。吾其何择哉？"于是与客俱起，握手大笑曰："置之，区区不足较也。"

> 已而叹曰："夫士少而仕，老而休，盖有不待七十者矣。吾素慕之，宜去一也；吾尝用于时矣，而讫无称焉，宜去二也；壮犹如此，今既老且病矣，乃以难强之筋骸，贪过分之荣禄，是将违其素志而自食其言，宜去三也。吾负三宜去，虽无五物，其去宜矣，复何道哉？"

"六一"，微物也，私人生活之标志。"响九奏"，礼乐之事；"阅大战"，战事。礼乐祭祀与战争，喻示了一种最为宏大的公共生活，甚至是一种公共生活中的极致，如此尚不足以抵"六一"之乐，可见私人生活已经全然走到了历史的前台，被士人空前地重视了。欧阳修携五物返田庐，是从世事中摆脱出来回到"自家事"中，是从劳形怀心的公共生活的束缚中解放出来。面对客人大物累形、微物累心的问难，欧阳修指出：同样是累，在公共领域中是"劳"而"多忧"，在私人领域中是"佚"而"无患"。因为悠闲于此"五物"中的生活并非"严肃而重要的"，而是一种审美的生活。这样的生活，别人并不能干涉侵犯。它属于闲者。

　　表面看来，苏轼一生有归隐之志却终未归隐，有人便评论说其仍然有眷恋仕宦之情，这其实是未能真正地了解苏轼。苏轼虽然看似始终在公共的仕宦空间里优游岁月，但他已经完全回到了私人领域。正如李泽厚所言："苏一生并未退隐，也未真正归田，但他通过诗文所表达出来的那种人生空漠之感，却比前人任何口头上或事实上的'退隐''归田''遁世'要更深刻更沉重。因为，苏轼诗文中所表达出来的这种'退隐'心绪，已不只是对政治的退避，而是一种对社会的退避；它不是对政治杀戮的恐惧哀伤，已不是'一为黄雀哀，涕下谁能禁'（阮籍）、'荣华诚足贵，亦复可怜伤'（陶潜）那种具体的政治哀伤（尽管苏也有这种哀伤），而是对整个人生、世上纷扰究竟有何目的和意义这个根本问题的怀疑、厌倦和企求解脱与舍弃。这当然比前者又要深刻一层了。"[42] 诚哉斯言！对社会的退避并不等于对公共空间的退避，而是一种更为根本意义上人生的退避，也就是向私人领域的回归。以苏轼与欧阳修的关系，我们可以认为欧阳修的休闲人生观和闲情必定影响和感染了苏轼。与欧阳修一样，苏轼认为极为简单、微不足道的生活方式恰恰是蕴含了巨大的价值，它能够实现主体在公共生活中失去的自由：

　　　　山有蕨薇可羹也，野有麋鹿可脯也，一丝可衣也，一瓦可居也，诗书可乐也，父子兄弟妻孥可游衍也，将谢世路而适吾所自适乎？

　　　　　　　　　　　　　　　　　　　　　　　　　　《送张道士叙》

　　衣食住行皆极为简单，所娱乐者也是简单，交游简单。"谢世路"的目的即是过一种简单的生活。生活越是简单，似乎越是能体现士人的自由人格。

其三

……种柏待其成，柏成人亦老。不如种丛簜，春种秋可倒。阴阳不择物，美恶随意造。柏生何苦艰，似亦费天巧。天工巧有几，肯尽为汝耗。君看藜与藿，生意常草草。

其四

萱草虽微花，孤秀能自拔。亭亭乱叶中，一一芳心插。……

《和子由记园中草木十一首》

对松柏的舍弃，对丛簜的择取以及萱草虽微亦傲的精神，反映了苏轼寄情于"微物"的闲情观。同时也折射了苏轼价值取向的变化。大概说来，微物属于自己能把握的私人领域，更能体现士人自主自由的主体意识；而宏大之物不是人所能控制的，且容易将人异化于其中。

苏轼把回到私人领域称为"勾当自家事"。当听说韩维晚年欲纵情声色之中，苏轼让其婿代以转告：

> 东坡公云：日者王寔、王宁见访。寔，韩持国少傅之婿也。因问："持国安否？"寔、宁皆曰："自致政，尤好欢，尝自谓人曰：'吾已癯老，且将声乐酒色以娱年，不尔无以度日。'"东坡曰："惟其残年，正不当尔。君兄弟至亲且旧，愿为某传一语于持国，可乎？"寔、宁曰："诺。"坡曰："顷有一老人，未尝参禅，而雅合禅理，死生之际极为了然。一日，置酒大会亲友，酒阑，语众曰：'老人即今且去。'因摄衣正坐，将奄奄焉。诸子乃惶遽呼号，曰：'大人今日乃与世诀乎？愿留一言为教。'老人曰：'本欲无言，今为汝恳，只且第一五更起。'诸子未谕，曰：'何也？'老人曰：'惟五更可以勾当自家事，日出之后，欲勾当则不可矣。'诸子曰：'家中幸丰，何用早起，举家诸事，皆是自家事也，岂有分别？'老人曰：'不然，所谓自家事者，是死时将得去者。吾平生治生，今日就化，可将何者去？'诸子颇悟。今持国果自以谓残年，请二君言与持国，但言某请持国勾当自家事，与其劳心声酒，不若为可以死时将去者计也。"[43]

（注：着重号为笔者所加）

对于韩维退休后欲以声色娱年的行为，苏轼一口否定了。这里的疑惑是，一般看来声乐酒色就是所谓的休闲之事，苏轼一生于此四者也多涉足，在此为何不让韩维去做？值得注意的是，苏轼并没有如一般理学家那样以道德之口吻说什么"玩物丧志""存天理，灭人欲"之类的话，而是劝说韩维要"勾当自家事"。"勾当自家事"首先可以排除不是"劳心声酒"，也不是"举家诸事"。这两者属于私人空间里的事情，但并非"私人领域"之事。家务之事是劳形，"劳心声酒"则是累心，即有"物芥蒂于心"。[44]两者都使人容易失去自我（恰恰是私人领域的丧失）。自家事，是"死时将得去者"，这才是真正的休闲。皮珀指出："所有那些因经历深刻的人生骚动而跌入生活夹缝中的人，濒临死亡边缘的人，都一样不属于工作世界。他们所经历的人生骚动经验使他们能借此体验到另一个非功利性质的世界：他们超越了工作世界并走出去。"[45]面向死亡而居才是真正属于自我之事。因此，声乐酒色并非不要，而是应对之保持一种审美的超越，也即苏轼所指的"寓意"其中，而非"留意"于物。

这种"勾当自家事"，即回到私人领域的思想，苏轼也许是受到了禅宗的影响。苏轼一生多与佛僧交往，且交情不浅，其中杭州佛印和尚与之感情犹笃。苏轼遭贬惠州，佛印致书苏轼，劝其"寻取自家本来面目"：

> 尝读退之《送李愿归盘谷序》，愿不遇知于主上者，犹能坐茂树以终日。子瞻中大科，登金门，上玉堂，远放寂寞之滨，权臣忌子瞻为宰相耳。人生一世间，如白驹之过隙，二三十年功名富贵转眄成空，何不一笔勾断，寻取自家本来面目，万劫常住，永无堕落，纵未得到如来地，亦可以骖驾鸾鹤，翱翔三岛，为不死人，何乃胶柱守株，待入恶趣。昔有问师，佛法在甚么处？师云："在行住坐卧处，着衣吃饭处，痾屎剌撒处，没理没会处，死活不得处。"子瞻胸中有万卷书，笔下无一点尘，到这地位，不知性命所存，一生聪明要做甚么？三世诸佛，只是一个有血性的汉子。子瞻若能脚下承当，把一二十年富贵功名，贱如泥土，努力向前，珍重珍重。[46]

此处"自家本来面目"即"性命所在",也就是上文苏轼所言"勾当自家事",是本真自我的呈现。相反的,"富贵功名",遇不遇知于主上,此乃公共领域之事,"是有命焉"[47],受客观法则的支配,人并不能控制,反而容易"堕落"。佛印认为苏轼这次遭贬,不必介意于怀,而应借此"勾断"此公事而回归自我。"性命所在",不在于公共空间的营构,而在于私人空间的体验。禅宗之精神指向在三教之中最为私人化,即最注重个体生命的体验。理学家就常常批评佛者之流太自私。如果说理学家的性命所在最终指向的是"修齐治平"的经世之业,是外向空间的开拓与进取,那么禅释的性命所在则主要指向个体自我的生命体验,是内向空间的沉潜与收敛。外向空间构建出的是社会领域,内向空间构建出的是私人领域。在社会领域中,人常常会殉身于名物之中;而在私人领域,人则倾向于寻求一己之自由享受与闲适之体验。苏轼常于性命自得之际寻求名教之乐地,则说明了对个体生命之自我享受体验,在苏轼的生命旨趣中占有很重要的位置。苏轼并不是没有外向空间的拓取,他"中大科,登金门,上玉堂",官至翰林学士便是明证。然而外向空间的这种营构,在佛印看来,此乃客观之命运,这并不是其所求而得,也非其生命旨趣所在。而且,所谓的名位加身,因不在自己生命所控制范围内,便显得虚幻而不实。况且,名与位更是苏轼一生命运坎坷、人生飘零的罪魁祸首。因此,在宋代特有的政治文化环境下,传统士人对于外向空间的营构积极性已经大大降低,取而代之的是对自我生命领域的享受与体验。[48]而休闲正是士人寄托这种个体性命情怀的最主要的实践活动("坐茂树以终日")。如果说在以前,休闲仅仅是士人在忙碌的生活之余给以休养生息的活动,或者是达官贵人挥霍金钱、炫耀名位的手段,在苏轼所生活的宋代,休闲则成了士人性命之所在,是个体生命的追求。能够得闲、能够休闲并能够享受这闲暇,常常被认为是通达的象征。

苏轼在元祐中期经过苏州看到仲殊题姑苏台诗,认为不啻为神仙所作,由此歆羡于仲殊能够过一种休闲之人生。诗如下:

天长地久太悠悠,尔既无心我亦休。浪游姑苏人不管,春风吹笛酒家楼。[49]

　　陈子昂诗曰：前不见古人，后不见来者，念天地之悠悠，独怆然而涕下！此乃未与天地相调谐之征候也。盖唐人气象虽洪迈，却一味进取功名，陡然见及时空之无限而徒生悲叹彷徨也。至宋则不然，宋人已经意识到"休"之价值。天地悠悠，乃无心；而我之休乃对天之无心。天地既然悠悠，人何独不与之悠悠？可见，无心即休。孔子言："四时行焉，百物生焉，天何言哉？"此言天地之无心而生物也。休并非停止一切活动，而是停止对外在功名之无妄追求与奔忙，转而开始关注个体内在之生命、生活，也即开始"勾当自家事"了。浪游姑苏，即优游于姑苏，休闲于姑苏也。人不管，也不管人，此乃从社会领域，或公共领域归回到个人领域。苏轼一见此而倾心与之，说明苏轼此时心境也与此诗所描绘之精神相契合。

　　海德格尔曾说："真正的栖居困境乃在于：终有一死的人总是重新去寻求栖居的本质，他们首先必须学会栖居。倘若人的无家可归状态就在于人还根本没有把真正的栖居困境当作这种困境来思考，那又会怎样呢？而一旦人去思考无家可归状态，它就已然不再是什么不幸了。"[50]栖居并非仅仅指外在物质环境的居住，更为本根意义上的栖居当是心灵的栖居，即人生之归宿为何。当人彷徨于人生的路口而不知所措时，当人生的意义被判为虚无时，人就面临失去家园的危险。苏轼其实已深刻意识到这虚无的存在：

　　　　苏子愀然，正襟危坐而问客曰："何为其然也？"客曰："'月明星稀，乌鹊南飞'，此非曹孟德之诗乎？西望夏口，东望武昌，山川相缪，郁乎苍苍，此非孟德之困于周郎者乎？方其破荆州、下江陵，顺流而东也，舳舻千里，旌旗蔽空，酾酒临江，横槊赋诗，固一世之雄也，而今安在哉！况吾与子渔樵于江渚之上，侣鱼虾而友麋鹿，驾一叶之扁舟，举匏樽以相属。寄蜉蝣于天地，渺沧海之一粟。哀吾生之须臾，羡长江之无穷。挟飞仙以遨游，抱明月而长终。知不可乎骤得，托遗响于悲风。"

　　　　　　　　　　　　　　　　　　　　　　　　　　《赤壁赋》

吹洞箫之客之悲，乃同于陈子昂登幽州台之歌，有念天地之悠悠，独怆然而涕下之哀怨。此乃对人生之有限、生命之渺小，而又无法超越之产生的情绪。"但这并不单纯是一种消极感伤的情绪，其背后隐含了对人生意义的一种预设，即认为人生的意义在于对时空的填充与占据，在于对世界的拥有与经历，在于为人生附加上某种价值实现的标签，以对永恒的占据来充盈个体生命的虚空……个体远离了平日熙熙攘攘的社会群体的环绕，平时以社会价值的实现为标尺的人生意义在此刻不能再给个体提供足够的支持，个体更加直接地面对世界，面对时空，深切地体味到了价值的虚无与生命的虚空"[51]，由此便陷入了一种陈子昂式的落寞情绪中。虚无感往往是对宏大叙事的依恋所致。面对难以企及的功名事业、无穷宇宙时，如何调适自己的心灵与之相对，这是古代士人必须解决的一个问题。苏轼给予的解答便是回归"闲情"之我：

> 苏子曰："客亦知夫水与月乎？逝者如斯，而未尝往也；盈虚者如彼，而卒莫消长也。盖将自其变者而观之，则天地曾不能以一瞬；自其不变者而观之，则物与我皆无尽也，而又何羡乎？且夫天地之间，物各有主。苟非吾之所有，虽一毫而莫取。惟江上之清风，与山间之明月，耳得之而为声，目遇之而成色，取之无禁，用之不竭，是造物者之无尽藏也，而吾与子之所共适。"客喜而笑，洗盏更酌。
>
> 《赤壁赋》

苏轼所言乃消解了对宏大叙事之迷恋，有限与无限也是相对而言。自其变者观，则无限也是有限；自其不变者观，则有限也是无限。所谓不变者，就是本然之世界，也即本真之物我。怎么样回到本真之世界？苏轼认为是以审美态度看待世界，以审美之姿态相处于世界中，则当下有限之物我皆能获致无限。而闲者最能够拥有审美态度。

回到私人领域是拥有闲情的关键，也是闲情所具有的最为明显的特征。很难想象一个人心中指向公共领域，仍能获以闲情。传统士人常在公共领域中立德、立功、立名以追求不朽之人生，而苏轼则认为能够当下休闲，享受这审美自由之生命，才是真正的不朽：

悟此人间世，何者为真宅？暮回百步洪，散坐洪上石。愧我非王襄，子渊肯见客。临流吹洞箫，水月照连璧。此欢真不朽，回首岁月隔。想像斜川游，作诗寄彭泽。

《游桓山，会者十人，以"春水满四泽，夏云多奇峰"为韵，得泽字》

休闲能让人不朽，何必去汲汲于名利事业之间呢？再说对于本真之自我来说，什么是真正的事业？

枇杷已熟粲金珠，桑落初尝滟玉蛆。暂借垂莲十分盏，一浇空腹五车书。青浮卵碗槐芽饼，红点冰盘藿叶鱼。醉饱高眠真事业，此生有味在三余。

《二月十九日，携白酒、鲈鱼过詹使君，食槐叶冷淘》

"士者，事也。"此时苏轼认为士人之人生之价值取向已经不再是为了功名事业之进取，而是转向了休闲，即"醉饱高眠"。人生之真味并不在忙忙碌碌之中，而是在"三余"[52]之时。苏轼认为余事乃人生之真味，是最值得人去追求去享受的。

晚年流放海南，是苏轼休闲人生观的成形期，此时他的生活更是充满了闲情。他能从日常生活的琐事上寻找到乐趣与美意：

安眠海自运，浩浩潮黄宫。日出露未晞，郁郁濛霜松。老栉从我久，齿疏含清风。一洗耳目明，习习万窍通。少年苦嗜睡，朝谒常匆匆。爬搔未云足，已困冠巾重。何异服辕马，沙尘满风鬃。雕鞍响珂月，实与杻械同。解放不可期，枯柳岂易逢。谁能书此乐，献与腰金翁。

《旦起理发》

这是其《谪居三适》中一首，其他两首是《午窗坐睡》《夜卧濯足》。因闲情而能关注并享受这些生活之余事的快乐，这是休闲生活的重要特征。如果单从理发、午睡、洗脚来看，这些都是纯粹的"打发生理"的活动,通常是将之排除在休闲之外的。然而,苏轼常能注诗意于生活之微观领域中,以闲者的姿态去观察生活、体验生活。正像休闲大家李渔说的:"若能实具一段闲情、一双慧眼,则过目之物尽是画图,入耳之声无非诗料。"[53] 因"闲情"而赋予"闲物""闲事"以诗情画意,这种平常之物所呈现出的"画图""诗料",以及在微观之物上所体会出的浓浓意趣,是苏轼所代表的士大夫阶层生活文化的重要表征。这即休闲的"溢余"现象。"溢余"是宇文所安用来描述中唐文人私人生活的转向时所提到的一个概念,他认为:

> 诗人择取价值微末的原材料,对它进行诗意加工,把它打造为较原来价值更高的成品;而添加上去的价值溢余,属于诗人。这是一种确认所有权、标志某物为己有的方式。[54]

休闲其实就是溢余的体现。把本没有意义或很少有意义的东西看作值得去做的事情,如把空余时间看成自由时间,把私人领域的微不足道之物打点成兴趣的所在以及个人创造力的体现。休闲当中,有限的变为无限的,平凡的变为诗意的。苏轼所言:

> 何夜无月,何处无竹柏,但少闲人如吾两人者耳。
>
> 《记承天夜游》

夜月与竹柏皆为普通得不能再普通的事物了(微物),贫富贵贱之人都可以见到,但能真正拥有的只有"闲人"。

苏轼由此想到自己早年从宦生涯中因忙碌而无暇打理生活,身心疲惫的状态,对于现在所能得到的闲适,实在是很庆幸。当然,关注这种日常生活的琐事,回到私人空间上来,并不意味着就是回到了私人领域,也不一定就是休闲。私人领域不仅可以体现于私人空间,也可以在公共空间体现。私人领域是人自我持留的一块精神家园。宇文所安指出:

> "私人天地"(private sphere)包孕在私人空间(private space)

里，而私人空间既存在于公共世界（public world）之中，又自我封闭，不受公共世界的干扰影响。[55]

真正的休闲是个体回归私人领域。回到私人领域既不意味着个体与社会的截然对立，也不意味着执守一方不知变通。如果真有一颗闲心的话，出处行藏皆不碍于私人领域的实现：

> 清者其行，隐者其言。非彼非此，亦非中间。在清隐时，念念不住。今既情忘，本无住处。八万四千，劫火洞然。但随他去，何处不然？
>
> 《清隐堂铭》
>
> 人皆趋世，出世者谁？人皆遗世，世谁为之？爰有大士，处此两间。
>
> 《海月辩公真赞并引》
>
> 以君为将仕也，其服野，其行方。以君为将隐也，其言文，其神昌。置而不求君不即，即而求之君不藏。以为将仕将隐者，皆不知君者也，盖将挚所有而乘所遇，以游于世，而卒反于其乡者乎？
>
> 《秦少游真赞》
>
> 世人初不离世间，而欲学出世间法。举足动念皆尘垢，而以俄顷作禅律。禅律若可以作得，所不作处安得禅？
>
> 《小篆〈般若心经〉赞》

从公共领域回到私人领域，从外在时空的束缚制约中解放出来，世界向苏轼呈现出一种崭新的面目，苏轼的心灵也是一片澄明之境。于是，由于闲情的获得，苏轼开始了其"诗意的栖居"。

第二节　休闲审美工夫论：我适物自闲

从休闲学的角度来看，适乃休闲之工夫。适作为一种自我满足之意，从生理的层次言，是解放了身体，而获致身闲；从心理的层次言，是精神上的自得，此乃心闲。适首先意味着人的身心放松，是从内外环境的压力中解放出来，不适则意味着紧张、烦神、劳顿。这种适的观点在古代士大夫文化视野中是非常普遍的。"士志于道"(《论语·里仁》)、"士者，事也"、"如不可求，从吾所好"(《论语·述而》)，这些对于士的文化规定，都显示了士作为一个特殊的文化阶层，既有勇于承担社会责任，所谓的"修齐治平"的一面，又有着非常明确的自由人格。而且，可以说士之所以为士，或者说士阶层最大的文化价值意义就在于后者——自由人格。按理说，外向"修齐治平"的责任意识也是自由人格的体现。但在更多情况下，由于外在的物质环境、文化环境的客观压力，士人必须屈身以致道。如徐铉说："君子有屈身以利物，后己而先人，或行道以致时交，或效知以济世用。"(《游卫氏林亭序》)[56] 所以虽然士的双重人格指向都被看作是"适"[57]，但庄子则认为前者是"适人之适"，后者是"自适其适"。适人之适乃"役人之役"，恰是不自由之表现。因此，在后世言适者，更多的是表示从公共事务的活动中退身出来，而回到私人领域寻求一种自由的生活。

苏轼说"心闲手自适"[58]，同时又说"我适物自闲"，闲与适有着怎样的关联，他并未给予明确的阐述。若单从此两句诗本身来看，前者是强调了一种在艺术创造过程中，主体心灵处于超功利审美的状态，也即闲的状态，这是进行艺术创造非常重要的规律。闲成了适的必要条件。而在后者看来，"我适"是主体身心处于一种自我满足而无所外求的状态，此时主体也是处于审美的无功利状态，世界的美与趣味便在个体眼前呈现出来。而适则成了闲的条件，也即适乃闲之工夫。[59] 我们先看一下此句之出处：

> 环州多白水，际海皆苍山。以彼无尽景，寓我有限年。东家著孔丘，西家著颜渊。市为不二价，农为不争田。周公与管、蔡，恨不茅三间。我饱一饭足，薇蕨补食前。门生馈薪米，救我厨无烟。斗酒与只鸡，酣歌饯华颠。禽鱼岂知道，**我适物自闲**。悠悠未必尔，聊乐我所然。
>
> 《和陶归园田居》

这是苏轼晚年在贬儋州时所作。苏轼以休闲来度过苦难，并从休闲的生活中寻求意义。他认可休闲的价值，但却很少从理论的层面去探讨休闲。然而这种以诗歌的方式直悟休闲的真谛，往往比单纯理论剖析更为深刻。这首诗的重要性在于以形象的方式道出了闲与适的关系。前两联实际上是道出了苏轼在儋州休闲的自然环境以及休闲娱老的意愿。而中间六联则一方面看出苏轼在儋州生活的困顿，尚需别人周济，仅够一饱。最后两联暗用了庄子"鱼之乐"的典故，以说明鱼鸟的悠然之乐，实际上是来自于人的适。人能适则物也显现出闲暇之貌，物的闲暇即是人的闲暇。而这一切的前提便是"我适"。

休闲既然对于苏轼来说已经成为人生本体的价值，可见适也是非常重要的。事实上，适一直都是古代文人所追求的存在状态。庄子的"忘适之适"注重人本来无一事的本然状态；郭象的"性分之适"，是个体内在自足之后的自得境界。嵇康认为："故世之难得者，非财也，非荣也。患意之不足耳！意足者，虽耦耕畎亩，被褐啜菽，岂不自得？不足者，虽养以天下，委以万物，犹未惬。然则足者不须外，不足者无外之不须也。无不须，故无往而不乏；无所须，故无适而不足。"（《答难养生论》）[60] 嵇康标举了一种士人的个体自觉。意足即适意，适意是一种内在的自足，因此具有一种超越性，超越于外在之物的境界。[61] 至白居易则大谈适，适成为显示其自由人格与意义生活的必要条件。例如："人心不过适，适外复何求"（《适意》），"一物苟可适，万缘都若遗"。对适的追求，即将生命的重心回撤到个体的私人领域，寻求身心的自由表达。由适很容易回到闲的状态。白居易算是谈闲、谈适都比较多的一个了，但他并未明确指出闲与适的关系。欧阳修则较早举出两者的关系："余既与世疏阔，人所能为皆不能，正赖闲旷以自适，若尔奚所适哉？"这就是说人之境遇之闲旷可以让人自适。苏轼则全面吸收了从庄子至欧阳修的关于适的思想，且更多地受到欧阳修之影响。一方面他从人生哲学方面，也是大力提倡过适意的生活，所谓"我行无南北，适意乃所祈"（《发洪泽，中途遇大风，复还》），"但人生，要适情耳"（《哨遍》）；并说"心闲手自适"，这是认识到闲对于适的作用。只有在闲之中，人才能得适。而另一方面，苏轼反过来也认为，不仅闲能得适，而适也同样可以成闲，这就是他的"我适物自闲"。

由于适与自由人格的这种关系，重视适的价值已经成为士人普遍的人生诉求，苏轼只不过是最典型的代表。苏辙曾这样评价苏轼：

> 盖天下之乐无穷，而以适意为悦。方其得意，万物无以易之；及其既厌，未有不洒然自笑者也。譬之饮食，杂陈于前，要之一饱而同委于臭腐，夫孰知得失之所在？唯其无愧于中，无责于外，而姑寓焉。此子瞻之所以有乐于是也。
>
> 《武昌九曲亭记》[62]

苏轼之所以乐于"休闲"于山水自然之中，就是因为他能"以适意为悦"。在这里，适意也是乐的一种。在苏轼的哲学体系中，乐乃情本哲学之工夫，同样适意也便是情本哲学的工夫；并且具体而论，适意还是休闲之工夫。以适意为悦，苏轼便不会再去计较得失、优劣，这些是属于公共性的范畴，容易给人造成不适之感。适意，就是既要有节制，又要做到"无愧于中，无责于外"，内心澄然清净，不沾染那些得失、优劣的念头。这样，苏轼之放情山水的休闲活动才能够纯粹地展开。

> 昔余少年从子瞻游，有山可登，有水可浮，子瞻未始不褰裳先之。有不得至，为之怅然移日。至其翩然独往，逍遥泉石之上，撷林卉，拾涧实，酌水而饮之，见者以为仙也。
>
> （同上）

然而，苏轼一生并不总是能够适意，对于不适的生活苏轼很敏感。作为士人来说，苏轼认为最大的问题是对人生出处的选择。士的社会责任意识要求"学而优则仕"，且外出做官成为士阶层谋生的主要出路。然而在苏轼看来，做官恰恰又是士人最大的不适。而不做官，就意味着归隐不出，经济来源便没有了保障。虽然能够获得更多的自由，但又要忍受贫困，并有违亲绝俗之讥：

> 古之君子，不必仕，不必不仕。必仕则忘其身，必不仕则忘其君。譬之饮食，适饥饱而已。然士罕能蹈其义、赴其节。处者安

于故而难出，出者狃于利而忘返。于是有违亲绝俗之讥，怀禄苟安
之弊。

《灵壁张氏园亭记》

仕与不仕，看来都是不适（包弼德谈及此时指出"道德和政治是不
同的——同时既合乎道德，又要适应政治是自毁"[63]）。政治与道德、
政治与人格的完整与独立向来就是一对矛盾，仕与不仕都会激化这一矛
盾。因此如何找到一个折中之点，既能在政治的公共空间实现士人的社
会历史使命，又能保持人格的相对自由与独立以实现个体生命的价值，
这是苏轼不断进行思考之处。在士人出处的问题上，前贤固然已有诸多
探索。孔子力倡士人广大心志进入公共领域而治国平天下，但若"道不
行，则乘桴浮于海"《论语·公冶长》的"道隐"并不为苏轼所取[64]；
庄子陆沉于俗的游世思想固然可取，但其宁曳尾于涂中而不愿出仕的观
念，苏轼也不会信奉。陶渊明自然主义的人格虽然可敬，但其囿于田园
而归隐终身的做法，也并不明智。在苏轼眼中，谢安那种居魏阙之中
而心怀山林，以及白居易"中隐"的存在方式与人生境界，倒是值得
效仿。

宋代私人园林的发达，是士大夫文化向内转型的集中体现。士人钟
情于园林之中，可进可退、可出可处。园林这一壶中天地，是士人适意
人生的重要组成部分，也是士人休闲生活的主要场所与方式。一方面，
宋代士大夫俸禄丰厚，待遇优渥，他们普遍追求一种闲雅的生活享受。
享闲、乐闲成为这一时期一些文人的共同追求。但另一方面，剧烈的党
争和官宦的沉浮，又使士大夫的心灵充满了苦涩与痛苦。于是，他们或
利用闲暇纵游自然山水中，流连忘返，或将山水请至自家庭院，构建起
人工之自然，优游其中。苏轼一生没有退隐，也没有真正的归田，然当
他面对所遭际的外在的艰苦环境时，其内在精神产生的巨大空漠之感，
是如何消解的？也许首先只有从这种山水之游中能够得以解释。"宋代
文人中，苏轼的精神生活最为复杂，也最为超逸，其超逸人格之培养、
形成，恐怕要感谢自然审美给他的人生智慧启迪。某种意义上说，苏轼
文化成果中之最精致、超迈部分，其人生哲理之领悟，均得之对天人之
际的悉心体察，得之于自然审美。这正是苏轼对道家哲学的忠实继承与

具体发扬，也可视为宋人自然审美精神成果的最精致部分。"[65]

> 今张氏之先君，所以为其子孙之计虑者远且周。是故筑室艺园于汴、泗之间，舟车冠盖之冲。凡朝夕之奉，燕游之乐，不求而足。使其子孙开门而出仕，则跬步市朝之上；闭门而归隐，则俯仰山林之下。于以养生治性，行义求志，无适而不可。故其子孙仕者皆有循吏良能之称，处者皆有节士廉退之行。盖其先君子之泽也。

《灵壁张氏园亭记》

"开门而仕""闭门归隐"，这显然是"中隐"的应有之义。这种士人生存模式追求的首先是身心皆适，且能保证士人完整人格的实现。从生理层面讲，它能"养生治性"；从精神层面上讲，它又能"行义求志"。苏轼此文虽然是记别人之园林，但此亦仕亦隐大概也是当时士林之风尚。苏轼在其仕宦的途中，也是眷恋山水园林的。从生活的艺术化角度而言，山水游玩之适对于消解苏轼官场不得意的郁闷与单调乏味的生活有着很重要的作用，且其正是由此而获得了休闲自适的生命体验。纵观苏轼一生为官之日，其每到一任，无不造赏当地优美的自然风光，并着意营构自家园亭，以此寄寓其啸傲放旷之情：

其一

> 短竹萧萧倚北墙，斩茅披棘见幽芳。使君尚许分池绿，邻舍何妨借树凉。亦有杏花充窈窕，更烦莺舌奏铿锵。身闲酒美谁来劝，坐看花光照水光。

其二

> 三年辄去岂无乡，种树穿池亦漫忙。暂赏不须心汲汲，再来惟恐鬓苍苍。应成庾信吟枯柳，谁记山公醉夕阳。去后莫忧人剪伐，西邻幸许庇甘棠。

《新葺小园二首》

此乃苏轼早年任凤翔通判期间，在几乎游遍了凤翔的自然山水之后，于其府邸又开辟一小园寄托其闲情。此时苏轼虽然还未正式形成适意的休闲人生观，但从他对官场生活过早厌倦，对人生无常的空漠感，以及"人生行乐耳，安用声名藉"的享乐主义情调可以看出，苏轼骨子里头有股闲情意趣，有追求适意人生的性情，这是其初次为官便表现出如此强烈的休闲情趣最主要的原因。

苏轼早在从凤翔还朝除判登闻鼓院期间就形成了适意的人生观。"自言其中有至乐，适意无异逍遥游"，此虽是言书法艺术时提出，然"适意无异逍遥游"本身是一个抽象的命题，也同样适用于苏轼的休闲活动。值得注意的是，这里的"适意"并非简单的享乐主义所能解释了。面对朝内严峻的政治形势，以王安石为首的新党正是得势之时，苏轼由于与王安石政见颇不和，并屡有抗议变法之言论，所以王安石对苏轼一直心存忌虑。苏轼在朝为官备受排挤，并不得志。"士之求仕也，志于得也"，时势艰难，苏轼便转而放意于闲适之中了。他一边在官务之暇优游于同僚好友杨褒的庭院之中，一边也自开小园，以资游戏：

> 良辰乐事古难并，白发青衫我亦歌。细雨郊园聊种菜，冷官门户可张罗。放朝三日君恩重，睡美不知身在何。
>
> 《次韵杨褒早春》
>
> 都下春色已盛，但块然独处，无与为乐。所居厅前有小花圃，课童种菜，亦有少佳趣。傍宜秋门，皆高槐古柳，一似山居，颇便野性也。
>
> 《答杨济甫》

苏轼自称"山中人"，出外做官犹如被羁绊的千里马。虽然念念不忘归田退隐，他也深知身被皇恩归田实际上已然不可能。但苏轼在朝被闲置为冷官，且有新党的排挤打压。如何置身于是非之外，而又能寄寓其才情并以此表示一种政治不合作的态度呢？苏轼选择过自适的生活，他说：

> 青衫白发不自叹，富贵在天那得忙。
>
> 《送刘道原归觐南康》
>
> 鸟囚不忘飞，马系常念驰。静中不自胜，不若听所之。君看厌

事人，无事乃更悲。贫贱苦形劳，富贵嗟神疲。作堂名静照，此语
子谓谁。江湖隐沦士，岂无适时资。老死不自惜，扁舟自娱嬉。从
之恐莫见，况肯从我为。

《秀州僧本莹静照堂》

富贵的生活让人忙碌不堪，而为静而静的生活也拘牵人的情性，这
些都是不应去追寻的。最主要的是回到自我适性的方式上来。"自娱嬉"
就是游。后来，苏轼无论是出补在秀美的杭州，还是萧瑟贫瘠的密州，
抑或水灾频仍的徐州，他都能做到优哉游哉，乐之终岁。当自然环境很
恶劣，并不适合优游山水时，苏轼便自建园林、楼台，以此既能达到与
民同乐的效果，又可以展现士大夫休闲的意趣。像在密州的超然台、快
哉亭，彭州的黄楼就都是名盛一时的休闲园亭。

当然，修建园林以求诗意的生活，往往需要以一定的物质基础作
为保障。由于宋代私家园林的兴盛，园林成为士人交游、娱乐的重要场
合，甚至通过园林的修建可以看出士人之格调品位。因此，颇有士人倾
家荡产去修建园林的。然而苏轼一生处贫困时多，尤其是在三次贬谪
时，连基本的生活保障都难以实现，更遑论去修建园林了。对于休闲来
说，必要的物质基础也许会带来身体层面的舒适，但物质的缺乏、生
活条件的恶劣并不一定就会消解休闲。有时，由于脱离了公共领域的
搅扰，彻底回到私人空间的人，会因突然而来的丰裕的自由时间而促
成了休闲。苏轼外贬黄州，生活一度极为贫困，然而正是由于人生的
这一重大变故，使得苏轼获得了更为超然的心境，同时没有了公务的
缠绕，以及因闲放产生了大量自由时间，使苏轼在黄州的休闲生活丝
毫未减：

自笑平生为口忙，老来事业转荒唐。长江绕郭知鱼美，好竹连
山觉笋香。逐客不妨员外置，诗人例作水曹郎。只惭无补丝毫事，
尚费官家压酒囊。

《初到黄州》

忙者，从仕也。"为口忙"，为养家糊口而从仕。此诗道出了黄州山水佳

美，是休闲的好处所，且物产丰富。最重要的是黄州团练副使一职乃一闲职，有少许官费，却不用做事情。这就注定了苏轼在黄州有许多闲暇日子。没有了园亭的建筑，苏轼就取最廉价的休闲方式，游于长江赤壁之间。自然山水正如苏轼所言"惟江上之清风，与山间之明月，耳得之而为声，目遇之而成色。取之无禁，用之不竭"（《赤壁赋》）。大自然此时已经向人呈现出审美之表象，只有内心"闲适"之人方能体悟得到。每一次被贬，苏轼都能够及时调适心态，无论周遭环境有多恶劣，他都能安之若素。贬得越厉害，他越把所到之地当作自己的故乡，体现出其"此心安处是吾乡"的随遇而安的处世观。

"游"是中国哲学与美学的重要概念，是中国古人精神现象学的集中体现。苏轼曾提出"游以适意"的观念。适意作为休闲的工夫当然是抽象的，其唯有在"游"这一具体的存在方式中方可得以实现。我们认为"游"当是中国人休闲审美精神的集中体现，它既反映了中国人休闲审美的方式，更是休闲审美过程中的境界体现。对"游"进行深入的分析，也许更能揭示中国人休闲审美的特质，推而广之，也可为人类休闲审美意识的普遍性研究提供一参照。

"游"的本字是"斿"。《说文解字》曰："游，旌旗之流也。从㫃，汓声。"又释："㫃，旌旗之游，㫃蹇之貌，从中，曲而下，垂㫃相出入也。"段玉裁注云："旗之游如水之流，故得称流也。……引申为凡垂流之称，……又引申为出游、嬉游。"[66] 从其本义看出，游最初的特点至少有三个：一是流动之状；二是"曲而下"状，我们理解当是一种很舒展的曲线状；三是"相出入也"，我们的理解是回环往复，去而复来、来而复去之状，犹如池塘的涟漪微波，从湖中心逶迤而来，触岸后旋即逶迤而去的形态。

从"游"的这三个最原始的特点出发，我们形容在水中自由来去的鱼为游鱼，形容蛇等动物在地面上前行的姿势为游动；继而我们又将人在水中如风中的旗子般舒展的动作称为游泳。同样可以认为，人在自然山水中，随着山川的蜿蜒、曲折而攀登、踏临的行为就称为游行、旅游、游山玩水。郭熙认为可游、可居的山才可被人们欣赏[67]，无非是因为可游的山具有深、幽、僻之类的特征。中国园林讲究"曲径通幽处"，无非也是为了能"游"。可见"游"无论用在何处，都可看作是

"游"的本义的引申。因此凡是与"游"有关的词都有弯曲、蜿蜒、飘逸、流动等特点。

但这些"游"的含义都还是停留在"外在形态"方面，真正使"游"成为中国古人精神现象学，是从孔子的"游于艺"和庄子的"逍遥游""游心于物之初"开始。前者是说不要鄙弃微不足道的六艺，六艺中依然有天理大道的流行，通过在六艺中从容不迫、洒脱自然地把玩、学习，可以获得对道的体认。朱熹解释为"游者，玩物适情之谓"[68]。"游于艺"被认为是孔子治学的最高境界不是没有理由的，而这最高境界的最主要的特征，毫无疑问在一"游"字。

庄子的"逍遥游"，可以在人的精神中实现，是一种精神畅游，是齐万物、一死生之后所能达到的境界。这种境界最为恰当的描述也是一个"游"字。"且夫乘物以游心，托不得已以养中。"（《庄子·人间世》）正如陈望衡教授指出的，庄子的"逍遥游"，"是一种精神的畅游，并非现实的畅游；要说这种游自由，也只是精神的畅游，并非现实的自由；要说这种游快乐，也是精神上的自得其乐，并非现实的快乐"。然后他又指出庄子"游"的三个特点，即无目的性、无约束性以及心游，这是很有见地的。[69]这一从旗子舒展飘动而引申出来的词，在孔子、庄子这里获得了自由、自得、自在、自然、无待的含义。

从此，"游"从一种事物的运动状态到人的行为方式，最后演化成为人的内在精神状态，终于融入中国人特有的文化情结。"游"不仅被用在中国古人外在行为的方面，更多的是用在了描述中国古人精神现象的方面。很多时候，"游"的行为本身就是一种自由心境的象征或寄托。而"游"用得最多的地方，无可置疑是在休闲审美领域。也正因为此，中国人在自然山水中欣赏大自然的休闲活动才有理由被称为"游"，而这里的"游"也就内在地具有了它不可忽视的文化及心理基础。

"游在中国美学思想发展史上，有着悠久的历史，但真正从美学的角度将其推向高峰的是苏轼。"[70]"游"对于苏轼来说，既是一种生命运行的方式，同时也是人生的境界。[71]从方式来看，这种"游"的美学形成了苏轼休闲审美的人生。在苏轼那里，"游"具有两个层次的含义，一是游动，二是游戏。两者完整地体现在苏轼的人生实践之中，构成了苏轼的休闲审美人格。

首先看游动。前面所提到的苏轼游于自然山水与人造园林以实现适意人生的活动便是"游"的游动意的具体体现。另外,"游"之最原始的意象是水(水之流谓游),而苏轼对水可谓是情有独钟。水承载着苏轼的人生智慧,它周流无滞,变动不居。在苏轼眼中,水是道的象征:

> 万物皆有常形,惟水不然,因物以为形而已。世以有常形者为信,而以无常形者为不信。然而,方者可以斫以为圆,曲者可以矫以为直,常形之不可恃以为信也如此。今夫水,虽无常形,而因物以为形者,可以前定也。是故工取平焉,君子取法焉。惟无常形,是以迕物而无伤。惟莫之伤也,故行险而不失信。由此观之,天下之信,未有若水者也。[72]

老子言"上善若水"(《道德经》第8章),孔子临川而叹,都是以水喻道,其实也暗示着一种人生智慧。不同的是,老子善水,看到的是水利万物而不争的无为无不为的一面,孔子则看到了水的源泉混混、自强不息的一面。而苏轼的水则是"因物以为形""随物赋形",这其实是从形式上回到了水的原始形态,即游动。何谓"因物以为形"?

> 圣人之德,虽可以名言,而不囿于一物,若水之无常形。此善之上者,几于道矣。[73]

又说:

> 所贵于圣人者,非贵其静而不交于物,贵其与物皆入于吉凶之域而不乱也。[74]

游动的过程即随物赋形的过程,就人的行为来说,是"不囿于一物",是"与物皆入于吉凶之域而不乱"。可见,"游"对于苏轼来说,自始至终处理的便是人与物的关系,或心与物的关系。凡有行迹、对待的都可以看作是物。对于士大夫阶层来说,诸如出处、仕隐、得失、富贵贫贱这些就是物。如何处理这些矛盾,既能在这些物中获得自由的心境,又能在现实经验中自在地生存，这是历来士大夫困惑之处。而苏轼由此给予的人生策略是"游"。像陶渊明志不得则隐遁丘樊，这不是"游"；白居易做到了"游"，但并不彻底，他尚纠缠于得失之间。苏轼继承了白居易"中隐"的处世方式，借山水自然、园林而游动于仕与不仕之间，既有忠君报国之志，又不乏优游闲适之情。而苏轼超越白居易之处在于，其无论人生得失、富贵贫贱皆能淡然处之，真正做到了随物赋形，洒然无累。如果说"中隐"之游还是"游于物之内"的话，那么超越人生得失、富贵贫贱，超越现实世界的痛苦与烦恼就是一种"物外之游"。通过"游于物之初"，苏轼做到了无往而不适，无适而不可，从而达到了一种"与物皆入于吉凶之域而不乱"的境界。

这种随物赋形之游动观首先体现为对不如意事之心理调适：

> 道场何山，时复一游否？某虽未得即替，然更得于西湖过一秋，亦自是好事。景色如此，去将安往，但有著衣吃饭处，得住且住也。但恨舍弟相远，然亦频得信，亦甚好，恐要知。
>
> 《与李公择》

"虽未得即替，然……""去将安往，但有……""恨舍弟相远，然亦……"接连三个转折，显露出苏轼心理调适之能力。调适之目的与结果是使自己得到快乐。此有闲情之表现也，有闲情则能超脱现实之诸种不顺，也就不会使人生停滞于某一困境，而是仍然能随遇而安。

贬谪儋州，是苏轼一生最为艰难之时刻。他曾极为感慨地说："此间食无肉，病无药，居无室，出无友，冬无炭，夏无寒泉。"（《与程秀才》）可见当时形势的艰难。但苏轼恰恰认为如此艰难之环境正可以纵身"游于物之初"，索性脱去一切负累，任凭大化之流转：

> 尚有此身，付与造物，听其运转，流行坎止，无不可者。
>
> 《与程秀才》

此见陶渊明之影响，纵浪大化中，委运任化。但苏轼在此极为贫困中所体现出来的乐观精神则远超过陶渊明。"流行坎止，无不可者"，此正是水的游动精神。这种心理情境是贬谪士人所能达到的最高境界。在面对人生这一重大挫折时，屈原忧戚愤懑而死，韩愈、柳宗元、白居易都有怨天尤人之态，或走向佛老而颓废，或自我怜悯而不拔。而苏轼秉承"游"的精神，入于忧患而不伤，反而做到了自然而闲适，无往而不乐：

> 某以愚昧获罪，咎自己招，无足言者。
>
> 《与司马温公》
>
> 寓一僧舍，随僧蔬食，甚自幸也。
>
> 《与王定国》
>
> 罪大责轻，得此甚幸，未尝戚戚。
>
> 《与王定国》

此三简可以看出苏轼被逐后之心态。苏轼并未怨天尤人，认为是咎由自取，此颇有孟子"行有不得者，皆反求诸己"之意味。此是一种自我反省的工夫。在深自省察后，必有生活方式或观念上的巨大转变。此也是苏轼自我调适的一种表现。若怨天尤人者，则多不能调适自己而致郁郁怨愤。苏轼调适之结果在二三简中也有反映，即"未尝戚戚"，且有僧舍可居游，有自然之生活可与过，故颇为"自幸"。此说其为乐观心态可，说其随遇而安亦可。这为苏轼在黄州展开丰富而高质量的休闲活动奠定了心理基础。

"游"除了游动意，还有游戏意。先来看苏轼在惠州给道友参寥子的信：

> 老师年纪不少，尚留情诗句画间为儿戏事耶？然此回示诗，超然真游戏三昧也。居闲，不免时时弄笔，见索书字要楷法，辄往数篇，终不甚楷也。只一读了，付颖师收，勿示余人也。
>
> 《答参寥》

这里"儿戏事"即游戏，是一种并非严肃、一本正经的消遣活动。"游戏三昧"本是佛家语。游戏，指自在无碍；三昧，指正定，即不失定意。综合起来就是指自在无碍，而常不失定意。禅指游化众生，神通自在之禅心，无碍无缚之禅定。用游戏之心，放下一切名利束缚，超然自在地游化世间。苏轼"居闲，不免时时弄笔"，此其言书法亦为游戏之事。从此简我们至少有两个信息可以读出：一是，一向被目为"经国之大业，不朽之盛事"的诗书文章，在苏轼看来也可以是游戏之事；二是游戏也指一种自在无碍的境界。相比之下，杜甫所谓"为人性僻耽佳句，语不惊人死不休"[75]，卢延让的"莫话诗中事，诗中难更无。吟安一个字，拈断数茎须。险觅天应闷，狂搜海亦枯。不同文赋易，为著者之乎"[76]，这些都是苦为诗词的例子。苏轼甚不满贾岛、孟郊之诗，就是因为此类诗人都是苦吟诗人，意境颇不闲暇自适。[77]

苏轼讲"游以适意"，又在一首诗中这样说道：

> 人生识字忧患始，姓名粗记可以休。何用草书夸神速，开卷惝恍令人愁。我尝好之每自笑，君有此病何年瘳。自言其中有至乐，适意无异逍遥游。近者作堂名醉墨，如饮美酒销百忧。乃知柳子语不妄，病嗜土炭如珍羞。君于此艺亦云至，堆墙败笔如山丘。兴来一挥百纸尽，骏马倏忽踏九州。我书意造本无法，点画信手烦推求。胡为议论独见假，只字片纸皆藏收。不减钟张君自足，下方罗赵我亦优。不须临池更苦学，完取绢素充衾裯。

《石苍舒醉墨堂》

此诗乃论书法。最重要者唯两句，一是"自言其中有至乐，适意无异逍遥游"；一是最后一句，"不须临池更苦学，玩取绢素充衾裯"。诗书都是为了达到适意，获得快乐，如果为了邀名求誉而劳累形骸，所谓"堆墙败笔""临池苦学"，则诗书之快乐则会大大降低。苏轼的诗词虽然意境超迈，但其诗词格律却又常被人所指摘，这从另一方面又看出苏轼无论为文、为诗词、为书法、绘画，无不是以游戏的态度为之。如其所常言：

> 夫昔之为文者，非能为之为工，乃不能不为之为工也。山川之有云，草木之有华实，充满勃郁，而见于外，夫虽欲无有，其可得

耶？自少闻家君之论文，以为古之圣人有所不能自已而作者。故轼
与弟辙为文至多，而未尝敢有作文之意。已亥之岁，侍行适楚，舟
中无事，博弈饮酒，非所以为闺门之欢，而山川之秀美，风俗之朴
陋，贤人君子之遗迹，与凡耳目之所接者，杂然有触于中，而发于
咏叹。盖家君之作与弟辙之文皆在，凡一百篇，谓之《南行集》。
将以识一时之事，为他日之所寻绎，且以为得于谈笑之间，而非勉
强所为之文也。

《南行前集序》

知书不在于笔牢，浩然听笔之所之而不失法度，乃为得之。

《书所作字后》

某在京师，已断作诗，近日又却时复为之，盖无以遣怀耳。

《与林子中》

楼钥《跋施武子所藏诸帖》：

东坡竹树，犹传之文与可；兹以一点成月，一抹成蛇，曲尽妙
趣，盖自得之。……坡乃以游戏至此，真天人哉！[78]

苏氏父子由"作文"到"有所不能自已而作者"，并"得于谈笑
间"，此即明显以游戏的态度为文。王国维曾论文学的游戏说："文学者，
游戏的事业也。人之势力用于生存竞争而有余，于是发而为游戏。……
逮争存之事亟，而游戏之道息矣。唯精神上之势力独优，而又不必以生
事为急者，然后终身得保其游戏之性质。"[79]此以游戏言文学之起源与
本质，是看到了文学与游戏都是无功利且带有娱乐消遣性质。赫伊津哈
在《游戏的人》中也指出游戏的非功利性质："它不作为'平常'生活，
而是立于欲望和要求的当下满足之外。实际上它打断了欲望的进程。它
作为一个暂时活动添加进来，自娱自乐。"[80]而这一游戏的作文方式，
无疑是为了达到适意而休闲的目的，这正是"遣怀"之意。文艺需以游
戏的态度对待，或文艺本身即为游戏，这在古希腊以及先秦孔子那里便
已有明显的确证。如柏拉图认为："一个人应该在'游玩'中度过他的
一生——祭献、唱歌、跳舞。"[81]意大利诗人塔索认为："诗的目的在给

人教益，或供人娱乐……"[82]孔子也说过"游于艺"，这里的艺虽然不单是后世说的文艺，但文艺也是包含在"艺"里面的。朱熹注释此"游者，玩物适情之谓"。李泽厚、刘纲纪两位美学家则认为："游于艺的游固然有包含涉猎的意思，同时更带有一种自由感或自由愉悦的含义，其中当然也包含有游息、观赏、娱乐的意思。"[83]这都与苏轼的"适意无异逍遥游"之游异曲同工。

苏轼的休闲人生是通过"适意"而达到的，而适意生活的具体实现形式则是"游"。无论是游于自然山水，还是园林建筑，无论是"游于物之内"，还是"游于物之初"，苏轼总是以此游动的人生哲学来化解人生的诸种不适与矛盾纠葛，从而完成一种独立自由的士大夫人格。"苏东坡平生历尽苦难，是完成自我的这样一个诗人。不管他平生在宦海波澜中经过了多少挫折，在他自己的品格修养这一方面，苏东坡是完成了自己的。"[84]我们认为如果没有游动的人生观与经验实践，他的这种人格的完成是难以实现的。另外，从其诗词书画的文艺活动所具有的游戏性质，我们更是看到了一个为了生命适意而闲暇自得的人格形象。[85]

第三节　休闲审美境界论：超然物外

苏轼的超然境界有两层含义：一是无往而不乐；二是即世所乐而超然。近来学界在对苏轼文化人格的研究上，认为苏轼的人格特征是高风绝尘和旷达。两种人格特征表面看来有其一致之处，但亦有不同。其中，高风绝尘反映的是苏轼"即世所乐而超然"的休闲境界，旷达则与"无往而不乐"相通。

苏轼最早形成"超然"的人生境界是在其任密州太守时。这时候的政治背景是，王安石已经罢相，但是新党依然得势，新法依然在进行。苏轼作为一郡之守，不忍看到新法导致百姓涂炭，屡屡上奏以求变更新法。但由于韩绛、吕惠卿等人比之王安石更是才具没有、小人之心过之，因此，苏轼的很多建议都没有作用。另外，从生活条件看来，由于是从山水之窟的杭州来到"桑麻之野"，其间的对比是非常明显的。苏轼有诗为证：

> 我生百事常随缘，四方水陆无不便。扁舟渡江适吴越，三年饮
> 食穷芳鲜。金齑玉脍饭炊雪，海螯江柱初脱泉。临风饱食甘寝罢，
> 一瓯花乳浮轻圆。自从舍舟入东武，沃野便到桑麻川。剪毛胡羊大
> 如马，谁记鹿角腥盘筵。厨中蒸粟埋饭瓮，大杓更取酸生涎。枟罗
> 铜碾弃不用，脂麻白土须盆研。
>
> 《和蒋夔寄茶》

杭州是自古繁华之地，在杭州苏轼可谓是"临风饱食甘寝罢，一瓯
花乳浮轻圆"。而此时的密州则连年灾害，盗贼盈野，十分贫困。苏轼
在《后杞菊赋》中说：

> 余仕宦十有九年，家日益贫，衣食之奉，殆不如昔者。及移守
> 胶西，意且一饱，而斋厨索然，不堪其忧。

一郡太守尚且如此，满城百姓的生活可想而知。杭州到处亭台楼阁，歌
舞不绝，若想在杭州恣意休闲，那是很容易的事情。而如今的密州，一
般人认为苏轼肯定是"斋厨索然，日食杞菊，人固疑余之不乐也"（《超
然台记》）。然而苏轼却在这样艰苦的环境下，超然而乐，"放意肆志"
地休闲，所谓"貌加丰，发之白者，日以反黑"，"优哉游哉！"（《超然
台记》）

苏轼此时的思想集中体现在《超然台记》上。有关超然台的来历，
苏辙《超然台赋》叙说得较为明白可信：

> 子瞻既通守余杭，三年不得代。以辙之在济南也，求为东州
> 守。既得请高密，其地介于淮海之间，风俗朴陋，四方宾客不至。
> 受命之岁，承大旱之余孽，驱除螟蝗，逐捕盗贼，廪恤饥馑，日不
> 遑给。几年而后少安，顾居处隐陋，无以自放，乃因其城上之废
> 台而增葺之。日与其僚览其山川而乐之，以告辙曰："此将何以名
> 之？"辙曰："……老子曰：'虽有荣观，燕处超然。'尝试以'超然'

命之，可乎？”[86]

苏辙从苏轼何以任密州守，到苏轼乍到密州之艰辛靡常，再到苏轼筑台而自放，可谓述之详矣！苏轼是个以休闲为人生之本的人，他无处不在利用当地的环境与自己的遭际来获取休闲。然而密州生活条件的恶劣，足以给苏轼带来休闲的制约（“无以自放”）。但苏轼却能通过合理地创造休闲所需的条件来达到人生快意的目的。尼采说：“只有作为一种审美现象，人生和世界才显得是有充足理由的。”[87]超然台正是作为一种诗意的空间，聚纳周围的风景，栖居困难中的人生。休闲虽然需要一种“物外之游”，但又绝不能脱离物质的载体。苏轼在其官宦沉浮的一生中，就非常重视休闲载体的作用，比如这里的超然台，还有密州的快哉亭，以及徐州的黄楼、黄州的雪堂斋等。这些人工筑造的空间，是休闲活动得以展开并得以实现的必不可少的因素。建筑作为物质的实体，一旦被赋予诗意的名称，它便寄寓了修建者以及游乐者的精神观念。超然台是苏轼修建的，但取名却来自于苏辙。所以我们应首先看一下苏辙何以命此台为“超然”。

还是苏辙的《超然台赋》：

> 辙曰：今夫山居者知山，林居者知林，耕者知原，渔者知泽，安于其所而已。其乐不相及也，而台则尽之。天下之士，奔走于是非之场，浮沉于荣辱之海，嚣然尽力而忘反，亦莫自知也。而达者哀之，二者非以其超然不累于物故邪。《老子》曰：“虽有荣观，燕处超然。”……苟所遇而皆得兮，遑既择而后安。彼世俗之私已兮，每自予于曲全。中变溃而失故兮，有惊悼而汩澜。诚达观之无不可兮，又何有于忧患。顾游宦之迫隘兮，常勤苦以终年。盍求乐于一醉兮，灭膏火之焚煎。虽昼日其犹未足兮，俟明月乎林端。纷既醉而相命兮，霜凝磴而跰蹁。马蹄躅而号鸣兮，左右翼而不能鞍。各云散于城邑兮，徂清夜之既阑。惟所往而乐易兮，此其所以为超然者邪。

首先我们看到，苏辙之“超然”一词，来自老子。老子前两句是"重为轻根，静为躁君。是以君子终日行不离辎重"（《道德经》第26章）。苏辙《老子解》云："荣观虽乐，而必有燕处，重静之不可失如此！"[88] 这其实是说动以静为本。王弼释"燕处超然"为"不以经心也"[89]，则是从"圣人有情而无累"的角度诠释的。而苏辙在这里所指似乎又别有含义。前面所言"山居者""林居者""耕者""渔者"，在古代的文化视域中，这些可以说都是"避世者"。这类人也许会有大量的闲暇供其消遣，但苏辙言其"乐不相及也"。而相反的，奔走于名利场中的士人，奔忙之中却又溺于物而忘返，二者皆是有累于物。而"达者"，其实就是能够"超然"者。这类人处于"仕"与"不仕"之间，无可无不可，"苟所遇而皆得分，遑既择而后安"。

其次，从苏辙的眼中，我们看到超然者完全是一个无往而不休闲者，是达到了一个较高层次的休闲者。如其所言："顾游宦之迫隘兮，常勤苦以终年。盍求乐于一醉兮，灭膏火之焚煎。虽昼日其犹未足兮，俟明月乎林端。"游宦之途必然勤苦终年，此士人之无可奈何者。然而超然者之超然之处在于"惟所往而乐易"，能焚膏继晷地以休闲为乐，此苏辙所谓之"超然"。

苏辙可谓真懂苏轼者。苏轼不仅欣然接受了"超然"这个台名，还认为超然之名乃"……以见余之无所往而不乐者"（苏轼《超然台记》）。其实两人对超然之理解稍稍有异，苏辙似仍停留在士人出处之际上言无往而不乐，苏轼则在《超然台记》中展示了更为普遍的"乐"的哲学。先来欣赏其千古名作《超然台记》：

> 凡物皆有可观。苟有可观，皆有可乐，非必怪奇伟丽者也。哺糟歠醨，皆可以醉；果蔬草木，皆可以饱。推此类也，吾安往而不乐？

此以"乐"始。按照苏轼这里的逻辑可以推出：一切世间之物，皆可以为乐。只是需注意的是，这里的"物"并不一定就是物体之物，还应当包括事物之物，即所谓的贫富、贵贱、出处、祸福等等人的际遇，都可以称之为物。无物不乐的结果是把与个体生命对立的物"情感化"（乐），是完全回到主体内心。如果说一切物都可以令人"乐"的话，那么物的殊异性就被超越了。只有从情感上润化、超越"物"的殊异性，人才会无往而不乐。

> 夫所谓求福而辞祸者，以福可喜而祸可悲也。人之所欲无穷，而物之可以足吾欲者有尽。美恶之辨战乎中，而去取之择交乎前，则可乐者常少，而可悲者常多，是谓求祸而辞福。夫求祸而辞福，岂人之情也哉！物有以盖之矣。
>
> 《超然台记》

此乃言常人如何"不乐"。"物有以盖之"即被物所蒙蔽之意。此处似在化用老子之"天下皆知美之为美，斯恶矣"（《道德经》第2章）。现实经验中的人们惯常以美恶为辨，以祸福为别。求福辞祸，求美辞恶，看似人之常情，却恰恰是此诸种人为的区别常常陷自己于可悲、可痛之境。因为"物之可以足吾欲者有尽"。故对于物，本非我之所有，便不要想着去占有，而是释之以审美的方式去欣赏它，这也就是要去"游于物之外"：

> 彼游于物之内，而不游于物之外；物非有大小也，自其内而观之，未有不高且大者也。彼挟其高大以临我，则我常眩乱反复，如隙中之观斗，又焉知胜负之所在？是以美恶横生，而忧乐出焉，可不大哀乎！
>
> （同上）

此处又提游与乐的关系。游，即是一种生活方式，也会导向一种人生境界。"游于物之外"此显然是庄子的话头。庄子所追求的"心闲而无事"的境界即是在游于物外的方式下获得的；反之，"物之内"，乃大小、美恶之别充焉，此心难闲。那么苏轼是如何实践此"物外之游"的？

> 余自钱塘移守胶西，释舟楫之安，而服车马之劳；去雕墙之美，而蔽采椽之居；背湖山之观，而适桑麻之野。始至之日，岁比不登，盗贼满野，狱讼充斥；而斋厨索然，日食杞菊，人固疑余之

不乐也。处之期年，而貌加丰，发之白者，日以反黑。余既乐其风俗之淳，而其吏民亦安余之拙也，于是治其园圃，洁其庭宇，伐安丘、高密之木，以修补破败，为苟全之计。而园之北，因城以为台者旧矣；稍葺而新之，时相与登览，放意肆志焉。南望马耳、常山，出没隐见，若近若远，庶几有隐君子乎？而其东则庐山，秦人卢敖之所从遁也。西望穆陵，隐然如城郭，师尚父、齐桓公之遗烈，犹有存者。北俯潍水，慨然太息，思淮阴之功，而吊其不终。台高而安，深而明，夏凉而冬温。雨雪之朝，风月之夕，余未尝不在，客未尝不从。撷园蔬，取池鱼，酿秫酒，瀹脱粟而食之，曰：乐哉游乎！

（同上）

就其现实的经历来说，从钱塘繁华之地，忽然迁至密州如此僻陋之所，说是天上人间的差别，从"物之内"的角度说并不为过。然而这种由富到贫，由安到劳，由美到恶的现实转变，苏轼认为此皆为"物"之变，而作为人生之乐之心并没有改变。他取消了物之间的差别[90]，以"游于物之外"的方式达到一种超然的休闲境界。

方是时，余弟子由，适在济南，闻而赋之，且名其台曰"超然"，以见余之无所往而不乐者，盖游于物之外也。

（同上）

最后，又以"乐"为终，并点明之所以为超然，乃是"游于物之外也"。

那么，"游于物之外"是不是会导致离群绝俗，彻底地逃避物呢？因为，至少从形式上看，既然"游于物之外"的超然境界是人生最高之境界，那么干脆逃脱物的纷扰，即离形去知，同时遁入荒山野林，不与物处。超然是这样的决绝吗？

其实，苏轼超然境界尚有另外一层关键意思，即"即世所乐而超然"。在苏轼之前，士人对超然的理解最常见的无非有两种，一是超群，一般指人的才智卓然；二是超越世俗之物，比如"超然绝俗""超然拔俗"，表现为对"物"的舍离。苏轼"即世所乐而超然"是超然境界的新发展。他虽然以"游于物之外"来解释其超然之乐,但苏轼所理解的游于物外显然也不是庄子"无待"意义上的游于物外,而是在"有待"之中依然可以追求逍遥的自由。

超然台成后,苏轼曾邀李清臣作文记之。对于超然之意,李做了自己的理解:

> 惟太史氏守胶西之明年,政平民裕,易勤勉为燕闲。寓所乐于登望,成高台于北园。以属济南从事,以事赋之,命为超然。客有过胶西者,览观乎其上,曰:"信乎美哉,台也,抑可以缘名而见意,即事而知贤。"……轶昊气而与之游,遗事物之羁缠。嗤荣名之喧卑,哀有生之烦煎。万有不接吾之心术兮,味《逍遥》之陈篇。蛾眉弗以为侍兮,识幻假于朱铅。虽巫神与洛妃,吾不睹其为妍。湛幽默以静思,屏秋耳之繁弦。嗅绿缛之杂芬,叱层坛之龙涎。斥醪醴而不御,尘芳荼以瀹泉。系曰:世所甘处,我以为患兮。物皆谓危,己所安兮。非彼所争,为乐不愆兮。佩玉袭绶,得考槃兮。
>
> 《超然台赋》[91]

很明显,李清臣是过于清高地诠释了超然,至少尚未摆脱前人之窠臼。在他看来,超然就是要超凡脱俗,与众不同。所谓"万有不接吾之心术""世所甘处,我以为患兮。物皆谓危,己所安兮"。这种脱离世俗的看法,苏轼并不以为然:

> 世之所乐,吾亦乐之。子由岂独能免乎?以为彻弦而听鸣琴,却酒而御芬芳,犹未离乎声味也。是故即世之所乐而得超然,此古之达者所难,吾与子由岂敢谓能尔矣乎?
>
> 《书李邦直超然台赋后》

苏轼所谓超然,其实就是休闲的最高境界。休闲是人类最为世俗,也最为普遍的存在方式。它不等同于享乐纵欲主义,但也非禁欲主义。在苏轼看来,禁欲在某种意义上正与纵欲是相同的,都是"未离乎声味",都没有做到自然而然,是执着一面的表现。超然并不是让人去排斥世俗之物，更非逃避世界；休闲也不是让人去过不食人间烟火的日子，而是"即世所乐而得超然"。苏轼将之看作一个非常高的人生境界，认为连"古之达者"都难以企及。苏轼其实已经通过超然之道超越了纵欲与禁欲两种休闲的模式。这种不落两边的休闲境界很明显是受了禅宗所谓"担水砍柴无非妙道"思想的影响。

苏辙以老子"燕处超然"之意命台，也难怪李清臣以老庄思想来解读超然。道家思想是人的自然化之理论，是古代休闲思想的滥觞。然而老庄主张"五色令人目盲……"，主张绝欲、返璞归真、无情等思想确实又容易让人认为这是明显的反休闲主义者。休闲和审美都无法在老庄那里找到直接的依据。"道"是老庄思想之核心，而"无"则是道的最基本的性质规定。无，虽难言，但根本上说来，无是为了通向一种虚静的人生，是对躁动、功利、不自然的生活的否定。但是通常人们也极易将这种"无"看作是否定人生价值的极端虚无主义或相对主义。"游于物之外"也被看作是那些逃离世外、居住在仙山上的真人所能为。在《雪堂记》中，苏轼绘雪于堂上，优游其下。而客人却以老庄之口吻斥其以堂为居，以雪为名，仍然未逃离物、名的纠缠，所谓"身待堂而安，则形固不能释，心以雪而警，则神固不能凝"（《雪堂记》），并邀苏轼去"藩外之游"。很明显这是反对苏轼有待于物的世俗之乐。而苏轼却认为自己能够优游于雪堂之下，已经是在"藩外之游"了。苏轼建雪堂，是取一个"静"字，"以雪观春，则雪为静。以台观堂，则堂为静。静则得，动则失"（《雪堂记》）。所谓的"动"，就是"彼其趑趄利害之途、猖狂忧患之域者"（《雪堂记》），实际上就是在世上为了名禄奔忙不休的状态。而"静"则是休闲之意。雪堂提供了一个可资休闲的场所，"余之此堂，追其远者近之，收其近者内之，求之眉睫之间，是有八荒之趣"（《雪堂记》）。苏轼并不反对客人"藩外之游"的一番宏论，正像他也并不反对李清臣脱离世俗的超然观，他们的言论都足以"自儆"。但苏轼认为："子之所言者，上也；余之所言者，下也。我将能为子之所为，而子不能为我之为矣。"（《雪堂记》）在苏轼看来，那看似超然者，纵使说得多么玄妙，好似不食人间烟火。但问题是，这样的超然首先显得很不现实，只可能成为一种玄谈，而不能成为具体的生活之资。其次，正因为其不现实，若标榜这样的超然境界，往往会走向其反面：

> 譬之厌膏粱者，与之糟糠则必有忿词；衣文绣者，被之皮弁则必有愧色。子之于道，膏粱文绣之谓也，得其上者耳。我以子为师，子以我为资，犹人之于衣食，缺一不可。

《雪堂记》

> 若世之君子，所谓超然玄悟者，仆不识也。往时陈述古好论禅，自以为至矣，而鄙仆所言为浅陋。仆尝语述古，公之所谈，譬之饮食龙肉也，而仆之所学，猪肉也，猪之与龙，则有间矣。然公终日说龙肉，不如仆之食猪肉实美而真饱也。不知君所得于佛书者果何耶？为出生死、超三乘，遂作佛乎？抑尚与仆辈俯仰也。学佛老者，本期于静而达，静似懒，达似放，学者或未至其所期，而先得其所似，不为无害。

《答毕仲举》

东坡之超然并非远离世间、超远玄妙，而是即世而乐，是对现实人生的肯定；所谓超然境界是"逃世之机"而非"逃世之事"。然而现在的问题是，这种对世俗的过分接近，以及对物的不疏离，将如何做到超然？"心—物"二者的关系向来是哲学最基本的问题之一[92]，对于休闲美学来说，心物关系同样重要。因为人类的休闲审美活动本质上是有关人的自由处境的活动，"关于人的自由，从认识论来看，首先是人和自然的关系问题"[93]。只是对于休闲来说，心物关系并不是认识论意义上的，而是存在论意义上的。在哲学观上，苏轼曾提出"无心而一"的境界哲学，相对应的，在休闲观念领域，苏轼倡导一种超然的休闲境界。不同于以往对超然的理解，将心超脱于物之上，苏轼主张"寓意于物"，即情感寄托于物并超越之。这种观点既不疏离于物，也不胶着固执于物（"留意于物"），而是对物采取一种审美的态度，这便是休闲的最高境界：

> 君子可以寓意于物，而不可以留意于物。寓意于物，虽微物足以为乐，虽尤物不足以为病。留意于物，虽微物足以为病，虽尤物不足以为乐。老子曰："五色令人目盲，五音令人耳聋，五味令人口

爽，驰骋田猎令人心发狂。"然圣人未尝废此四者，亦聊以寓意焉耳。刘备之雄才也，而好结髦。嵇康之达也，而好锻炼。阮孚之放也，而好蜡屐。此岂有声色臭味也哉，而乐之终身不厌。

《宝绘堂记》

如果说《超然台记》更多的是受道家思想的影响，而提出一种超然物外的观点的话，那么这篇《宝绘堂记》则明显是对道家思想的修正。道家通过对人为的否定进而否定了人的情欲。虽然道家的无情无欲观是让人回到一种自然的情感上来，但老子所谓的"五色令人目盲……"也绝不是危言耸听。其流波所及，便是对享乐主义休闲人生的否定。"五色、五音、五味、驰骋田猎"其实就是休闲娱乐以及审美活动的代指。苏轼认为"圣人未尝废此四者"，休闲娱乐乃人之本性的需求，这里的关键不是要不要休闲的问题，而是如何休闲，休闲应该达到一个什么样的境界的问题。在这里，苏轼提出休闲的两种方式，也是两种境界，即"寓意于物"和"留意于物"。向来研究苏轼"寓意"思想的学者，大都将寓意释为"审美状态"或"非功利的状态"，而"留意"则相反的是"功利状态"。[94] 我们无意否认这种解释的合理性，只是指出以功利和非功利的角度去解释寓意与留意，明显是受康德认识论美学的影响，是心理学意义上的解读。而我们尝试从另外一种角度，即存在哲学的角度去解读。对物的寓与留，是人生持存的不同方式。与对物的疏离不同，"寓意于物"和"留意于物"都是将个体生命置身于物之中，保持对物的关注。然而，就"寓"与"留"二者来说，又各不同。《说文解字》中"寓，寄也""寄，托也"，而托与寄可以互训。托还有暂时寄放的意思。《说文解字》中"留，止也"，本义有停留、留下，含有不动的意思。《广韵》中"止，停也，息也"。"寓意于物"即将情感寄托在物之上，既然是寄托，便意味着短暂的停留、居住，也即逗留。人是逗留于这世上，正如陶渊明所吟唱的"寓形宇内复几时"（《归去来兮》）。人在天地间的生存是"寓形"，而人之情感投向于"物"则是"寓意"或"寓心"。宇宙的演化是"大化流行"，而人生的存在则为"纵浪大化中""乘化而往""委任运化"。然而这看似通达的顺化而往，在苏轼看来则极容易被"化"所缠。因此，当如何应对外界的变化？苏轼指出物既然是变化得失之际，那么如何应对便是心、意如何应对物。庄子认为人"与物相刃相靡，其行尽如驰而莫之能止，不亦悲乎"（《庄子·齐物论》），物是使心灵役化的外在因素，故应"外物"；孟子亦认为物是陷溺人心的力量，故要"寡欲"；苏轼则指出：

> 天地与人，一理也。而人常不能与天地相似者，物有以蔽之也：变化乱之，祸福劫之，所不可知者惑之。……夫苟无蔽，则人固与天地相似也。[95]

那么如何解蔽？是如庄子一样"外物"，继而外天下、一生死吗？苏轼认为物既然存在，就不能对之视而不见，而要"使物各安其所""万物自生自成，故天地设位而已"[96]。这明显是受郭象自然独化论之影响。苏轼认为"物"虽变化无常，但只要心能"通之，则不为变化之所乱"[97]。**以心"通之"其实就是"寓意于物"**。物只能是心所投射、寄寓的东西。物与人本是各安其所，人不是去占有物，而物也不会伤害、奴役人。这也就是"即物而有"：

> 我未尝有，即物而有，故"富"。如使已有，则其富有畛矣。……吾心一也，新者，物耳。[98]

何谓"即物而有"？从《赤壁赋》中可得一二：

> 盖将自其变者而观之，则天地曾不能以一瞬。自其不变者而观之，则物与我皆无尽也，而又何羡乎？且夫天地之间，物各有主。苟非吾之所有，虽一毫而莫取。惟江上之清风，与山间之明月，耳得之而为声，目遇之而成色。取之无禁，用之不竭，是造物者之无尽藏也，而吾与子之所共适。

"自其变者"就是从物的变化角度看，天地也是有限的。正因为有变化才常新，"新者，物也"，新旧变化之际界限分明，即"其富有畛"；"自其不变者"即从心、意的角度，东坡谓"吾心一也"。以恒常之心看，物与我都是无限的。从哲学的角度分析，物是无限，我是无限，天地间不能有两个无限，故此时物与我合为一体。物我之对立界限取消了，主客融合为一，我即物，物即我，这就是庄子所谓"物化"。何谓"物化"？庄子谓："圣人处物不伤物。不伤物者，物亦不能伤也。唯无所伤者，为能与人相将迎。"（《庄子·知北游》）何谓"不伤"？徐复观认为："所谓'不伤'，应从两方面说：若万物挠心，这是己伤。屈物以从己的好恶，这是物伤。不迎不将，主客自由而无限隔地相接，此之谓不伤。在这种心的本来面目中呈现出的对象，不期然而然地会成为美的对象；因为由虚静而来的明，正是彻底的美的观照的明。"[99] **"处物不伤物"此即苏轼所言"寓意于物"**。"物化"的实质是"外化而内不化"：

> 颜渊问乎仲尼曰："回尝闻诸夫子曰：'无有所将，无有所迎。'"回敢问其游。仲尼曰："古之人外化而内不化，今之人内化而外不化。与物化者，一不化者也。安化安不化？安与之相靡？必与之莫多。"
>
> 《庄子·知北游》

外化即物化。"内不化"即"内心凝静"。郭庆藩疏曰："外形随物，内心凝静。"[100] 陈鼓应解释"内化"时就说："内化，内心游移。"[101] 苏轼《宝绘堂记》中云："凡物之可喜，足以悦人而不足以移人者，莫若书与画。"其中"不足以移人"就是指"内不化"。可见，**"寓意于物"即"外化而内不化"，是物常新而心为一**。苏轼自言：

> 吾薄富贵而厚于书，轻死生而重于画，岂不颠倒错缪失其本心也哉？自是不复好。见可喜者虽时复蓄之，然为人取去，亦不复惜也。譬之烟云之过眼，百鸟之感耳，岂不欣然接之，然去而不复念也。于是乎二物者常为吾乐而不能为吾病。
>
> 《宝绘堂记》

对于书画来说，"蓄之"和"为人取去"，此皆物之变化也。而吾心"一不化"，此心即"无往不乐"之心。以此心寄寓任何物中，都可以乐。此时，我的心是自由的，因为我的主体性得到了保护；物也是自由的，物并没有被占有、侵凌。"留意于物"恰恰相反。留是停止、不动的意思。意停止于物上，意味着人占有物。在海德格尔看来，掌握客体与随心所欲一样，均是对物之存在本身的侵袭和搅扰，这种侵袭和搅扰在取消了物之自由存在的同时，也已封死了逗留者自身存在的自由之路。"寓意于物"的休闲哲学意味人成为真正的主体，正如马尔库塞所说，人一旦成为真正的主体后，便成功地征服了物质。否则，若是"留意于物"，则人的主体性就会丧失，人会不知不觉役化于物，即物化：

> 然至其留意而不释，则其祸有不可胜言者。钟繇至以此呕血发冢，宋孝武、王僧虔至以此相忌，桓玄之走舸，王涯之复壁，皆以儿戏害其国凶此身。此留意之祸也。
>
> 《宝绘堂记》

从存在哲学的角度，我们可以说，"留意于物"，即功利地占有物，是人与物的双重异化：人通过占有物而迷失于其中[102]；而物也因被功利地占有，其自身完整的感性形象也难以彰显[103]。相反地，正像有的学者所言："'寓意于物'既有'寓意'的主体能动性，又尊重了外部世界（物）的客观性与规律性，既不否定人的主动性，又尊重物的特性。人与外物之间不是一方屈从另一方，而是出于动态平衡的开放系统中，在相互交融、相互生发中达到人与世界的融洽，构造和谐诗意的人生境界。"[104]

休闲只有进入精神层次才算真正的休闲，也是最高境界的休闲。"寓意于物"便是通过精神化（心的超越性），使休闲精神化、内在化。胡伟希教授曾指出："既然人类种种的外部活动，包括游戏本身，都不可避免地异化，看来，人类休闲活动的唯一领地，就不再是外部世界的场所，而在于人自身。"[105]内在化的休闲是超然的，它可以融入外界事物之中而不为外界所束缚。[106]"精神的快慰比肉体的快慰廉价，它们较少危险并可随意获得。"[107]苏轼由此找到了古人安身立命的最佳方式，同时也达到了古代休闲文化的最高境界。这种超然物外、"寓意于物"的休闲境界就是"心闲"，只有到了苏轼这里，"心闲"才最终得以真正地实现。

注释

［1］林语堂：《生活的艺术》，赵裔汉译，西安：陕西师范大学出版社，2003 年，第 1 页。

［2］王洪：《苏轼审美人生论》，《乐山师范学院学报》，2003 年第 2 期。

［3］秦观：《淮海集笺注》中册，上海：上海古籍出版社，2000 年，第 981 页。

［4］方红梅曾有对"自得"思想的系统考述。见方红梅：《梁启超趣味美学论》，北京：人民出版社，2009 年，第 152—159 页；也可参看李春青：《宋学与宋代文学观念》，北京：北京师范大学出版社，2001 年，第 108—118 页。

［5］邹志勇：《苏轼人格的文化内涵与美学特征》，《山西大学学报》（哲学社会科学版），1996 年第 1 期。

［6］李泽厚：《美学三书·美的历程》，合肥：安徽文艺出版社，1999 年，第 159—160 页。

［7］沈广斌：《"性命自得"与苏轼之闲》，《兰州学刊》，2008 年第 4 期。

［8］于光远、马惠娣：《于光远马惠娣十年对话》，重庆：重庆大学出版社，2008 年，第 70 页。

［9］沈广斌：《论苏轼之闲》，见朱靖华等：《中国苏轼研究》第 4 辑，北京：学苑出版社，第 225 页。

［10］同上。

［11］沈广斌：《"性命自得"与苏轼之闲》，《兰州学刊》，2008 年第 4 期。

［12］杨胜宽：《苏轼的"闲适"之乐》，《四川师范大学学报》（社会科学版），1996 年第 1 期。

［13］〔英〕哈耶克：《自由秩序原理》，邓正来译，北京：生活·读书·新知三联书店，1996 年，第 13 页。

［14］康德亦认为："所有的认知活动，当然也包括哲学，皆是一种工作形式的展现。"见〔德〕约瑟夫·皮珀：《闲暇：文化的基础》，北京：新星出版社，2005 年，第 14 页。

［15］黎敬德编：《朱子语类》卷 12，王星贤点校，北京：中华书局，1986 年，第 211 页。

［16］余英时：《士与中国文化》，上海：上海人民出版社，2003 年，第 435 页。

［17］黎敬德编：《朱子语类》卷 121，王星贤点校，北京：中华书局，1986 年，第 2935 页。

［18］黎敬德编：《朱子语类》卷 120，王星贤点校，北京：中华书局，1986 年，

第 2890 页。

［19］余英时：《士与中国文化》，上海：上海人民出版社，2003 年，第 437 页。

［20］黎敬德编：《朱子语类》卷 105，王星贤点校，北京：中华书局，1986 年，第 2626 页。

［21］朱杰人等主编：《朱子全书》第 26 册，上海：上海古籍出版社，合肥：安徽教育出版社，2002 年，第 455 页。

［22］龙文玲等编著：《朱子语类选注》下册，桂林：广西师范大学出版社，1998 年，第 709 页。

［23］黎敬德编：《朱子语类》卷 13，王星贤点校，北京：中华书局，1986 年，第 224 页。

［24］李泽厚：《中国古代思想史论》，天津：天津社会科学院出版社，2003 年，第 233 页。

［25］程颐即说过"玩物丧志"。见《河南程式遗书》卷 18。

［26］〔德〕约瑟夫·皮珀：《闲暇：文化的基础》，北京：新星出版社，2005 年，第 21 页。

［27］〔德〕约瑟夫·皮珀：《闲暇：文化的基础》，北京：新星出版社，2005 年，第 29 页。

［28］同上。

［29］〔英〕哈耶克：《自由秩序原理》，邓正来译，北京：生活·读书·新知三联书店，1996 年，第 6 页。

［30］〔澳〕文青云：《岩穴之士：中国早期隐逸传统》，徐克谦译，济南：山东画报出版社，2009 年，第 212 页。

［31］苏状：《"闲"与中国古人的审美人生》，复旦大学博士学位论文，文艺学专业，2008 年，第 134 页。

［32］在这里我们所指的士人乃沿用余英时《士与中国文化》一书中对士人的界定。

［33］也许孔子与点之意正可以做此理解，即孔子要表示对私人领域的重视，以免学生驰心于外而不知返回自我空间。

［34］我们注意到《私人生活史》的作者曾对"私人""私人生活"做了大量的研究。他最终指出"私人生活的地域显然是以墙壁周围为界限的家庭空间"，"私人生活因此就是家庭生活"。这种从物理空间意义上去界定"私人生活"当然有其可取之处，也与我们这里所提的"私人领域"有其相通之处。但是我们所认为的"私人领域"更注重从精神空间去界定，是个体精神的自我持守。见〔法〕菲利普·阿利埃斯、乔治·杜比主编：《私人生活史》，李群等译，哈尔滨：北方文艺出版社，2007 年，第 3—25 页。

［35］〔美〕宇文所安:《中国"中世纪"的终结:中唐文学文化论集》,北京:生活·读书·新知三联书店,2005年,第71页。

［36］其实白居易也只是偶尔才回到私人领域。白居易借富贵而休闲,是心不能放怀此富贵之人生,是对富贵生活、官场生活的依赖与执着。按照我们的理解,私人领域是无待于外的,所以白居易还很难称得上是私人领域回归的代表。

［37］〔美〕宇文所安:《中国"中世纪"的终结:中唐文学文化论集》,北京:生活·读书·新知三联书店,2005年,第71页。

［38］〔法〕蒙田:《蒙田随笔全集》上册,潘丽珍等译,南京:译林出版社,1996年,第269页。蒙田还说过:"我喜欢私人生活因为它是我自己选择的我所爱的东西,而不是因为它不适合于公众生活。私人生活最适合我的本性。"见 Nannerl O. Keohane. *Philosophy and the State in France*, Princeton: Princeton University Press, 1980, p.114。

［39］〔法〕蒙田:《蒙田随笔全集》上册,潘丽珍等译,南京:译林出版社,1996年,第271页。

［40］"社会本身就是一个压抑系统,它以法律和道德的禁令,在下意识和意识之间建起了一道堤坝。"见赵敦华主编:《西方人学观念史》,北京:北京出版社,2004年,第410页。

［41］可参看袁行霈主编:《中国文学史》(第2版)第3卷,北京:高等教育出版社,2005年,第41—45页。

［42］李泽厚:《美学三书·美的历程》,合肥:安徽文艺出版社,1999年,第159—160页。

［43］李廌:《师友谈记》,孔凡礼点校,北京:中华书局,2002年。

［44］《师友谈记》又记载:"范景仁平生不好佛。晚年清慎,减节嗜欲,一物不芥蒂于心,真却是学佛作家……"苏轼虽然一生与声酒结缘,却不曾"留意"于此,只是借声酒以"寓意"罢了。"寓意"即"不芥蒂于心"。

［45］〔德〕约瑟夫·皮珀:《闲暇:文化的基础》,北京:新星出版社,2005年,第87页。

［46］陶宗仪编:《说郛》卷45,钦定四库全书本。

［47］韩愈:《送李愿归盘谷序》,见韩愈:《韩昌黎集》(五),上海:商务印书馆,1930年,第13页。

［48］例如苏辙云:"从此莫言身外事,功名毕竟不如休。"身外事,乃主要指功名而言,身外之事令人忙碌;身内事,即自家事,自家事令人休闲。

［49］王象之:《舆地纪胜》卷5,扬州:江苏广陵古籍刻印社,1991年,第98页。

［50］孙周兴选编:《海德格尔选集》,上海:生活·读书·新知三联书店,1996

年，第 1204 页。

［51］杨存昌、崔柯：《从"寓意于物"看苏轼美学思想的生态学智慧》，《山东师范大学学报》（人文社会科学版），2006 年第 6 期。

［52］三余，指岁之余、月之余、日之余。盖代指闲暇时光。见《三国志·魏志·董遇传》中曰："或问'三余'之意。遇言：冬者，岁之余，夜者，日之余，阴雨者，时之余也。"又见《小窗幽记》中曰："夜者日之余，雨者月之余，冬者岁之余。当此三余，人事稍疏，正可一意学问。"

［53］李渔：《李渔随笔全集》，成都：巴蜀书社，1997 年，第 134 页。

［54］〔美〕宇文所安：《中国"中世纪"的终结：中唐文学文化论集》，北京：生活·读书·新知三联书店，2006 年，第 69 页。

［55］〔美〕宇文所安：《中国"中世纪"的终结：中唐文学文化论集》，北京：生活·读书·新知三联书店，2006 年，第 70 页。

［56］徐铉：《骑省集》卷 19，钦定四库全书本。

［57］王维言："君子以布仁施义、活国济人为适意，纵其道不行，亦无意为不适意也。"《与魏居士书》，见《王维集注》，陈铁民校注，北京：中华书局，1997 年，第 1088 页。

［58］《和陶贫士七首》其三："谁谓渊明贫，尚有一素琴。心闲手自适，寄此无穷音。"

［59］从"心闲手自适"与"我适物自闲"两者看来，闲与适互为手段、条件，同时也互为目的。互为手段、目的的两个元素，从本质上来看是等价的。所以，至少在苏轼那里，闲与适在某种意义上是相通的。

［60］嵇康：《嵇康集校注》，戴明扬校注，北京：人民文学出版社，1962 年，第 173 页。

［61］内在自足的极致便是庄子所标举的真人、神人："藐姑射之山，有神人居焉。肌肤若冰雪，淖约若处子。不食五谷，吸风饮露。"对外界的需求越少，越是凸显内在的自足，也越容易"适"，精神越是能大超脱、大自由。

［62］苏辙：《苏辙集》，北京：中华书局，1990 年，第 406 页。

［63］〔美〕包弼德：《斯文：唐宋思想的转型》，刘宁译，南京：江苏人民出版社，2000 年，第 272 页。

［64］据《避暑录话》记载：苏轼贬谪黄州时，"与数客饮江上，夜归，江面际天，风露浩然，有当其意，乃作歌辞，所谓'夜阑风静縠纹平，小舟从此逝，江海寄余生'者，与客大歌数过而散。翌日，喧传子瞻夜作此辞，挂冠服江边，拏舟长啸去矣。郡守徐君犹闻之，惊且惧，以为州失罪人，急命驾往谒，则子瞻鼻鼾如雷，犹未兴也"。（叶梦得：《避暑录话》，上海：商务印书馆，1939 年，第 31 页。）可见，苏轼对于孔子那种"邦无道，则可卷而怀之"的所谓"独善其

身"的做法也并非愿意实践的。

［65］薛富兴:《宋代自然审美述略》,《贵州师范大学学报》(社会科学版),2006 年第 1 期。

［66］许慎:《说文解字注》,段玉裁注,郑州:中州古籍出版社,2006 年,第311 页。

［67］郭熙:《林泉高致》,选自于民:《中国古典美学举要》,合肥:安徽教育出版社,2000 年,第 519 页。

［68］朱熹:《四书章句集注》,北京:中华书局,1983 年,第 94 页。

［69］陈望衡:《中国古典美学史》,长沙:湖南教育出版社,1998 年,第 109 页。

［70］郑苏淮:《游:苏轼美学思想的特征》,《江西教育学院学报》(社会科学版),2008 年第 29 卷第 1 期。

［71］"游"之于苏轼的境界内涵,请参看本章第三节。

［72］苏轼:《东坡易传》,龙吟注评,长春:吉林文史出版社,2002 年,第128 页。

［73］苏轼:《东坡易传》,龙吟注评,长春:吉林文史出版社,2002 年,第296 页。

［74］苏轼:《东坡易传》,龙吟注评,长春:吉林文史出版社,2002 年,第233 页。

［75］《江上值水如海势聊短述》,见杜甫:《杜工部集》,长沙:岳麓书社,1987年,第 193 页。

［76］《苦吟》,见萧枫选编:《唐诗宋词全集》第 12 卷,西安:西安出版社,2000 年,第 332 页。

［77］东坡曾云:"我憎孟郊诗。"又说:"何苦将两耳,听此寒虫号。"曾季狸认为"东坡性痛快,故不喜郊之词艰深"。见《苏轼资料汇编》上册,北京:中华书局,1994 年,第 420 页。

［78］《苏轼资料汇编》上册,北京:中华书局,1994 年,第 653 页。

［79］王国维:《文学小言》,姚淦铭、王燕编:《王国维文集》第 1 卷,北京:中国文史出版社,1997 年,第 28 页。

［80］〔荷兰〕约翰·赫伊津哈:《游戏的人》,多人译,杭州:中国美术学院出版社,1996 年,第 10 页。

［81］〔古希腊〕柏拉图:《法律篇》,张智仁、何琴华译,上海:上海人民出版社,2001 年,第 224—225 页。

［82］伍蠡甫主编:《西方古今文论选》,上海:复旦大学出版社,1984 年,第51 页。

［83］李泽厚、刘纲纪:《中国美学史》,台北:里仁出版社,1986 年,第 246 页。

［84］叶嘉莹:《唐宋词十七讲》，长沙：岳麓书社，1989年，第257页。

［85］"三百余首小词，在他的全集中所占的比例并不大，此在东坡而言，可以说仅是其余力为之的遣兴之作而已。"见叶嘉莹:《唐宋词名家论稿》，石家庄：河北教育出版社，1997年，第96页。

［86］苏辙:《苏辙集》，北京：中华书局，1990年，第331页。

［87］周国平编译:《尼采美学文选》，北京：生活·读书·新知三联书店，1986年，第105页。

［88］苏辙:《老了解》卷上，文渊阁四库全书本。

［89］王弼:《王弼集校释》，楼宇烈校释，北京：中华书局，1980年，第70页。

［90］"人生一世，如屈伸肘。何者为贫，何者为富？何者为美，何者为陋？或糠核而瓠肥，或粱肉而墨瘦。何侯方丈，庾郎三九。较丰约于梦寐，卒同归于一朽。"见苏轼《后杞菊赋》。

［91］曾枣庄、刘琳主编:《全宋文》第78册，上海：上海古籍出版社，2006年，第289页。

［92］中国古代思想家习惯上以"物"来统称外部世界，庄子主张"外物"，禅宗认为"本来无一物"，文论家强调"气之动物，物之感人"，诗人则追求"不以物喜，不为己悲"。尽管在不同的语境中"物"的指称范围有所侧重，但是从古代哲人对人与物的关系的思考中，可以窥得古人对人与外部世界关系的基本倾向。

［93］冯契:《中国古代哲学的逻辑发展》上册，上海：上海人民出版社，1983年，第47页。

［94］参见王世德:《苏轼的"寓意于物"论和康德的非功利审美论》，《四川师范学院学报》(哲学社会科学版)，1994年第1期；冷成金:《苏轼的哲学与文艺观》，北京：学苑出版社，2004年，第658页。

［95］苏轼:《东坡易传》，龙吟译评，长春：吉林文史出版社，2002年，第294页。

［96］苏轼:《东坡易传》，龙吟译评，长春：吉林文史出版社，2002年，第329页。

［97］苏轼:《东坡易传》，龙吟译评，长春：吉林文史出版社，2002年，第295页。

［98］苏轼:《东坡易传》，龙吟译评，长春：吉林文史出版社，2002年，第297页。

［99］徐复观:《中国艺术精神》，沈阳：春风文艺出版社，1987年，第71页。

［100］郭庆藩撰:《庄子集释》，王孝鱼点校，北京：中华书局，1961年，第765页。

［101］陈鼓应:《庄子今注今译》，北京：中华书局，1983年，第589页。

［102］《庄子·骈拇》中曰："自三代以下者，天下莫不以物易其性矣。小人则以身殉利，士则以身殉名，大夫则以身殉家，圣人则以身殉天下。故此数者，事业不同，名胜异号，其于伤性，以身为殉一也。"此"以物易性"即苏轼所谓"留意于物"之祸。

［103］此正如唐君毅所言："对他物成一滞碍，使他物失其性，亦同时为自己之失其性，终为己之自发而无已之性之滞碍矣。"见唐君毅：《中国哲学原论·原性篇》，北京：中国社会科学出版社，2005年，第30页。

［104］杨存昌、崔柯：《从"寓意于物"看苏轼美学思想的生态学智慧》，《山东师范大学学报》（人文社会科学版），2006年第6期。

［105］胡伟希、陈盈盈：《追求生命的超越与融通：儒道禅与休闲》，昆明：云南人民出版社，2004年，第19页。

［106］方东美先生在阐述庄子超脱原则时说："把生命观点不断地扩大。而扩大到了无穷大之后，假使有外在的条件，就要使这个外在条件转化成他生命范围的内在条件。如此他自己就可以从外在条件的束缚里面，转变到他自己内在的精神自由。"（见方东美：《原始儒家道家哲学》，台北：黎明文化出版社，1987年，第256页。）这种对庄子超脱原则的解释，也可以用在这里对苏轼休闲境界进行解释。

［107］〔美〕赫尔伯特·马尔库塞：《审美之维》，李小兵译，北京：生活·读书·新知三联书店，1989年，第24页。

第五章　苏轼对前人休闲审美的融贯与超越

正如苏轼本人所说的：

> 知者创物，能者述焉，非一人而成也。君子之于学，百工之于技，自三代历汉至唐而备矣。故诗至于杜子美，文至于韩退之，书至于颜鲁公，画至于吴道子，而古今之变，天下之能事毕矣。

《书吴道子画后》

苏轼之于休闲之学，亦如是哉！历经孔子、庄周、陶谢、王白而至于苏轼，士人之闲适文化乃大而备也。这里，我们将分别选出苏轼之前对其影响最大的人物，考述其各自的休闲审美特质，并分析其对苏轼休闲审美活动的影响。以此，我们可以更进一步地了解苏轼在古代休闲审美文化史中的地位，以及其以休闲审美思想与实践创造一种新型的士大夫人格的努力。

第一节　孔子休闲审美对苏轼的影响

一、人的自然化：孔子思想的另一维度考察

何谓人的自然化？[1] 人的自然化是与自然的人化相对应的过程。这里的人应该理解成"理性的人"，理性人的特征是知识论以及道德论范畴下的人，也就是通常意义下的"文化人"。"自然的人化"体现为人的社会性的塑造，即人对内在自然与外在自然进行"文化"；而"人的自然化"是将人回归到其自然情感、回到个体自身生命体验上来，也即回到人的感性经验上来。回到感性经验上来并不是要回到动物的水平，而是回到整体的人、本真的人的生存状态。回到感性经验上来也不是不要理性，而是纠正过往理性人那种纯粹以理性为中心，压抑感性经验，并以理性为最终归宿的片面人的现象。所以，回到人的情感经验，不是以理性压制情感，也不是情感排斥理性，而是在以情感为本的状态下，寻求情理间的动态平衡。

杰弗瑞·戈比认为休闲是"从文化环境和物质环境的外在压力中

解脱出来的一种相对自由的生活，它使个体能够以自己所喜爱的、本能地感到有价值的方式，在内心之爱的驱动下行动，并为信仰提供一个基础"[2]。从休闲与"解脱""自由"等概念之间的必然联系中可以看出，休闲是人向自然本性回归的经验活动。

孔子的思想一般被认为是体现了"自然的人化"。一方面是"非礼勿视，非礼勿听"（《论语·颜渊》），是以仁义道德来使人的自然生命人化，即道德化；另一方面又体现为"学而优则仕""邦有道，则仕"的个体生命的职业化。这种道德化与职业化的结果是造成儒家的"无我"，即个体之我的消失，而成就一个集体之我、国家之我、社会之我、历史之我。这也即是安乐哲所谓"无我的自我"[3]。李泽厚认为孔子的仁体现了一种个体人格的主动性与独立性，并举"己欲立而立人，己欲达而达人"（《论语·雍也》），"我欲仁，斯仁至矣"（《论语·述而》），[4] 但这种"人能弘道，非道弘人"（《论语·卫灵公》）的个体人格，是服从于作为士的历史责任感的，抑或说这种个体人格是体现于对历史与社会责任的双重承担上。从休闲学的视角来看，这种自然的人化恰恰是对个体自我的消解。[5]

自我的道德化与职业化会使人处于紧张与忙碌之中，这从孔子一生的生命实践中即可看出。"无终食之间违仁"（《论语·里仁》），"战战兢兢，如临深渊，如履薄冰"，孔子栖栖遑遑奔走一生，知其不可为而为之。另外，自我的道德化即成己，职业化则为成物。成己成物的人生路向，纵然高蹈，但其践履却甚是辛苦。就孔子来说，其从十五志于学，至七十岁从心所欲不逾矩，将近一生都在道德的自我约束与职业化的自我营谋中度过。实际上，在道家代表人物的眼中，孔子即被刻画成终生奔走劳苦，却劳而少功的这样一个形象。司马谈在《论六家要旨》中就这样评价孔学：

> 夫儒者以六艺为法。六艺经传以千万数，累世不能通其学，当年不能究其礼。故曰"博而寡要，劳而少功"。
>
> 《史记·太史公自序》

不仅治学是劳而少功，在当时的社会历史条件下，孔子奔走一生兜售其政治哲学的努力也并没有得到实现。其"老者安之，朋友信之，少者怀之"（《论语·公冶长》）的社会政治构想成了一种理想。然而在面对隐逸者的嘲讽与规劝时，孔子及其弟子是这样回答的：

> 夫子怃然曰："鸟兽不可与同群，吾非斯人之徒与而谁与？天下有道，丘不与易也。"……子曰："隐者也。"使子路反见之。至则行矣。子路曰："不仕无义。长幼之节，不可废也；君臣之义，如之何其废之？欲洁其身，而乱大伦。君子之仕也，行其义也。道之不行，已知之矣。"

《论语·微子》

隐者即"辟世之士"，即对社会空间的主动退避，而固守个人空间。而孔子是不轻言放弃的，程颐对此解释："圣人不敢有忘天下之心，故其言如此也。"[6]张载也如是解释："圣人之仁，不以无道必天下而弃之也。"[7]康有为更是直接指出孔子"宁知乱世浑浊而救之，非以其福乐而来之也……恻隐之心，悲悯之怀，周流之苦，不厌不舍"[8]。这反映了孔子积极进取、工作至上的人生原则。

但是，孔子思想不仅仅体现出"自然的人化"，同时也有"人的自然化"倾向。就人生哲学来讲，自然的人化与人的自然化是人生进路的两极，是截然不同的两个方向。前者粗略地说是一个人社会化的过程，是个体生命公共空间的赢取与占有，即所谓的欲达至"立德、立功、立名"之三不朽；而后者则是一个人自然化的过程。自然化即自我性情化，它是个体生命私人空间的占有，本质上是本真自我的回归。现实生活中，赢取公共空间的代价往往是个体生命在众多社会关系与外界事物中沉溺而不能自拔，即孟子所谓"陷溺其心"。即使从养生的角度看来，公共空间往往是受客观命运法则的左右，很容易伤害个体生命。康有为说孔子"特入地狱而救众生"，萨特言"他人即地狱"，于此我们可以说公共的社会空间即有可能成为异化生命的空间。在孔子那个时代，社会空间确实不足以让人期待了，如楚狂接舆歌而过孔丘曰：

凤兮凤兮，何德之衰；往者不可谏，来者犹可追。已而已而，今之从政者殆而！

《论语·微子》

对此，孔子听后亦"欲与之言"，可见其深有感触。政治环境的"殆而"，表明了当时政治空间，即公共领域不值得让人留恋。于是歌者欲劝孔子停下奔劳而归于休止，朱熹注解此段时说：

来者可追，言及今尚可隐去。已，止也。[9]

"有道则见，无道则隐"（《论语·泰伯》）其实也是孔子所认同的人生哲学。孔子乃"圣之时者也"（《孟子·万章下》），又言"子绝四：毋意、毋必、毋固、毋我"（《论语·子罕》）。孔子虽然执着于士之历史责任意识，但在现实的具体行为上，孔子则从"权"。孔子因此体现出强烈的实用理性："道不行，乘桴浮于海。"可见，孔子并不是非要执着于在公共的社会空间中消耗自我生命，他的"时进时止"，其实就是在公共领域与私人领域自由出入的精神，并不凝滞于一隅。而这种"邦无道，则可卷而怀之"（《论语·卫灵公》）的归隐意识，即被认为是儒道相通之处，也是我们切入孔子休闲美学的关键。

在中国的哲学传统中，"休止""隐逸"常常被看作私人领域的回归，私人领域的回归即是人的自然化的开始。对于孔子而言，当社会的公共空间不能容纳自我价值的实现时，孔子会很自然地将自我价值的实现转向个体自我道德的成长，即转向成己或"内圣"上来。这种内圣的过程表面看来是"自然的人化"，但在孔子看来，内圣是很自然的事情，所谓"我欲仁，斯仁至矣"。内圣建立在人的自然情感（欲）之上，容不得丝毫的虚伪。所以孔子才说"巧言令色，鲜矣仁"（《论语·学而》）、"吾未见好德如好色者也"（《论语·子罕》），此一方面言好德者鲜见，另一方面言好德应如好色一样成为情感自然之投射。关于孔子仁的心理情感原则，李泽厚言之多矣。[10] 践履仁道不是从外在的道德法则或圣人权威或神的超绝之意志出发，而是从人的最基本的心理情感出发。三年之丧建立在"心安"的基础上，礼乐建立在"仁"的基础上。

而道德仁义之据守最终是通过"游于艺""成于乐"的"游乐"境界显示出来[11]。这一切都似乎说明了孔子思想中"人的自然化"之一面。

内圣即是为仁的过程。孔子认为这一过程完全是个体自我一己之事，而非关天道、人事。"不怨天，不尤人，下学而上达。知我者其天乎"（《论语·宪问》），"为仁由己，而由人乎哉"（《论语·颜渊》），这种对自我内在意识的觉悟实际上是对个体**私人领域**的重视。孔子认为私人领域虽非关人事，却正因此成为个体人格完整如一的重要场所。"慎独"虽由子思提出，但也是孔门一致的思想。曾子"三省吾身"，即言其在闲暇之余回到个人领域以便省思自己之言行。而孔子也是非常重视人对闲暇的利用的：

> 子曰：弟子入则孝，出则弟，谨而信，泛爱众，而亲仁。行有余力，则以学文。

> 《论语·学而》

这里孝悌、爱众、亲仁，都是在社会空间中实现，而一旦闲暇而有余力，则"学文"。学文，即"游于艺"之谓。闲暇即意味着时空向自我展开，这时人最容易放荡，也最容易无所事事。因此，闲暇对于一个人的成长显得尤为重要，孔子也意识到了这点。于是他说：

> 子曰：饱食终日，无所用心，难矣哉！不有博弈者乎，为之犹贤乎已。

> 《论语·阳货》

"饱食终日"与"博弈"其实都是属于私人领域的休闲之事，因为都不用去关心公共事务。但两者对于一个人的成长显然判若云泥。饱食终日容易使心流荡不归，而博弈下棋虽为小道，但也"必有可观者焉"（《论语·子张》）。孔子认为无所事事地度过余暇，还不如专心于一些休闲的活动上来。

孔子虽然终生奔忙，但亦有闲暇无事之时，此之谓"闲居"。子思言闲居须"慎独"，表现出如履薄冰的谨慎敬畏感。但在孔子，闲居则显得更加的从容宴然：

> 子之燕居，申申如也，夭夭如也。

《论语·述而》

何以能至此境界？孔子曾说过"君子坦荡荡，小人长戚戚"（《论语·述而》），君子乐道，以道自守，而不为忧患得失撄扰其心，故亦言"仁者不忧""仁者乐"，小人则反是。

以乐道自守，人其实获得的是一颗"闲心"。孔子困于陈蔡之间，绝粮，"从者病，莫能兴。孔子讲诵弦歌不衰。子路愠见曰：'君子亦有穷乎？'子曰：'君子固穷，小人穷斯滥矣。'"（《论语·卫灵公》）朱子注解曰：

> 愚谓圣人当行而行，无所顾虑。处困而亨，无所怨悔，于此可见，学者宜深味之。[12]

我们认为此即孔子闲心之表现。这种在困境中仍然悠然自得的境界，在后代儒家那里起到了很好的示范作用。苏轼自不待言，他正是以此之精神来度过屡次遭贬之困境。朱熹亦是如此。朱熹一生繁多的自然山水休闲活动，正是消解其因党祸而遭迫害之利器。而这一切，我们都可以认为是儒家以人的自然化消解自然人化过程中所带来的异化现象，是以休闲来战胜人生困境的表现。

以"自然的人化"言孔子之学，乃指孔子"修齐治平"的社会政治理想抱负；而若言孔子之学之"人的自然化"，则须言及孔子的"舞雩风流"和"孔颜乐处"，这两个命题正是孔子休闲哲学的集中体现。

二、舞雩风流：休闲的隐喻

《论语·先进》一篇之最后一章记录了孔子与四位弟子的一段谈话。当时曾点在鼓瑟，孔子问四个人的志向。子路说可以去治理好一个大国，冉有说可以治理小国，公西华有些谦虚，说只能做一国小相。孔子对这三人初皆未置可否。问及曾点：

> 鼓瑟希，铿尔，舍瑟而作。对曰："异乎三子者之撰。"子曰："何伤乎？亦各言其志也。"曰："莫春者，春服既成。冠者五六人，童子六七人，浴乎沂，风乎舞雩，咏而归。"夫子喟然叹曰："吾与点也！"

这一段向来被注释家所重视，但又都异议纷呈，莫衷一是。由于曾晳点明游玩沂水的时间是"暮春"，即夏历三月，很多注解都谓北方之暮春尚为寒冷，因此浴乎沂不应该是在河水里游泳洗澡，钱穆解此段为："遇到暮春三月的天气，新缝的单夹衣上了身，约着五六个成年六七个童子，结队往沂水边，盥洗面手，一路吟风披凉，直到舞雩台下，歌咏一番，然后取道回家。"[13] 而王充更是认为"浴乎沂"，乃"涉沂水也，象龙从水中出也"。他以当时舞雩之古俗认为，曾点所言并非一次游玩活动，而是一次舞雩之祭祀活动，时间是在"正岁二月"。王充驳斥了"风，干身"的说法，认为"尚寒，安得浴而风干身？"他认为"风，歌也"，把"咏而归"解释成"咏而馈，歌咏而祭也"。王充认为孔子赞同曾点，是因为"曾点之言，欲以雩祭调和阴阳，故与之"。[14] 王充的这一诠释被认为对舞雩风流之事的本源解释。[15]《论语正义》又引宋氏凤翔的言论称王充的解释最为允当，但他认为王充将舞雩的时间定为正岁二月是不对的，应是即将四月，时天气已转暖。虽转暖，但尚不至于在水里洗澡，故他基本上认同王充之论。[16] 对于王充与宋氏之言论，我们不取，因为论语中记载曾点乃一孔门狂士[17]，并无意于世，休闲性情浓厚。且从上下文语境中，"铿尔，舍瑟而作"，亦可见曾点性情之处。以祭祀言舞雩风流不免大煞风景。

而朱熹则认为当地或许有温泉，他认为浴，是盥洗的意思，近袯除之风俗。风，朱熹解释为乘凉。可见，钱穆之解释即取自朱熹。朱熹认为：

> 曾点之学，盖有以见夫人欲尽处，天理流行，随处充满，无少欠阙。故其动静之际，从容如此。而其言志，则又不过即其所居之

位，乐其日用之常，初无舍己为人之意。而其胸次悠然，直与天地万物上下同流，各得其所之妙，隐然自见于言外。视三子之规规于事为之末者，其气象不侔矣。[18]

此以天地气象解读曾点，乃继承程颐之说，固然比王充之解为胜，但正如钱穆所言"此实深染禅味"[19]。

至此，从王充至钱穆，虽解释各异，但一以为舞雩乃祭祀之行为，一以为祓除之风俗，实乃大同小异，即无论祭祀活动，还是民间之风俗，都略显矜持，与曾点之狂放形象不侔。至少祭祀与祓除皆为功利旨向极为明显的活动，前者为求雨除旱，后者则为攘除灾邪。若以此而言其为天地境界尧舜气象，则不符曾点之情，明矣！

而李泽厚之解似乎更显不同，他是这样解释的："曾点说，暮春季节，春装做好了，和五六个青年，六七个少年，在沂水边洗澡游泳，在祭坛下乘凉，唱着歌回家。"[20] 这种解释完全是从字面解释，也许更能接近曾点之原意。其实在王充的《论衡》中我们还发现这么一句："说《论》（《鲁论》）之家，以为浴者，浴沂水中也。风，干身也。"[21] 这就意味着李泽厚的解释与鲁论是近似的。这里的关键其实是在暮春季节究竟能否入水洗澡的问题。因为无论祭祀，还是祓除之风俗，都没有提到可以在水中洗澡。涉水、盥洗皆为较为矜持之行为，此正可以与祭祀、祓除相对应。但曾点乃狂者，以单纯之涉水、盥洗来描述这次春游之行为，似显不当。且于咏歌之行为不侔。再者，如果以天气寒冷便言不能洗澡，则以足涉水或以河水盥洗，似乎也是不可耐之事。而一群人水中洗澡，唱着歌回家，此明显为一游乐纵欢之行为，此则差近曾点狂放之气象。

其实孔子所生活的年代之气候与后代皆有不同，竺可桢在其成名作《中国近五千年来气候变迁的初步研究》中早已指出，春秋与战国时期北方属于亚热带气候，气温明显地高于后世。例如其在论文中指出："《左传》往往提到，山东鲁国过冬，冰房得不到冰；公元前698、〔前〕590和〔前〕545年时尤其如此。"又说："到战国时代（公元前480—〔前〕222年）温暖气候依然延续。"[22] 而孔子生活的年代恰好是公元前551年至公元前479年。由此可见，我们虽然不能知道孔子时代暮春四月的具体温度，但在尚为亚热带气候的四月，其温暖程度应该可想而知。如果天气晴朗，又在中午时分，天气应该更为温暖，在水中洗澡当不为过。洗澡游玩至傍晚，唱着歌回去，此亦人情之自然而然之事，并无丝毫勉强。我们认为孔子赞赏曾点，也是因其能在适当的时令，不拘于公共事务的萦绕而能随性所适，且度过一段悠然畅快的下午，这也是人本性的自然呈现。

另外，对于其他三个人以从事公共事务为志向，孔子当然并不反对。且孔子自己也多次表白过有从仕之意，如"富而可求也，虽执鞭之士，吾亦为之"（《论语·述而》）。孔子的思想主要体现为自然的人化，是外向空间的拓取。然而孔子并非执着于此，当"邦无道"，政治社会环境变得狭隘，不足以实现士人君子之抱负时，孔子也并非即如隐士所言"是知其不可而为之者"（《论语·宪句》）。对于孔子来说士人最重要的是人格的自由，只要秉承道义在身，自由的人格是无所执拗的，也就是"毋意、毋必、毋固、毋我"。所以，孔子在上句话之后接着就说"如不可求，从吾所好"（《论语·述而》）。"从吾"，即意味着既然公共事务不足以为之，那么索性退回到个人的私人领域，也即苏轼所言"勾当自家事"[23]。"所好"何事？钱穆注解为"所好唯道"[24]。其实不只是道，个人兴趣所在、情性自然所至都可以理解为"所好"。当时孔子所处之环境，富贵已然不可求，而曾点舞雩风流正是"从吾所好"之应有之义，故对于四个弟子的志向，孔子更倾向于曾点，就不足为怪了。

至于程朱以天地境界、尧舜气象来解读舞雩风流，程朱后学更是溉其泥而扬其波，如与王阳明同时的夏东岩即言"孔门沂水春风景，不出虞廷敬畏情"[25]，这已经从很大程度上抹杀了舞雩风流的休闲审美情调，我们是不认同的。而王阳明以"无入而不自得""不器"言曾点，则有些近似。王阳明曾多次表明曾点是其追慕之对象。其赠夏东岩诗云："铿然舍瑟春风里，点也虽狂得我情。"[26]这里的情，已经不是程朱理学所谓的"性情"，而是"情性"，即人的自然情欲。正因此，李泽厚指出阳明心学及其后学之人性论实际上"走向或靠近了近代资产阶级的自然人性论：人性即自然的情欲、需求、欲望"[27]。

可以认为，曾点之舞雩实乃孔学人的自然化思想之现实体现，它从人的自然情感欲求出发，寻求洒落适性的生活方式，而休闲游玩正是这一生活方式的典型实践。

舞雩风流实际上成为古代士人休闲审美的一种隐喻，它的所指即休闲游玩的活动，尤其指在山水园林间休闲。例如汉末仲长统：

> 使居有良田广宅，背山临流，沟池环匝，竹木周布，场圃筑前，果园树后。舟车足以代步涉之艰，使令足以息四体之役。养亲有兼珍之膳，妻孥无苦身之劳。良朋萃止，则陈酒肴以娱之；嘉时吉日，则亨羔豚以奉之。踟蹰畦苑，游戏平林，濯清水，追凉风，钓游鲤，弋高鸿。讽于舞雩之下，咏归高堂之上……[28]

这完全是向人们描绘了一种闲适自得的生活方式。汉末士人已经有了群体自觉与个体的自觉。面对个人与社会、私人领域与公共政治领域之间的矛盾，士人开始了对自我生命安适的反省。正如《王充王符仲长统传》中指出仲长统：

> 常以为凡游帝王者，欲以立身扬名耳，而名不常存，人生易灭，优游偃仰，可以自娱。欲卜居清旷，以乐其志。[29]

仲长统以舞雩风流的休闲生活方式向外界展示了一种士人独特的姿态，显现了其对人生的深刻思考。

戴逵更是以舞雩风流为闲游之活动，作《闲游赋》以颂之：

> 故虽援世之彦，翼教之杰，放舞雩以发咏，闻乘桴而懔厉。况乎道乖方内，体绝风尘，理楫长谢，歌凤逶巡，荡八疵于玄流，澄云崖而颐神者哉？然如山林之客，非徒逃人患避争门，谅所以翼顺资和，涤除机心，容养淳淑，而自适者尔。[30]

此与仲长统不同者在于戴逵认识到舞雩之休闲乃非为逃名弃利，而纯属为个人性情自适所为。

非但一般士人以舞雩为性情闲适之典据，其至上层官僚休闲之际也乐于引用舞雩之故事来表明其休闲娱乐的活动是正当的、安于人性的，如唐代韩愈记载的一次上层官僚的休闲活动：

> 与众乐之之谓乐，乐而不失其正，又乐之尤也。四方无斗争金革之声，京师之人，既庶且丰，天子念致理之艰难，乐居安之闲暇，肇置三令节，诏公卿群有司，至于其日，率厥官属，饮酒以乐，所以同其休、宣其和、感其心、成其文者也。三月初吉，实惟其时，司业武公，于是总太学儒官三十有六人，列燕于祭酒之堂。樽俎既陈，肴羞惟时，盏斝序行，献酬有容。歌风雅之古辞，斥夷狄之新声，褒衣危冠，与与如也。有一儒生，魁然其形，抱琴而来，历阶以升，坐于樽俎之南，鼓有虞氏之《南风》，赓之以文王宣父之操，优游夷愉，广厚高明，追三代之遗音，想舞雩之咏叹，及暮而退，皆充然若有得也。武公于是作歌诗以美之，命属官咸作之，命四门博士昌黎韩愈序之。
>
> 《上巳日燕太学听弹琴诗序》[31]

实际上，舞雩风流正是与兰亭禊事一起成为文人士大夫休闲行乐经常引用的典故：

> 暮春三月，时物具举，先师达贤，或风于舞雩，或禊于兰亭。所以畅性灵，涤劳苦，使神王道胜，冥人天倪。
>
> 权德舆《暮春陪诸公游龙沙熊氏清风亭诗序》[32]
>
> 处江淮而不变，对朝市而闲居。……诚因闲而养拙，亦有乐于嘉肥。……袭成服以逍遥，愿良辰而聊厚。乃席垅而踞石，遂啸俦而命偶。同浴沂之五六，似禊洛之八九。……跌荡世俗之外，疏散造化之间。人生行乐，聊用永年。
>
> 李翱《释情赋》[33]

当然士人中普遍存在的这种舞雩情结例子是很多的，兹不多举。下面主要看一下苏轼在其休闲审美实践中，是如何体现这一情结的。

苏轼第一次在诗文中用"舞雩"典故描述其休闲活动，是在其任杭州通判第二年：

> 青春不觉老朱颜，强半销磨簿领间。愁客倦吟花以酒，佳人休
> 唱日衔山。共知寒食明朝过，且赴僧窗半日闲。命驾吕安邀不至，
> 浴沂曾点暮方还。

《同曾元恕游龙山，吕穆仲不至》

首句言岁月流年，自己仍然将时间消磨在公共事务之上。**对时间的关注，尤其是对自我生命时间的在意，是一个人回到私人领域的标志。**在感叹岁月流逝的诗文中，苏轼多半在抱怨自己把大好的时间都消耗在外界事物之上，而对自己私人生活关注不够。对生命有限、易逝的意识常常是苏轼劝说自己、他人及时休闲的原因：

> 二更铙鼓动诸邻，百首新诗间八珍。已遣乱蛙成两部，更邀明
> 月作三人。云烟湖寺家家境，灯火沙河夜夜春。曷不劝公勤秉烛，
> 老来光景似奔轮。

《次韵述古过周长官夜饮》

其实早在凤翔任职期间，苏轼就已经将休闲行乐之意义赋予了时间：

> 诗来使我感旧事，不悲去国悲流年。

《和子由蚕市》

> 念为儿童岁，屈指已成昔。往事今何追，忽若箭已释。感时嗟
> 事变，所得不偿失。……人生行乐尔，安用声名籍。

《和子由除日见寄》

认为自己的时间是在白白流逝，或者感叹生命之有限而要及时行乐，这表明了苏轼对本真自我的强烈反省意识。苏轼常言"我本麋鹿性"（《次韵孔文仲推官见赠》），他认识到自己追求的是一种自然适性的生活。然而"日月何促促，尘世苦局束"（《仙都山鹿》），生命时间常常异化于对富贵、功名的追求中[34]，甚至个体自我对闲适生活的追求，也

要被所谓的"爱国""报君恩"等之类的士人传统道义精神所阻遏。最为明显的是在苏轼早期出仕的时期，深感出来做官的艰辛与不自由，更有政治意见不合者的排挤[35]，于是苏轼在诗歌中屡次言"归"而归不得：

> 退居吾久念，长恐此心违。

《中隐堂诗》

> 人生百年寄鬓须，富贵何啻蕞中莩。惟将翰墨留染濡，绝胜醉倒蛾眉扶。我今废学如寒竽，久不吹之涩欲无。岁云暮矣嗟几余，欲往南溪侣禽鱼。秋风吹雨凉生肤，夜长耿耿添漏壶。穷年弄笔衫袖乌，古人有之我愿如。终朝危坐学僧跌，闭门不出间履凫。下视官爵如泥淤，嗟我何为久踟蹰。岁月岂肯为汝居，仆夫起餐秣吾驹。

《将往终南和子由见寄》

这是对人的有限性的反思，也是对人的价值追求的反思。人生是有限的，富贵是浮幻的。人生之价值与意义已经并不在于外在事业功名的争取与获得，而在于能否在有限的人生中享受自我生命的意趣。于是苏轼总是在感叹着岁月的流逝，因为官宦之生活已经占去了自我生命的大部分空间。因此他感到自己仿佛是走错了方向，他想回到自我的私人空间，即"岁云暮矣嗟几余，欲往南溪侣禽鱼。秋风吹雨凉生肤，夜长耿耿添漏壶。穷年弄笔衫袖乌，古人有之我愿如。终朝危坐学僧跌，闭门不出间履凫"。这些场景是对自由的回忆，也是对自由的向往。而富贵官爵在这些闲适自由的生活面前，真的如泥淤而不足道，是污染了自己的身心。于是他向往着回归，对自己迟迟不能做出决定而感到不解与羞愧。

真的要归去享受自由的生活吗？苏轼的心理是很矛盾的，因为作为士人，尤其是作为初出茅庐便一鸣惊人，并被寄予厚望的才子，做出弃官归隐的决定实在是很难的事情。而且当时的政治环境堪称古代社会中最为优越的。面对这样的条件，苏轼正是应该努力为国出力、报效皇上的时候，因此苏轼的心理斗争经常显露。而这种欲归不能，欲官难堪的情绪，苏轼也只有诉说给自己的胞弟：

> 江上同舟诗满箧，郑西分马涕垂膺。未成报国惭书剑，岂不怀

归畏友朋。官舍度秋惊岁晚，寺楼见雪与谁登。遥知读《易》东窗下，车马敲门定不应。

《九月二十日微雪怀子由弟二首》

此中已见出仕与怀归的矛盾。此时苏轼的休闲心理需求受到传统身份规定的制约，作为从科举走出来的士人，报国是其本职。另外，还受到朋友的制约。归去意味着不合一般人对苏轼的期待，易招致朋友的不解。然而从"惊岁晚"可以看出来，为官在苏轼看来是浪费时间。因为做官毕竟不是自由的，不是按照自己生命的意趣去生活。苏轼的生命意趣在于"寺楼见雪与谁登"的随性闲适的生活。

其实我们通观苏轼整个生命历程，会发现他经常表示归隐的志趣，尤其是在他官事繁忙、官场失意、为官的地方风景惨淡时，苏轼总是表现出"归去来兮"的情感。但是我们也看到苏轼自始至终都没有"归"。不归依然能获致逍遥，这就是苏轼不同于常人之处。而其所用的利器即是休闲。

为官即意味着受拘束，也易招致不测之命运，所以如果"不归"，苏轼将如何保证自己独立人格的自由？从苏轼送别同僚的一首诗中我们看到：

天才既超诣，世故亦屡更。譬如追风骥，岂免羁与缨。念我山中人，久与麋鹿并。误出挂世网，举动俗所惊。归田虽未果，已觉去就轻。河阳岂云远，出处恐异程。便当从此别，有酒无徒倾。

《送吕行甫司门倅河阳》

苏轼依然认为士人为官便意味着失去自由，且宦海沉浮，命运不定，但此时其心态已不再对出处去就显露矛盾与焦灼，而是有些平和。最后一句言"有酒无徒倾"，似乎是建议同僚以休闲自遣。[36]

当苏轼从京师外补杭州通判时，他的最为相知的一位朋友张方平在送行时的一首诗中这样说道：

趣时贵近君独远，此情于世何所希。车马尘中久已倦，湖山胜处即为归。[37]

世俗之辈皆汲汲于名利之途，而苏轼则无往而不追求一种闲情，这是张方平认为苏轼求请外补的一大原因。而在京师为官，无异似车马尘中，劳且倦矣。然而张方平大概认为弃名利而归隐的古代高士之做法并不可取。苏轼也说过"真隐未必遁"。而杭州不啻风景佳胜之地，所以张认为苏轼应该认识到"湖山胜处即为归"。湖山胜处，显然即意味着可以纵意休闲。将休闲与"归"画上了等号，这是士人归隐文化的一大突破。而苏轼也未尝不以此为然：

> 我行无南北，适意乃所祈。

《发洪泽，中途遇大风，复还》

> 未成小隐聊中隐，可得长闲胜暂闲。我本无家更安往，故乡无此好湖山。

《六月二十七日望湖楼醉书五绝》

这两首诗皆为杭州通判时所作。前者苏轼表白了一种人生哲学观，即适意。这意味着一种超越外在客观世界的拘束，超越利害得失的计较，而服从个体内心情感的快适与否的哲学。其实这种唯适意是求的人生哲学在其京师任职时便已形成。[38]于是，归与不归，完全在于一己之适意与否。而杭州任通判，苏轼只是一个副职，有着较为充裕的闲暇时间可以自由支配，加上"余杭自是山水窟"，这里确实是休闲娱情的最佳地方。后一首诗前面两句中"聊"与"胜"字，就已见出杭州山水显然是非常符合苏轼之闲适情怀的，以此"归"已经没有了意义，因为此处比家乡更能休闲。

如果士人由入仕到退归是力图从公共事务中退出，回到私人领域，是要追求一种人格的独立完整的话，那么由归到闲的转化，即以休闲去消解归隐情结，此诚乃古代士人为保持其人格的完整性而寻求的另一条途径。休闲的本质即人的自然化。在休闲中，苏轼不仅能在自然山水中体验到活泼自然的快适，而且能摆脱利害得失的困扰而回到自我本真的生活中来。休闲生活与传统退归隐遁之生活在审美功能上是一致的：

先生曰："西湖之深，北山之幽，可舫可舟，可巢可楼，与鸥鸟居，与鹿豕游，渔蓑山屐，烟雨悠悠，寂寥长往，可以忘忧，风衫尘袂，京洛何求，不如西湖濒，不如北山阿，白苹绿荇，紫柏青萝，反裘坐钓，散发行歌，人生安乐，孰知其它。茫洋以为柳溪，盘旋以为李谷，卷轺辩乎三尺之喙，扩夷临乎十围之腹，此古君子所以藏器于身，待时而动也。传曰：'不怨天，不尤人。'盖优哉游哉，聊以卒岁，若是，何如？"[39]

正是基于此，苏轼把在杭期间的休闲活动视为"与点之乐"。回到一开始我们举的那首诗：

共知寒食明朝过，且赴僧窗半日闲。命驾吕安邀不至，浴沂曾点暮方还。

《同曾元恕游龙山，吕穆仲不至》

从对孔子人生哲学中舞雩风流的分析，我们知道此看似"闲游"之活动实乃蕴含很多深刻的内涵，是孔子人的自然化人生哲学的体现。如果我们不了解苏轼**"以休闲消解归隐"**的适意人生观，我们便很难理解，苏轼如何要把平日简单的休闲活动拟之于"浴沂曾点"。上述曲折之分析，意亦正在于此。

事实上，苏轼对这种在山水间率性而游、略显狂放的休闲生活评价非常高。在彭城任职期间苏轼就对舞雩风流式的休闲活动表达了钦慕之情：

王定国访余于彭城。一日，棹小舟，与颜长道携盼、英、卿三子游泗水，北上圣女山，南下百步洪，吹笛饮酒，乘月而归。余时以事不得往，夜着羽衣，伫立于黄楼上，相视而笑，以为李太白死，世间无此乐三百余年矣。定国既去逾月，复与参寥师放舟洪下，追怀曩游，已为陈迹，喟然而叹。

《百步洪》

王定国等人"游泗水，北上圣女山，南下百步洪，吹笛饮酒，乘月而归"的山间游玩，俨然即是曾点舞雩之行的翻版，情景何其相似！这种脱略万事、随心所欲、恣意玩游的休闲真堪比李太白超凡绝俗之乐。

苏轼在杭州的休闲活动也是非常丰富的：

> 东望海，西望湖，山平水远细欲无。野人疏狂逐渔钓，刺史宽大容歌呼。君恩饱暖及尔辈，才者不闲拙者娱。穿岩度岭脚力健，未厌山水相萦纡。三百六十古精庐，出游无伴篮舆孤。作诗虽未造藩阈，破冈岂不贤樗蒲。君才敏赡兼百夫，朝作千篇日未晡。揭来湖上得佳句，从此不看营丘图。知君箧椟富有余，莫惜锦绣偿菅蒯。穷多斗崄谁先逋，赌取名画不用摹。

《李杞寺丞见和前篇，复用元韵答之·再和》

杭州风景秀丽，山水相宜。苏轼官为闲官，其上司刺史亦宽大不责，苏轼继在凤翔任职之后，在杭州又得以恣意休闲。此时苏轼正处人生精力健旺、充沛的年龄，故能不惮山水萦纡而尽游玩之能事。除了山水相娱外，在京师被压抑许久的诗才，此时借好山好水，又有如此多闲暇时光，被激发了出来。这里，苏轼自称"野人""拙者"，实则是既带有自嘲之意，同时也表明苏轼意欲远离政治旋涡，以闲暇放荡的生活方式表达其不愿参与新法的实施，更是无声地表达了对当政者的反抗。

这些休闲活动，苏轼真是刻骨铭心。在离开杭州以后很长时间，苏轼都对杭州的这一段休闲经历念念不忘：

> 从来直道不辜身，得向西湖两过春。沂上已成曾点服，泮宫初采鲁侯芹。休惊岁岁年年貌，且对朝朝暮暮人。细雨晴时一百六，画船箫鼓莫违民。

《常润道中，有怀钱塘，寄述古》

这是后来苏轼对杭州生活的回忆。显然在杭州娱情于山水之窟的经历给苏轼留下了至深的印象，苏轼认为这段休闲生活堪比舞雩风流。这种休闲生活因为有了孔子的赞赏而有了不同的意义。其意义有二：一是苏轼认为休闲生活并非若理学家所言为"玩物丧志"之颓废表现，而是与孔子所常称的"直道"[40]相符合；二是在杭州山水间的休闲其实既有情不得已之处，亦有着士人出处之际深刻的内涵，此亦乃孔子"与点"之深意所在。

三、孔颜乐处：休闲的超越之境

从休闲哲学的角度，如果说舞雩风流侧重的是人的自然化中的个体性与自由性，那么孔颜乐处则主要是一个超越性的问题。唯有充分认识到个体自我生命的重要性，唯有积极去追寻一种自由的体验，处于劳世中的人才会认识到休闲的价值。而个体生命的自由体验本质上指向的就是一种超越的境界。那么超越的是什么？

儒家的超越境界体现在两个方面：一个是外向的超越，即成物；一个是内向的超越，即成己。所谓外向的超越是将一己融于家庭、社会、国家、天下，体现为事功拓取，是人的社会价值的实现；内向的超越[41]，是一个人内在人格境界的修养，体现为心性的成长，是人的自我价值的实现。前者是横向的超越，后者是纵向的超越。就休闲来讲，其个体性与自由性的特征决定了人的休闲思想与实践，属于内向的超越在生活中的体现。当然，内向的超越并不一定体现为休闲，但休闲却一定是在内向超越的过程中实现的。没有内向的超越活动，就不会有休闲的发生。孔子开创的儒家哲学的品格一开始是内外超越皆有，但至宋以来[42]，尤其是到了阳明心学之后，其内向超越的理论品格占了上风，外向的超越随着外在客观环境的制约而发生了内向转移。

就孔颜乐处来说，我们认为主要是反映了孔颜的内向超越境界，它指向一种休闲的人生观与生活方式。试着分析如下。

> 子曰：贤哉，回也！一箪食，一瓢饮，在陋巷。人不堪其忧，回也不改其乐。贤哉，回也！
>
> 《论语·雍也》

此段从字面意思看很是晓畅，简单地说即是孔子赞叹颜回能在非常穷困的生活环境下而不改其乐。另一处孔子自道：

> 子曰：饭疏食，饮水，曲肱而枕之，乐亦在其中矣。不义而富且贵，于我如浮云。
>
> 《论语·述而》

孔颜之同，在于"食"与"饮"皆极简陋，意指生活于贫贱之中，与富贵生活相对。孔子常言"富贵在天"，此处甘于贫穷，可以证实孔子当时客观环境决定了其与富贵已然无缘，故能"各正性命"而内心安乐。一般人面对贫困、简陋的生活，能做到"无谄""无怨"就已经很不错了，这里孔颜于贫困中乐处，即超越之意。

贫困而乐，所乐者何？这里应先排除"乐道"，更不是"乐贫"。后者不必申说，就乐道而言，程朱早已予以驳斥：

> "颜子在陋巷不改其乐，不知所乐者何事？"先生（指程颐）曰："寻常道颜子所乐者何？"佐曰："不过是说所乐者道。"先生曰："若有道可乐，不是颜子。"[43]

但孔颜所乐何处？这一问题成为孔颜乐处的关键，历来注释论语者于此皆语焉不详，含混而过。以程朱为例，也只是说："箪瓢陋巷非可乐，盖自有其乐尔。其字当玩味，自有深意。"朱熹跟着道："程子之言，引而不发，盖欲学者深思而自得之。今亦不敢妄为之说。"[44]

我们认为"所乐何事"之提法是基于一种认识论的视角，而"乐"作为人的一种对当下生存境遇的体验，是存在论的。以认识论的视角去回答一个存在论的问题，显然总是不能让人满意。我们只有把孔颜乐处还原到孔颜的生活处境中，才有可能揭开其"乐"之源。

颜回虽短命早天，却天资甚高，其学问德行在孔子弟子中都堪称最优。孔门弟子德行科之首便是颜渊，可见其一生精力都用在心性之修养上。在孔子的众多弟子之中，颜渊算得上内向超越的代表。但就是这样一个人物却一生未仕，"身居陋巷"，这意味着颜渊是隐而不仕的。他并不像其他弟子一样汲汲于外向的超越，向往着治国平天下的外王之志。也许颜渊认为外向的超越是没有意义的，或者没有必要。在《韩诗外传》中载颜渊的执政理想为无为而治[45]，当每一个人都返回到内向的超越，修养各自德行，国家自然就治理好了。[46]

尚无为，并不意味着就是道家的思想，儒家的内向超越也表现出"无为"[47]之特征。"无为"的思想是儒道互补的纽结之处，是二者共有的特点。但有学者指出庄子之学实源于颜渊[48]，而《庄子》一书中频频出现颜回的故事，其中有一条颇有助于我们了解颜回日常生活之境况：

> 孔子谓颜回曰："回，来！家贫居卑，胡不仕乎？"颜回对曰："不愿仕。回有郭外之田五十亩，足以给饘粥；郭内之田十亩，足以为丝麻；鼓琴足以自娱，所学夫子之道者足以自乐也。回不愿仕。"孔子愀然变容曰："善哉回之意！丘闻之：'知足者不以利自累也，审自得者失之而不惧；行修于内者无位而不怍。'丘诵之久矣，今于回而后见之，是丘之得也。"
>
> 《庄子·让王》

这一段完全有理由作为论语中孔颜乐处的注脚。颜回面对孔子的质疑，表示了一种对外向超越的回避姿态，然后描述了一种自足自乐的生活状态，这俨然是其对休闲生活的陶醉。接连四个"足以"并不因其外在物质生活的富足，而是源于一种内在精神的自我超越：知足、自得、行修于内。当人以自我的内在超越为其人生价值意义所在时，便不会在意外在环境的变化。这样一种人生境界即是审美的境界，也就是休闲的境界。李泽厚在评价孔颜之乐时说："乐是什么？某种准宗教的心理情感状态也……它高于任何物质生活和境遇本身，超乎富贵贫贱之上。"[49]钱穆认为颜回之乐："乐从好来。寻其所好，斯得其所乐。"[50]"好"即兴趣所在，也就是"以欣然之态做心爱之事"，此虽是言休闲，也是言乐。

外在的物质环境，受制于客观的法则，所谓"天有不测风云，人有旦夕祸福"，人并不能控制，如果人的欲望完全激发运用于对外在客观之物的索取与满足上，即庄子所谓"骛荡而不得，逐万物而不反"（《庄子·天下》），那么这种人生便是一种忙碌的状态，"世人嗜好苦不常，纷纷逐物何颠狂"[51]。外向超越即自然的人化，然而自然的人化往往成为一厢情愿，其结果容易流于一种异化。相反的，人若能从内向超越的自我精神出发，做到知足、自得、自娱，就能无论处于何种境遇，都一往而乐。内向超越即人的自然化，它超越的是人的物质性存在，自我成为自然的"主人"[52]，这就是孔颜乐处中"乐"的真义。

知足、自得、自娱的内向超越的生活不就是休闲的生活吗？"知足者不以利自累"，这样可以令身闲；"审自得者失之而不惧"，如此可以使心闲；"无位"者，身心可以俱闲。林安梧先生说："颜回之居陋巷，一箪食，一瓢饮，这是不得已的，……他是以一种无执着的方式，让自己在没有挂搭的情况之下，长养他自己的胸襟与志气。"[53]这种"无执着"的休闲观并非由于懒惰，也不是一种"精神胜利法"，而是孔颜对当时严酷的客观环境做出的明哲保身的反应，也是对个体自我意义与价值的深刻体悟后做出的选择。

总之，孔颜乐处的意义在于让人超越物质环境的制约，无论是遭遇困境还是享有富贵，都要随遇而安，保持快乐的心境。中国哲学向来都是人生的哲学，人生的哲学就是旨在寻求生命的安适，而安适即是乐。寻求乐是人的本能，人皆有趋乐避苦之心。然而孔颜乐处告诉我们的不仅如此，更重要的是如何在苦中依然能作乐。苦中作乐，体现出人生的境界，是人的一种内向超越精神。而休闲是乐的情感在现实经验中的集中体现。在休闲中的人感受到的无疑是最自然、最本真的乐。苦中作乐，即在困境中得休闲之乐。"在当时社会动荡物质贫乏的状况下，孔子为人们提供了一种依然可以让心灵宁静愉悦的生活态度和生活方式"[54]，这实际上也体现出休闲作为人类的一种生活方式或生活心态，所具有的深刻人生智慧。这是达观者的姿态，也是人类面对困苦人生的一种超拔。

所以，颜回之乐，在苏轼看来并非一般的乐，而是"至乐"。苏轼对颜回评价是很高的。也许正因为大半生都生活在贫困中，对于这种超越贫困而自得其乐，又不汲汲于富贵名利之途的人生境界，苏轼认为并不易得。因此，苏轼不像韩愈那样把颜回之乐看作是"哲人之细事"，并对韩愈的这一说法进行了反驳。

同苏轼一样，韩愈也一生屡次遭贬，生活困窘不堪，做《闵己赋》以遣懑：

> 余悲不及古之人兮，伊时势而则然。独闵闵其曷已兮，凭文章以自宣。昔颜氏之庶几兮，在隐约而平宽。固哲人之细事兮，夫子乃嗟叹其贤。恶饮食乎陋巷兮，亦足以颐神而保年。有至圣而为之依归兮，又何不自得于艰难。[55]

"细事"乃言细小之事，不足为道。韩愈答李习之的信中说：

> 孔子称颜回，一箪食，一瓢饮，人不堪其忧，回也不改其乐。彼人者有圣者为之依归，而又有箪食瓢饮足以不死，其不忧而乐也，岂不易哉。[56]

盖韩愈对千古称道的"箪瓢之乐"不以为然，认为颜回有吃有喝，还有圣人可以依归，其为乐也易。颜回以"隐约而平宽"之细事被称为追配孔子的亚圣，在韩愈看来实在是不解。那什么是"大事"？在《论佛骨表》中，韩愈有这样一句："伤风败俗，传笑四方，非细事也。"[57]韩愈认为皇帝令众僧迎佛骨，对佛教之流毒推波助澜，此乃社会国家文化之大事。于此大事中方能见大节。

颜回在唐玄宗时期即被尊为亚圣，而韩愈尊孟抑颜，实有树立道统之嫌疑。然而，自北宋周敦颐大力推崇孔颜乐处，箪瓢之乐重新被士大夫所称许。因此，对于韩愈的非难，北宋士人也表示了怀疑。

苏轼在徐州时，当时密州太守孔宗翰修颜乐亭，苏轼作诗颂之，苏轼在序中对韩愈的颜回之论进行了辩驳：

> 昔夫子以箪食瓢饮贤颜子，而韩子乃以为哲人之细事。何哉？苏子曰：古之观人也，必于小者观之。其大者容有伪焉。人能碎千金之璧，不能无失声于破釜；能搏猛虎，不能无变色于蜂虿。孰知箪食瓢饮之为哲人之大事乎？乃作《颜乐亭诗》以遗孔君，正韩子

之说，且用以自警云。

《颜乐亭诗并序》

此亦小大之辩。苏轼认为作为一个完整的人格，事无大小。从人的真实情感出发去观察一个人，小者也可以见大，而"大者容有伪"说明大者也可以小，可以不真。孔子曾言："视其所以，观其所由，察其所安，人焉廋哉！人焉廋哉！"（《论语·为政》）又说："听其言，观其行。"（《论语·公冶长》）这其实都是从小者观察一个人的德行境界如何。小者，可以理解为日常生活之所为、所言。《中庸》也指出："君子之道，造端乎夫妇。"道即在日用伦常之间，而韩愈以颜渊生活之闲适安乐为哲人细事，不亦妄乎？孔子言："君子固穷，小人穷斯滥矣。"（《论语·卫灵公》）正是在这生活之细微处，方见出君子小人之别。苏轼指出："人能碎千金之璧，不能无失声于破釜；能搏猛虎，不能无变色于蜂虿。"亦是孔子之意。

所以，苏轼认为"箪食瓢饮"实乃哲人之大事，因为在儒家看来，人格的完整性与一贯性是检测一个人成仁成德的标志，也是基础。人莫不趋乐避苦，安于享乐，由此驰骛于富贵之间而不知返，一旦身处微陋，就抱怨自悯：

> 天生烝民，为之鼻口。美者可嚼，芬者可嗅。美必有恶，芬必有臭。我无天游，六凿交斗。骛而不返，跬步商受，伟哉先师，安此微陋。

（同上）

颜回能于此微陋间自得其乐，正是其人生境界高昂之表现。所以苏轼说：

> 我求至乐，千载无偶。执瓢从之，忽焉在后。

（同上）

上文我们已经分析了，颜回之乐处实乃休闲之境界。苏轼通过对韩愈的辩驳向人们传达了休闲合法性的信息，即休闲也并非"细事"，而有着深刻的人性论基础。苏轼大半的官宦生涯皆在颠沛流离中度过，但其给后人留下的印象却是一个豪放乐观的达者形象，其中除了道禅思想对苏轼的影响外，孔颜乐处的精神境界也起了很大的作用。苏轼虽然一直做官，但其廉洁自守，又不汲汲于富贵之间，因此苏轼的生活大多数时候还是很贫困的。苏轼常自言"予仕宦十有九年，家日益贫"（《后杞菊赋》），这还是其任密州太守之前的生活。从举进士到在杭州任通判的这些年在苏轼的一生中算是比较风平浪静的，此时尚言"日益贫"，其后的生活境况可想而知。尤其是在三次贬谪时期，他衰病交加，穷困日益。但苏轼正是以孔颜乐处之精神，从容不迫、安闲自适地度过了人生的艰难时期。下面我们以苏轼在黄州为例，看其如何如颜回一样在贫困中为至乐。

乌台诗案算是北宋以来最为有名的一次文字狱，苏轼以诗遭捕入狱，几死，虽经苏辙及其友人多方求情得以免死罪，终贬谪黄州任黄州团练副使。乌台诗案是苏轼一生的转折点，且四年多的黄州贬谪生活使他在政治上、经济上、社会生活上都陷入了困境。当时的一首词颇能表现苏轼其时的景况：

> 缺月挂疏桐，漏断人初静。时见幽人独往来，缥缈孤鸿影。　惊起却回头，有恨无人省。拣尽寒枝不肯栖，寂寞沙洲冷。
>
> 《卜算子·黄州定慧院寓居作》

此词是苏轼刚到黄州时寓居定慧院时所作。黄庭坚评价说："语意高妙，似非吃烟火食人语。"[58] 对于这首词的所指历来争论还是很多的，但结合苏轼此时之际遇，我们还是同意宋代俞火豹在《吹剑录》中所言：

> "缺月挂疏桐"，明小不见察也。"漏断人初静"，群谤初息也。"时见幽人独往来"，进退无处也。"缥缈孤鸿影"，悄然孤立也。"惊起却回头"，犹恐馋慝也。"有恨无人省"，谁其我知也。"拣尽

寒枝不肯栖",不苟依附也。"寂寞沙洲冷",宁甘冷淡也。[59]

经历这次政治打击,初到黄州的苏轼倍感寂寞、孤立无依,再加上初到黄州时的贫困[60],苏轼一改锋芒毕露、狂放肆意的狂者形象,一度转向了沉寂。在黄州的团练副使是个闲职,苏轼由此决心从公共事务中退出来,回到其私人领域。刚到黄州时频频的内心反省就反映了苏轼这一心理趋向:

> 平生文字为吾累,此去声名不厌低。塞上纵归他日马,城东不斗少年鸡。休官彭泽贫无酒,隐几维摩病有妻。堪笑睢阳老从事,为余投檄向江西。

《出狱次前韵二首》

> 某以愚昧获罪,咎自己招,无足言者。

《与司马温公》

> 某寓一僧舍,随僧蔬食,甚自幸也。

《与王定国》

> 罪大责轻,得此甚幸,未尝戚戚。

《与王定国》

正如以赛亚·柏林所言:当世界残酷而不公,当"一个寻求幸福、公正或自由的人觉得无能为力",当"他发现太多的行动道路都被堵塞了,退回到自身便有着不可抵挡的诱惑"[61]。"箪瓢鸡黍""蔬食",这都说明当时苏轼之生活处境与颜回类似。他经由这人生之一大变故,亲朋抱怨、离弃,政治上遭遇不信任打击,很自然地要"退居内在城堡"[62]:

> 定省之暇,稍葺闲轩,箪瓢鸡黍,有以自娱,想无所慕于外也。闽中多异人,隐屠钓,得之不为簪组所縻,倘得见斯人乎?仆亦衰老,强颜少留,如传舍尔。

《与徐得之》

> 感恩念咎之外,灰心杜口,不曾看谒人。

《与王定国》

苏轼不以贬谪为悲、为怨，反而甚为自幸。为什么？首先，黄州地理位置虽然偏僻，但是滨江带山，风景秀美，可以"适耳目之好"。其次，虽然在黄居贫，如苏轼所言"箪瓢鸡黍""疏食"，可见生活之艰辛，但苏轼不仅以颜回陋巷之乐来解怀，还效仿战国处士颜蠋"晚食以当肉"的居贫之法，"菜羹菽黍，差饥而食，其味与八珍等；而既饱之余，刍豢满前，唯恐其不持去也"，认为"美恶在我，何与于物？"（《答毕仲举》）这样通过一种"人为的自我转换过程"，将生命完全支撑于自我主体意念之上，不但克服了初到黄州的贫困和寂寞，而且在这样艰苦的环境下，苏轼开始了一种艺术化的生活方式。

　　可以说，在黄州，苏轼第一次得到了如此多的闲暇和内心的安适，再加上不用再把生命的精力消耗在繁多的簿书公务之上，故苏轼也获得了真正意义上的心闲。苏轼成了一个真正的"闲者"。由之前的为官之忙，到现在流放后的贬官之闲，苏轼展现出一种诗意的生活。"苏东坡现在过的是神仙般生活。黄州也许是狭隘肮脏的小镇，但是无限的闲暇、美好的风景、诗人敏感的想象、对月夜的倾心、对美酒的迷恋——这些合而为一，便强而有力，是以诗人的日子美满舒服了。"[63] 也许林语堂过分地想象了苏东坡在黄州的快乐生活。[64] 不过，苏轼虽然劳苦于生计之中，确实是常以游戏的心态对待之，如：

> 感恩念咎之外，灰心杜口，不曾看谒人。所云出入，盖往村寺沐浴，及寻溪傍谷钓鱼采药，聊以自娱耳！
>
> 《与王定国》
>
> 某到黄已一年半，处穷约，故是宿昔所能，比来又加便习……躬耕渔樵，真有余乐！
>
> 《答吴子野》
>
> 近于城中葺一荒园，手种菜果以自娱。
>
> 《与杨元素》
>
> 某见在东坡，作陂种稻，劳苦之中，亦自有乐事。有屋五间，果菜十数畦，桑百余本，身耕妻蚕，聊以卒岁也。
>
> 《与李公择》

可见，苏轼虽然身处困境，但却没有一丝窘态。他与友朋之间通信总是要告诉他们自己虽然艰苦，但却"甚安适"。苏辙评价苏轼在黄州的几年生活也是说他能够得意于山川风景之间，即"意适忘反""子瞻于是最乐"（《武昌九曲亭记》）。

"箪瓢未足清欢足"（苏轼《满江红》），这里的清欢，以及苏轼所显示出来的"乐"同颜回一样，并非欢乐此清贫的生活，而是因清贫无事而拥有了一种可以休闲的生活。休闲的生活，在苏轼看来则无处不生诗意。明末李渔曾说："若能实具一段闲情、一双慧眼，则过目之物尽是画图，入耳之声无非诗料。"[65] 此正可做苏轼这两段话的注解：

> 江山风月本无常主，闲者便是主人。
>
> 《与范子丰》
>
> 元丰六年十月十二日，夜，解衣欲睡，月色入户，欣然起行。念无与为乐者，遂至承天寺，寻张怀民。怀民亦未寝，相与步于中庭。庭下如积水空明，水中藻荇交横，盖竹柏影也。何夜无月，何处无竹柏，但少闲人如吾两人者耳。
>
> 《记承天夜游》

人因闲而成为大自然的主人：人向自然摊开了本真的自我，自然向人展现出美的一面。人从社会的公共领域中失去的自由，在与大自然亲密无间的交流中又重新获得，此才是真正的自然的人化，同时也是人的自然化。自然的人化与人的自然化在此种闲情之中获得了统一。也许这就是孔子、颜回、苏轼之辈安于隐约微陋的生活之原因吧！由功利的生活返回到审美的生活，苏轼得以"完全松弛下来而精神安然自在"，此时他的文学才华被充分地激发出来，"他所写的随笔杂记……既无道德目的，又乏使命作用，但却成了最为人喜爱的作品"[66]。苏轼几次畅游赤壁而留下的两篇《赤壁赋》堪称苏轼一生作品境界之高峰，此不能不说是苏轼得闲于黄州的必然收获。

第二节　庄子休闲审美对苏轼的影响

休闲审美是人由外向超越向内向超越的回归，是自然的人化向人的自然化的回归。休闲的本质是人的自然化，人在休闲审美活动中会主动地亲近外在的自然，也会重视内在自然性情的抒发与表现。从人的自然化角度而言，以孔子为代表的先秦儒家和老庄代表的道家都不乏人的自然化的思想，其中庄子的思想则是人的自然化思想的理论提升。然而同样是人的自然化，儒道之间亦有较大的差异。具体而论，儒家人的自然化思想并不是儒家思想的主要特征，也就是说儒家思想之所以与道家不同，其最大的特点即是儒家重进取、有为。从内在方面说，他是要成仁成圣；从外在方面说，他是要齐家治国平天下。[67] 因此，对于儒家来说，以人的自然化为特征的休闲并非不需要，但也仅是在自然的人化之余再行考虑的事情，抑或者是自然的人化，即进取时遭遇挫折失败的明哲保身之举。[68] 对于儒家来说，休闲审美活动主要取独善之意，休闲本身并不能成为目的，独善是为了伺机而动，兼济天下。从休闲审美来看，儒家之休闲并没有获得其独立性，仍然依附于工作之下，或者是以实现某种外在的道德之善为目的。用现在的话说就是休闲是为了更好地工作。这就是儒家休闲的特点。[69]

而庄子代表的道家思想从整体上来说就是人的自然化。庄子讲无为、无用、无知无识，甚至讲无情，用意都是在于将人自然化。庄子所建构的真人、圣人也都是无为闲适的人格形象。固然庄子也讲无用之大用，无为而无不为，但是这里的大用、无不为也都是就人的自然化的成就而言，并非是指忙碌于事物、功利。

苏东坡自幼读庄子便一拍即合，其一生之出处都有老庄思想的明显痕迹，故苏轼的休闲思想与实践除了受到儒家人的自然化思想的影响外，从更根本上说来还是受道家影响最深。只是，苏轼是**从世俗化的角度**进一步发展了庄子的休闲思想。

苏轼认为庄子虽然源出于老子，然从人的自然化之角度而言，庄子更符合儒家孔子之说。因此，苏轼对司马迁《史记》中将庄子思想旨归于老子表示了怀疑，认为将庄子与老子混为一谈，是"知庄子之粗者"，而不是真正懂得庄子。在庄与老之间的关系上，李泽厚也有近似的判断：

> 《史记》老庄申韩同传。把老子与韩非放在一起还好说，因为它们都是社会政治学说，并在讲阴谋权术上有承接处。把庄子搁在中间，则似乎总有点别扭。庄与老有接近连续关系，但基本特征并不相同。老子是积极问世的政治哲学；庄子则是要求超脱的形而上学。与老子以及其他哲人不同，庄子很少真正讲"治国平天下"的方略道理，他讲的主要是齐物我、同生死、超利害，养身长生的另外一套。[70]

李泽厚据此大讲"儒道互补"，认为：

> 以庄子为代表的道家，实际上是对儒家的补充，补充了儒家当时还没有充分发展的人格—心灵哲学。[71]

其实，李泽厚之儒道互补论并非新鲜的发明，苏轼在一千年前便已经指出"余以为庄子盖助孔子者"，并进而指出儒道相通之处：

> 臣谨按，道家者流，本出于黄帝、老子。其道以清静无为为宗，以虚明应物为用，以慈俭不争为行，合于《周易》"何思何虑"、《论语》"仁者静寿"之说，如是而已。
>
> 《上清储祥宫碑》

李泽厚所指"人格—心灵哲学"其实就是我们上文提到的"内向的超越"，其表现即为"以清静无为为宗，以虚明应物为用，以慈俭不争为行"。道家尤其是庄子所代表的道家，本质上是一种人的自然化。它主张人从文化、物化[72]、异化的世界中退回到个人的私人领域，回归一种自然本真的自我人格，也即"与天为徒""与道为一"。汉学家鲍吾刚所认为的道家所具有的"个人主义与自然主义"，实际上就是对道家人的自然化特征的概括，不过他也认为这种人的自然化是儒家理论的一个分支。[73]

我们基本上同意儒道互补说，只是更进一步，我们认为所谓的儒道互补应该从有无之间的辩证关系上理解。大体说来，如果儒家哲学从有出发，那么其理论旨归也是一种无。只不过这种无的境界一定要经过有。[74]而道家哲学则始于无而终于有，"无为天下之始，有为天下之母"。而道家的有，也一定是含有无的有，即有中也体现着无的法则。[75]无，是儒道两家真正能互补之处，正是通过无的存在，儒道之间对话成为可能。[76]

"无"既然是儒道两家的相通之处，那么无的休闲审美意蕴是什么？在皮珀看来，对无的强调就是对休闲世界观的强调，"为什么总是有这个或那个，而不是什么都没有？……显然问这样的问题已经大大超越日常生活的工作世界并将之远远抛却在后了"[77]。上一节从儒家的人的自然化及其两种表现上我们已经大体了解了儒家之"无"的休闲审美内容，庄子代表的道家更是蕴含着古代休闲审美智慧的精髓。这种休闲审美智慧集中体现在《逍遥游》上。

《逍遥游》是《庄子》首篇，被认作是庄子思想的灵魂，奠定了《庄子》一书的基调。[78]但何为逍遥，却是一个难点，古今解庄者无不师心自用，歧义纷出。然而就《逍遥游》篇来看，对逍遥游最为直接的解释即"无待"而游于世。[79]无待之意很是玄妙，若在经验世界做到绝对之无待，则不可能。绝对的无待也许只能算是一超验现象。因此，郭象注逍遥游时便进行了一次误读转化。他认为逍遥游之意为："夫小大虽殊，而放于自得之场，则物任其性，事称其能，各当其分，逍遥一也，岂容胜负于其间哉！"[80]这样解释逍遥游，我们认为正是将庄子之思想世俗化了。逍遥游思想本身的批判性与复杂性之内涵都大大减少了，这与魏晋时期个体人格强化与圣人理想的弱化有关。[81]但同时也有学者指出，郭象如此解读庄子，以"自得"解释逍遥游，是对庄子思想中审美经验的弱化[82]，我们认为是有道理的。这种世俗化的解释一方面促成了魏晋士人个体人格之自觉[83]，是一种玄学的生活化体现；另一方面却也造成了士人似达非达、似放实滥的现象，这是士人借助"物"来标榜自我人格之独立性与特殊性的必然结果。鲁迅在《魏晋风度及文章与药及酒之关系》一文中已经有所揭示。而苏轼更是多次嘲讽刘伶、阮籍、嵇康，甚至陶渊明等所谓的魏晋名士，认为他们溺于物中不能自拔，实在不能说是达者。魏晋名士表面上看来是庄子思想的第一次实践，其实这次实践是不成功的。而这与郭象之《庄子注》不无关系。郭庆藩在《集释》中也表示了异议：

> 天下篇庄子自言其道术充实不可以已，上与造物者游。首篇曰逍遥游者，庄子用其无端崖之词以自喻也。注谓小大虽殊，逍遥一也，似失庄子之旨。[84]

庄子言得道者须经过"破三关，体四悟"。破三关即"外天下，外物，外生"；"外"就是遗忘、舍弃之意。要舍弃俗世的牵系，平庸的价值观，使心灵从俗情杂念的团团围困中逃脱出来，拓展个体的精神空间。三关既破，还要四悟，即"朝彻，见独，无古今，不死不生"。庄子最后将其归结为"撄宁"，即在扰乱中保持安宁。悟此四者，方进入道之佳境，方为真人之境。庄子在篇后又借颜渊之言反复论及此种境界，即"心斋""坐忘"。"何谓坐忘？"颜回曰："堕肢体，黜聪明，离形去知，同于大通，此谓坐忘。"（《庄子·大宗师》）这些都是要求人回到"无"之本体，回到"物之初"，此乃逍遥游的前提。逍遥游本质上是存在论意义上的生存状态，而非郭象偏重于心理主义层面的"自得"。[85] 当时在逍遥游的解释上能与郭象分庭抗礼的支道林，显现出不同于郭象的另一条解释道路：

> 夫逍遥者，明至人之心也。庄生建言大道，而寄指鹏鷃。鹏以营生之路旷，故失适于体外；鷃以在近而笑远，有矜伐于心内。至人乘天正而高兴，游无穷于放浪。物物而不物于物，则遥然不我得；玄感不为，不疾而速，则逍然靡不适。此所以为逍遥也。若夫有欲当其所足，足于所足，快然有似天真，犹饥者一饱，渴者一盈，岂忘烝尝于糗粮，绝觞爵于醪醴哉！苟非至足，岂所以逍遥乎！[86]

郭庆藩认为支道林此意乃道出了郭象之所未道。[87] "至人之心"，此心非精神之谓，而是感性的情感。这是从情感的适与不适来解读逍遥游的。支道林认为大鹏"以营生之路旷"，翱翔于几千里之外而后止，对于躯体来说太劳苦了，这是"失适"之行为。而鷃虽体不累而心劳，即"矜伐于心内"。就休闲哲学的视角来看，很明显前者大鹏属于身不闲，而后者则心不闲。若至人则既能做到身闲，即"玄感不为，不疾不速，则道然靡不适"；也能做到心闲，即"物物而不物于物，则遥然不我得"。最后支道林认为这种身心皆闲来自于"至足"，至足即要"欲当其所足"，欲望与其能力正平衡，此谓"足于所足"。至足意味着人从身体欲望与内心情感上都不再有过多的要求，从而不再劳形累心地去追寻这些东西，这样人就能逍遥自在，游于物之初始。从自然适意的角度解读逍遥游便自然地导向了一种休闲的人生实践：

> 苟简为我养，逍遥使我闲。寥亮心神莹，含虚映自然。……[88]
> 晞阳熙春圃，悠缅叹时往。感物思所托，萧条逸韵上。尚想天台峻，仿佛岩阶仰。……愿投若人踪，高步振策杖。[89]
> 近非域中客，远非世外臣，憺怕为无德，孤哉自有邻。[90]

实际上正是这种解读逍遥游的方式，影响了苏轼对庄子逍遥游的理解。

并没有迹象表明苏轼直接受到过支道林的影响，但苏轼年轻时对支道林的名士风流曾表示过向往。[91]苏轼以"适意无异逍遥游"来诠释逍遥游，可以看作是苏轼对支道林注庄的进一步发展。

苏轼在作品中多次提到过"逍遥游"，集中如下：

> 安得独从逍遥君，泠然乘风驾浮云，超世无有我独存。
>
> 《留题仙都观》
>
> 清诗健笔何足数，逍遥齐物追庄周。
>
> 《送文与可出守陵州》
>
> 自言其中有至乐，适意无异逍遥游。
>
> 《石苍舒醉墨堂》
>
> 贫病只知为善乐，逍遥却恨弃官迟。
>
> 《姚屯田挽词》

何时杖策相随去，任性逍遥不学禅。

《仆去杭五年吴中仍岁大饥疫故人往往逝去闻湖》

先生食饱无一事，散步逍遥自扪腹。

《寓居定惠院之东杂花满山有海棠一株土人不知贵也》

会当无何乡，同作逍遥游。

《九日次定国韵》

任性逍遥，随缘放旷，但尽凡心，无别胜解。

《与子由弟》

方约退居卜筑，相与终老，逍遥翱翔。

《祭伯父提刑文治平元年》

这些诗文表达了苏轼对审美自由的生活方式的向往。这里的逍遥游，可以说是从公共事务领域退回到个人私人领域，回到自然情感的本真上来。从苏轼一生的生活实践中来看，他所说的逍遥游，其实就是休闲的生活。"食饱无一事""任性逍遥""逍遥翱翔"等，都是对从公共领域退出后闲暇无事而任由自己情性生活的形象描述。以苏东坡看来，"无事"是逍遥的开始，这也是庄子逍遥游思想中的应有之义。[92] 苏轼之贡献在于不仅将"逍遥游"停留在"无事"之身闲层面，比起郭象来，他更强调从生命的整体体验以及当时士人的生存环境出发，提出"适意即逍遥游"的观点：

> 人生识字忧患始，姓名粗记可以休。何用草书夸神速，开卷惝恍令人愁。我尝好之每自笑，君有此病何能瘳。自言其中有至乐，适意无异逍遥游。近者作堂名醉墨，如饮美酒销百忧……兴来一挥百纸尽，骏马倏忽踏九州。我书意造本无法，点画信手烦推求。胡为议论独见假，只字片纸皆藏收。不减钟、张君自足，下方罗、赵我亦优。不须临池更苦学，完取绢素充衾裯。

《石苍舒醉墨堂》

士人对适意的崇尚与追求，由来有自，并不从苏轼始。追求逍遥游更是庄子道家、魏晋名士之所乐道。但直接明确地以适意即为逍遥游，可谓是苏轼独特之思想贡献。适意的前提乃"自足",从情感体验上,自足之适意是一种乐的体验(即"销百忧"),也是抒发兴致的途径。适意自足体现为很少受外界约束而自我满足的一种生活方式,故可以"意造",而不用"苦学"。这其实就是以休闲的心态来做事情。书法、醉墨在苏轼看来,就是休闲自娱的活动,而不是邀名求誉等带有功利性的活动。这种带有自我满足、自我娱乐的逍遥游观本质上是以休闲来解读逍遥游,是士人外在生存环境与士人内在人格尖锐矛盾冲突下,士人寻求自我人格独立与自由超脱的体现,也是逍遥游思想在宋代的新发展。

苏轼这种休闲审美观的正式形成是其第一次在京为官的时期。在此之前,苏轼在凤翔任签判三年,常常苦闷于为官的不自由与对休闲生活向往的矛盾,但始终没有找到相调适之道。从凤翔还朝又遭父母妻子之丧,在京为官虽然并无大的起伏与祸害,且当时苏轼之才名也盈贯天下,可谓前途无量。但苏轼在朝并没有受到重用。当时王安石改革派势力正处于强盛,专制集权越来越严重,苏轼经常受到排挤与诽谤。因此,在这些内外客观环境的制约影响下,苏轼急于寻求一种自我解脱安慰的方式。首先对于像东方朔"大隐隐于朝"的为官策略,苏轼给予了批驳:

大隐本来无境界,北山猿鹤漫移文。

《夜直秘阁呈王敏甫》

这是苏轼刚入朝,吕公著欲举荐苏轼应试馆职时苏轼写诗表谢。此时苏轼尚认为如果像东方朔大隐隐于朝,逢迎拍马只图自存的为官方式,还不如隐退还乡。大隐固然能周旋于险恶的政治环境中,但失去的是士大夫之独立自由之人格。

其次,苏轼借谢好友苏自之赠酒的一首诗表达了他对名利得失的见解。他认为酒固然能使人暂时超脱于分裂异化之现实,而返归本真之我,此乃"全于酒",但非"全于天"。这种在酒中看似洒脱、逍遥的解脱方式其实并非真正的"达者"。由此,苏轼指责魏晋名士寄傲于琴酒而获得贤名,只是标新立异而无足取。那么苏轼对于饮酒是如何看待的?饮则有为名之嫌,不饮又有"独异"之苦,苏轼最终指出:

不如同异两俱冥，得鹿亡羊等嬉戏。决须饮此勿复辞，何用区区较醒醉。

《谢苏自之惠酒》

此是继承了庄子齐物而逍遥的思想，但以"嬉戏"言之，又体现了苏轼对齐物逍遥的独特理解。嬉戏，即游戏，是一种超越于功利得失之外的处世方法。同与异，醒与醉，不仅在于没有了意义与价值上的差别，更在于这些世俗所认为的差别皆融于自我休闲适意的游戏心态之中了。休闲活动本来就是一种无对象的生活方式，无对象即意味着消弭了物我差别、物与物的差别。对于人的休闲活动来说，任何"物"都有可能进入休闲的境域之中。执着于差别，就不可能取得内心之闲适，也不会获得真正的休闲。苏轼有一次在给一位僧人的静照堂题诗时即说：

鸟囚不忘飞，马系常念驰。静中不自胜，不若听所之。君看厌事人，无事乃更悲。贫贱苦形劳，富贵嗟神疲。作堂名静照，此语子为谁？江湖隐沦士，岂无适时资。老死不自惜，扁舟自娱嬉。从之恐莫见，况肯从我为。

《秀州僧本莹静照堂》

执着于静，不若从意所适。贫贱者、富贵者都是拗于差别之见，故常不得闲适。这些都是没有返回到自我本真的自然情感上来，这样越是求静，心里越是在飞驰。苏轼建议他"娱嬉"于江湖之间，这就是以休闲于世的观点来消解各种差别之见。苏轼后来所认为的"无往不适""无物不可乐"的休闲审美观，也是这一思想的发挥。

这种游戏的态度并非不负责任的放纵，或者是一种玩世主义论调。事实上，苏轼的适意逍遥观是让人打破束缚身心的种种客观的物质文化枷锁，以便在政治环境之外寻求其个体自由以及表达自我、展现创造性的途径而已。苏轼屡次上言神宗批判王安石新法政策，也屡屡因见不平而心直口快得罪于人，都可以看出苏轼的责任意识。只是苏轼并不因政治的失意与遭受诽谤打击而怏怏不已，而总是能以休闲的心态消解之。

"回首向来萧瑟处，归去，也无风雨也无晴"（《定风波·莫听穿林打叶声》），归去，并非去隐遁避世，而是回归个人之私人领域去休闲。在闲适的心态下，"也无风雨也无晴"，这就是"适意逍遥"的境界。

第三节　陶渊明休闲审美对苏轼的影响

李泽厚曾认为，在古今诗人中"只有陶潜最合苏轼的标准"，陶渊明"才是苏轼顶礼膜拜的对象"。[93] 陶渊明是苏轼最为佩服的人，二人的人格性情也最为相近。苏辙认为苏轼之诗"……比杜子美、李太白为有余，遂与渊明比"[94]，从文学艺术的水平上，苏轼超越了李杜，而唯有陶渊明堪与苏轼并论，这是看到了苏轼与陶渊明在诗歌风格与意境上的相似。黄庭坚《跋子瞻和陶诗》云："彭泽千载人，东坡百世士。出处虽不同，风味乃相似。"[95] 晁补之《饮酒二十首同苏翰林先生次韵追和陶渊明》其三云："陶公群于人，而无人之情。……东坡怜此翁，同调但隔生。"[96] 这是从人格境界上把苏轼与陶渊明联系在一起。其实即便是苏轼本人也不止一次表明自己心师渊明，更甚者竟然认为自己是渊明之"后身"：

> 渊明吾所师，夫子乃其后。
>
> 《陶骥子骏佚老堂》
>
> 我欲作九原，独与渊明归。
>
> 《和陶贫士》
>
> 东坡平日自谓渊明后身，且将尽和其诗乃已。
>
> 李之仪《跋东坡诸公追和渊明归去来引后》[97]

由此可见苏轼有一种明显的师陶情怀，其一生几乎尽和陶诗即为佐证：

> 古之诗人，有拟古之作矣，未有追和古人者也。追和古人，则始于东坡。[98]

拟古之作、追和之作确有微弱不同。"拟古是学生对老师的态度,追和则多了一些以古人为知己的亲切之感"[99],苏轼虽然从早年便对陶渊明情有独钟,然而其追和陶诗却始自扬州时期,且越到暮年,生存环境越是艰苦,其和陶诗也越多。其在人生最为艰难也是最后一个阶段,即贬放儋州时期的和陶诗就占其全部和陶诗的三分之二。由此可见,陶渊明实际上已经成为苏轼在最为艰难时期的灵魂支柱。

苏轼追和陶诗,一方面是他极力推崇陶渊明诗歌的艺术成就:

> 吾于诗人无所甚好,独好渊明之诗。渊明作诗不多,然其诗质而实绮,癯而实腴。自曹、刘、鲍、谢、李、杜诸人,皆莫及也。吾前后和其诗凡百数十篇,至其得意,自谓不甚愧渊明。[100]

另外,苏轼也曾指出陶诗具有一种"高风绝尘"的"超然"之境,其风格为"枯澹"。何为枯澹?"所贵乎枯澹者,谓其外枯而中膏,似澹而实美,渊明、子厚之流是也。"(《评韩柳诗》)以"枯澹"描述陶诗,语一出便成为定评。陶渊明在古代文学史上的崇高地位,应该说与苏轼的极力推崇有很大关系。

另一方面,苏轼追和陶诗不仅是从诗歌艺术层面雅好陶诗,更重要的是其对陶渊明这个人具有浓厚的兴趣。在苏轼看来,陶渊明不单在诗歌文学上取得了巨大的成就,其人格魅力也是足以彪炳千古,令人叹羡:

> 然吾于渊明,岂独好其诗也哉!如其为人,实有感焉。[101]

历来评价陶渊明者不外乎从两方面,一是其诗,二是其人。对于前者,自从唐以来,陶诗的艺术成就已经慢慢被人发现进而被欣赏推崇,如杜甫的"焉得思如陶谢手,令渠述作与同游"[102]。对于陶渊明的人格思想则多有争议。其人格集中体现于此两方面,一是弃官归田之气节、勇气。二是悠闲自然之性情。对于弃官归田也主要有两种争议,一是认为陶渊明之所以在第五次做官,即任彭泽令时,最终选择弃官归隐,是因为他看不惯丑陋、令人不自在的官场生活,正所谓"我不能为五斗米,折腰向乡里小人"。还有就是认为"自以曾祖晋世宰辅,耻复屈身后代,自高祖王业渐隆,不复肯仕。所著文章,皆题其年月,义熙以前,则书晋氏年号,自永初以来,唯云甲子而已。与子书言其志,并为训诫"[103]。不堪折腰之辱与不仕二主,其实都是意在陶渊明之独立的人格与气节。然而对此,后代人也是有非议的,如王维一方面非常推崇陶渊明归隐田园的闲适情怀,另一方面也对陶渊明以折腰之辱弃官归隐感到不解:

> 近有陶潜,不肯把板屈腰见督邮,解印绶弃官去,后贫。《乞食诗》云:"叩门拙言辞。"是屡乞而多惭也。尝一见督邮,安食公田数顷。一惭之不忍,而终身惭乎!此亦人我攻中,忘大守小,不恤其后之累也。[104]

王维一生半仕半隐,仕隐这对传统士人的矛盾在王维那里第一次获得了一定程度上的消解。他不以仕途做官为累,亦不以归隐不出为高。他认为作为士人君子,首先应该"布施仁义、活国济人",此其所谓"大";至于君子之"存亡去就""折腰向督邮",这些都是人生之迹,因此是"小"。因此,他认为陶渊明之归隐不仕最终是"忘大守小",不足为取。在盛唐士人重进取的时代风气下,王维下此论断也是可以理解的。

若陶渊明确实是因不堪折腰之辱,抑或纯是一种政治的原因,那么王维之论倒也有其道理。然而事实上,对于陶渊明之归隐的缘由争议很大。陶潜同时代的好友颜延之的评论值得我们重视:

> 初辞州府三命,后为彭泽令。道不偶物,弃官从好。遂乃解体世纷,结志区外,定迹深栖,于是乎远。灌畦鬻蔬,为供鱼菽之祭;织绚纬萧,以充粮粒之费。心好异书,性乐酒德,简弃烦促,就成省旷,殆所谓国爵屏贵,家人忘贫者与?[105]

据颜延之的记载,陶潜辞官就隐并非主要是政治上的原因,更主要的是陶渊明之本身之性情"道不偶物",区外之志。这里的"物",是外在功名、事业之类。陶渊明对于"物"并没有兴趣，做官可能也是形势所迫。而其归隐田园后，虽然贫困，但其生活却是性情化、闲适化的。

其实自中唐以后，尤其是宋朝士大夫对于陶渊明的理解，更多的是从外在仕隐矛盾转向了对陶渊明本身性情的层面，也就是从内在自我的人生进路去认识陶渊明的价值。这一方面与宋代文化整体上的内在转型有关，另一方面也与士大夫休闲文化在宋代的繁荣有关。且看欧阳修对陶渊明的接受：

> 吾见陶靖节，爱酒又爱闲。二者人所欲，不问愚与贤。奈何古今人，遂此乐尤难。饮酒或时有，得闲何鲜焉。浮屠老子流，营营盈市廛。二物尚如此，仕宦不待言。官高责愈重，禄厚足忧患。暂息不可得，况欲闲长年。少壮务贪得，锐意力争前。老来难勉强，思此但长叹。决计不宜晚，归耕颍尾田。

《偶书》

又有诗曰：

> 幽闲靖节性，孤高伯夷心。

《联句·鹤联句》

作为一代文豪、政客的欧阳修如此爱闲、赏闲，并把"闲"提升至人生本体的层次，十分难得。这标向了士大夫文化在宋代新的发展趋势。同时，欧阳修明确地将陶潜之性情定性为"幽闲"，并对之表示欣赏，这也开了宋代从闲逸的主题追和陶诗、爱慕陶渊明人格风范的先河。诗的最后，欧阳修决计"归耕颍尾田"，这种"归"的主题是否亦有政治的含义？有的。但是从全诗来看，享受自我生命性情，过一种闲适自然、无功利的生活，成了诗人内在实实在在的精神向往。欧阳修以及大多数宋代士人，包括苏轼，他们在言及"回归"的人生话题时，已经很难看到如陶渊明当年所赫赫宣称的"不为五斗米折腰"的政治内涵，而是明白地表示"回归"或"归隐"就是为了能够摆脱外在功名利禄、事业的纷扰，摆脱外在公共空间异化的生活，而返回到休闲自适的生活中，回到符合本真自我性情的自由生活。

我们知道，"回归"同样是陶渊明思想的核心主题。一定程度上可以说，"归去来兮"成了陶渊明的象征。而陶渊明弃官归田也在历代士人的重复讴歌下，演变为一种文化符号。以至于，后代士人的和陶、追陶现象，"代表了对某种文化的归属，标志着对某种身份的认同，表明了对某种人生态度的选择"[106]。在陶渊明思想中，回归有这样两层含义：一是回归田园，即是从外在的公共领域回到个体的私人领域，从公共的事务中退回到个体的私人事务中来。这一层面上的回归田园、回归自然是从外在行迹上回到较为原生态的自然山水田园之中。二是回归自然，回到一种自然而然、无拘无束的人的本性上来。[107] 前者回归田园是现实生活层面的"迹"，而后者才反映出陶潜形而上的人生之"思"。然而，无论是回归田园，还是回归人的自然本性，总归是体现了陶渊明人格系统中"自然"的因素。

陶渊明是古代自然主义文化传统承前启后的关键性人物。陈寅恪曾早就指出陶渊明思想属于魏晋自然主义思潮中的"新自然说"。因为代表旧自然说的嵇康、阮籍、刘伶等人，还不是真正地做到了"自然"，对此苏轼、朱熹、鲁迅以及陈寅恪、袁行霈诸人都已经一致指出了。而且陶渊明这种自然、自得、自适的新自然说直接影响了白居易、苏轼的人生观。何谓"新自然说"？新自然说是否意味着开启了一种休闲的生活模式？

陈寅恪先生认为：

> 渊明之思想为承袭魏晋清谈演变之结果及依据其家世信仰道家之自然说而创改之新自然说。唯其为主自然说者，故非名教说，并以自然与名教不相同。但其非名教之意仅限于不与当时政治势力合作，而不似阮籍、刘伶辈之佯狂任诞。盖主新自然说者不须如主旧自然说之积极抵触名教也。又新自然说不似旧自然说之养此有形之生命，或别学神仙，唯求融合精神于运化之中，即与大自然为一体。因其如此，既无旧自然说形骸物质之滞累，自不致与周孔入世之名教说有所触碍。故渊明之为人实外儒而内道，舍释迦而宗天师者也。[108]

按陈先生之论断，陶渊明之新自然说首先区别于名教说。何谓"名教"？胡适《名教》一文指出："总括起来，'名'即是文字，即是写的字。'名教'便是崇拜写的文字的宗教；便是信仰写的字有神力，有魔力的宗教。"[109] 其把"教"释为"宗教"似有不妥。陈先生在上文之前有对名教的解释：

> 故名教者，依魏晋人解释，以名为教，即以官长君臣之义为教，亦即入世求仕者所宜奉行者也。其主张与崇尚自然即避世不仕者适相违反。[110]

这里"名"释为"官长君臣之义"，"教"乃一种入世求仕中应该遵行的规范。而名教即人的自然生活外化过程中所应遵循、信奉的社会化、道德化规定。崇尚自然的学说则倾向于自在生命的自由表达。自然与名教之分，正对应于我们所提出的自然的人化与人的自然化之别。因此陶渊明之新自然说与魏晋时期普遍流行的旧自然说，都是一种对人的社会化公共空间的主动规避，而转向一种对人的内在自然生命、性情的关注与表达。正如汤用彤先生所言：

> 其时之思想中心不在社会而在个人，不在环境而在内心，不在形质而在精神。于是魏晋人生观之新型，其期望在超世之理想，其向往为精神之境界，其追求者为玄远之绝对，而遗资生之相对，从哲理上说，所在意欲探求玄远之世界，脱离尘世之苦海，探得生存之奥秘。[111]

虽然，从魏晋玄谈的深层原因看，嵇康、阮籍之旧自然说不可避免地有政治上的原因，但至少从魏晋士人的生活表象上来看，他们所体现的正是一种对个体私人空间的刻意营构与表现。因此，无论是旧自然说者还是陶渊明代表的新自然说者，其基本的面貌都是对个体生存之重视，对自然生命、自然生活的向往与回归，此乃无可置否之论。

持新自然说者爱好在自然中生活，因为生活于田园自然间，感受到

的是一份恬静与悠闲:

> 结庐在人境,而无车马喧。问君何能尔,心远地自偏。采菊东
> 篱下,悠然见南山。山气日夕佳,飞鸟相与还。此中有真意,欲辨
> 已忘言。[112]

《归园田居》组诗呈现出的都是这样的悠闲之境。在此溢然纸面的闲适氛围里,诗人想表达一个休闲的主体("心远""悠然"),以及休闲的境域("无车马喧""地自偏""南山""飞鸟相与还")。并且,很显然,诗人所得到的休闲境域完全是休闲自我的精神呈现。苏轼尝言:"陶公此诗,日诵一过,去道不远矣。"(《自书陶渊明结庐在人境诗并跋》)这里的"道",笔者以为即是陶诗中之"真意"。这里的"真意"是指本真之我与自然界之真的相互呈现与融合。但"道可道,非常道"(《道德经》第1章),同样,"真意"也是不可言辨的。之所以不可言辨,是因为它涉及人的存在之境域。存在境域是不可思,不可言说,不可分别(辨)的。但它能被人所领悟与体会,也能被诗人所感知,这就是"真意"。这种"真意"的人生,本质上也即休闲的人生,有学者即认为:

> 陶渊明选择弃官而躬耕田园,种豆于南山之下,他并不在乎庄
> 稼的长势和秋后的丰收,最要紧的是"心远地自偏"的逍遥自在,
> 是"复得返自然"的悠然欣喜,是"带月荷锄归"的惬意轻松,是
> "不为五斗米而折腰"的人格独立。他体会到的"真意"乃是人生
> 的要义、为人的要义,也是休闲的要义。[113]

陶渊明的回归可以说就是回归到这种"真意"的生活上来。崇尚"真"在陶渊明的诗文中屡见不鲜,养真、任真、含真成为陶渊明基本的人生态度与价值追求,可以说陶渊明的一生,就是追求真并实现真的过程:

> 养真衡茅下,庶以善自名。
>
> 《辛丑岁七月赴假还江陵夜行涂口》

傲然自足，抱朴含真。

《劝农》

天岂去此哉，任真无所先。

《连雨独饮》

羲农去我久，举世少复真。

《饮酒二十首》

"真是其哲学思想的一个重要范畴，它可以通向自然，但不完全等于自然，它带有人生价值判断的意义。"[114] 笔者认为"真"是陶渊明新自然说的最终落脚点，是其对个体人生乃至当时整个社会的终极关怀与思考。

陶渊明关于"真"的情怀可以说是继承了老庄之思想。在先秦儒家典籍中，我们并没有发现有关"真"的言论，倒是在老庄的文字中有很多对"真"的描述。老子曰："孔德之容，惟道是从。道之为物，惟恍惟惚……其中有精，其精甚真。"（《道德经》第21章）又曰："修之于身，其德乃真。"（《道德经》第54章）"真"对于老子主要还是与"伪"相对的概念，如苏辙《老子解》所言："物至于成形，则真伪杂矣。方其有精，不容伪也。"[115] 庄子则进一步把"真"超越而成为人生本体的范畴："谨修而身，谨守其真，还以物与人，则无所累矣。……真者，精诚之至也。……真者，所以受于天也，自然不可易也。故圣人法天贵真，不拘于俗。愚者反此，不能法天，而恤于人；不知贵真，禄禄而受变于俗，故不足。"（《庄子·渔父》）这里庄子明确指出"真"乃人性之本然（"受于天"），其特征是"自然"，即自然而然，无所矫饰、人为。郭象认为"夫真者，不假于物而自然也"[116]。"不假于物"，也就能避免被"物于物"，从而回到个体自我生命的自在本体上来，这就是"真"。得到"真性"的人即为真人。郭象认为真人的特征为："凡得真性，用其自为者，虽复皂隶，犹不顾毁誉而自安其业。故知与不知，皆自若也。若乃开希幸之路，以下冒上，物丧其真，人忘其本，则毁誉之间，俯仰失错也。"[117] 得真性的人是"自然化"之人，因其"自然化"而能"自为"，"自为"即人能主动回到个体私人领域，为其生命自然之事务，而外在事务之变化不能撄扰其心。此即"不顾毁誉而自安其业"。"自为"

的结果即"自若"。"自若"是一种生命境界。这样的境界本质上是内在休闲之境界，也是审美的人生境界。故郭象说："凡此皆自彼而成，成之不在己，则虽处万机之极，而常闲暇自适，忽然不觉事之经身，怳然不识言之在口。而人之大迷，真谓至人之为勤行者也。"[118] 可见，"闲暇自适"是"真"的应有之义，而"不真"之人即为俗人，俗人"禄禄而受变于俗，故不足"，俗人是忙碌于对欲望的追求不舍的劳作之中，是"与物相刃相靡，其行尽如驰，而莫之能止，不亦悲乎! 终身役役而不见其成功，苶然疲役而不知其所归，可不哀邪"（《庄子·齐物论》），庄子的这一悲情论断是对世俗忙碌之人异化于现实世界之中的典型揭示。庄子认为人应该回到"真"的状态，也就是回到如婴儿般自然、闲暇自适的状态。显而易见，陶渊明所谓的"真"，正是继承了老庄哲学的这一精髓。

所以，从对"真"的回归、涵养上看来，"自然"是陶渊明思想的核心，而闲暇自适、悠然自得的生活理念，则是陶渊明自然主义人生观的必然体现。新自然哲学无疑意味着休闲生活模式的展开：

> 蔼蔼堂前林，中夏贮清阴。凯风因时来，回飙开我襟。息交游闲业，卧起弄书琴。园蔬有余滋，旧谷犹储今。营己良有极，过足非所钦。春秫作美酒，酒熟吾自斟。弱子戏我侧，学语未成音。此事真复乐，聊用忘华簪。遥遥望白云，怀古一何深。
>
> 《和郭主簿》

清代邱嘉穗指出陶的这首诗开首几句与其《与子俨等疏》中"少学琴书，偶爱闲静，……见树木交荫，时鸟变声，亦复欢然有喜，尝言五六月中，北窗下卧，遇凉风暂至，自谓是羲皇上人"[119] 这几句所表达的意思相近，都是对闲静自然生活的享受与自赏。以我们看来，"息交"即意味着与公共领域的断绝；"游闲业"，逯钦立认为即是"游于艺"，闲业是指"弹琴读书等业艺"[120]，是一种退回到私人领域之后的休闲审美生活。逯钦立指出"营己"就是经营私人生活[121]，相比起仕宦之类的公共生活（"华簪"）对自我生命的异化现实而言，私人领域中"闲而无事"的生活（"遥遥望白云"）是对真我的回归，是一种真正的人生之乐（"此事真复乐"）。

"真"的思想与生活实践体现为休闲自然的审美生活，这不仅是渊源于老庄，也有来自孔子"人的自然化"思想的痕迹：

> 延目中流，悠想清沂。童冠齐业，闲咏以归。我爱其静，寤寐
> 交挥。但恨殊世，邈不可追。
>
> 《时运》

"闲咏以归"，即孔门之舞雩风流，可见陶渊明似乎也认为"名教之中自有乐地"[122]，虽然并未直接说。但是其对孔门这种自然化生活的向往追求，可以说明陶渊明不管是"外儒内道"，还是"外道内儒"，他从心灵深处崇尚一种自然、闲适、真淳的生活理念则是可以确定的。同时这种生活理念可以看作是陶渊明之人生本体价值观：

> 少无适俗韵，性本爱丘山。误落尘网中，一去十三年。羁鸟恋
> 旧林，池鱼思故渊。开荒南野际，守拙归园田。方宅十余亩，草屋
> 八九间。榆柳荫后檐，桃李罗堂前。暧暧远人村，依依墟里烟。狗
> 吠深巷中，鸡鸣桑树颠。户庭无尘杂，虚室有余闲。久在樊笼里，
> 复得返自然。
>
> 《归园田居》

这首诗中，陶渊明非常明白地向读者宣扬了一种休闲审美的人生观：前八句指明这种人生观的依据乃性好自然。不仅爱好外在的大自然，他的内在本性也是自然的。这种自然主义的思想使其对"尘网""俗韵"有一种天生的排斥情绪。在陶渊明看来，尘网即仕宦之途，抑或我们所说的公共领域。人在公共领域无异于"羁鸟""池鱼"，是不自由的象征。"守拙"，通过向外界表明自己没有应付公共事务的能力才干，陶渊明以此给自己一个回到私人领域的理由。这也许是一种谦辞，也许是实情[123]。而"拙"，则是历代士人由进而退，从公共事务的忙回到个人领域的闲的普遍的托词。在古代社会，似乎只有"拙人""懒人"这样被认为并不合格的人才真正有资格让自己闲起来。

在声称自己拙于做事之后，陶渊明回到了自己的田园。后面的十句便是对自己闲适生活的细致描述。这十句堪称对闲适恬淡的田园生活进行描述的经典之笔，也开启了后代田园诗的先河。值得注意的是，陶渊明休闲生活的获得虽由隐居而来，但他的隐居又大大不同于之前的所谓隐士的生活。作为隐士，陶渊明并不是像之前的岩穴之士深遁于荒山野岭，人迹罕至之处，而是仍然处在"人境"："结庐在人境，而无车马喧。"陶渊明所回避的仅仅是政治领域，即不入世，是避世，而非避人。"心远地自偏"，强调的就是内心闲而不俗的境界，而非在"偏远"的地方寻求刻意的孤僻。陶渊明所谋划的这种闲澹自然的世界是非常生活化的，在古代休闲审美史中是一个转折。

然而，陶渊明的局限就在于"避世"。正如王维所说的"一惭之不忍，而终身惭乎"，苏轼也曾指出："渊明得一食，至欲以冥谢主人，此大类丐者口颊也。哀哉！哀哉！非独余哀之，举世莫不哀之也。"（《书渊明乞食诗后》）避世虽然给陶渊明带来了审美的闲适，但同时因为对公共事务的不参与而没有了可靠的经济来源，屡致贫困。闲适与美毕竟是需要以物质基础为保障的，没有了必要的经济来源，陶渊明的休闲生活显得有些寒酸。

另外，陶渊明处于魏晋风流的最后阶段，受魏晋玄学思潮浸染较深。这样，一方面，他能乘魏晋风流之余波，而发展出更高的自然主义哲学观，"他达到了风流的最自然的地步，因而是最风流的风流"[124]。正是由此真自然、真风流，陶渊明的休闲生活才体现出一定的从容、淡然的审美特征。但另一方面，他又不能做到完全的自然，也就是说从理论的深刻性上，我们看到了一种不同于往昔旧自然说的真正自然说，然而在陶的实际生活中，我们却也看到了很多犹豫、徘徊、矛盾与痛苦。这种痛苦与矛盾虽然有来自经济拮据的，但更多的还是来自对仕与隐、生与死的执着。无论是其仕，其隐，还是说什么"委任运化"、"死去何所道，托体同山阿"（《拟挽歌辞三首》），看似洒脱自然，实则内心中仍然放不下矛盾双方对立带来的苦恼。[125]正如鲁迅所言：他"总不能超于尘世，而且于朝政还是留心，也不能忘掉'死'"[126]。从休闲审美的角度看来，陶渊明的内心并没有获得完全的超越，也即没有获得真正的"心闲"。这也许是一种历史的必然。生死、出处问题的解决是要等中唐之后，历经白居易，最终在北宋苏轼那里实现的。

对陶渊明休闲审美思想的一番分析，让我们能更清晰地看到陶渊明对苏轼休闲审美人生的深刻影响，也能看到苏轼对这种人生哲学的独特发展。

苏轼其诗、其人受陶渊明之影响，大概与整个时代的崇陶氛围有关。陶生前默默，逝后亦冷清一段时间。自唐以来，陶的价值才渐被士大夫阶层广泛地认可。但在唐代，一方面陶的价值被重新认识，另一方面也多见对陶不理解的声音。如李白认为"陶令去彭泽，茫然太古心。大音自成曲，但奏无弦琴"[127]，并引以为知音；但同时，他又认为陶的退隐缺乏建功立业的壮志，"龌龊东篱下，渊明不足群"[128]。杜甫亦言："陶潜避俗翁，未必能达道。"[129]甚至声称"我从老大来，窃慕其为人"（《郊陶潜体诗十六首》）的白居易，也曾惋惜："以渊明之高古，偏放于田园。"[130]唐代士子的建功立业的豪迈以及富贵享乐的心态，使得他们不可能从内心深处真正认同陶渊明。

陶在北宋则几乎获得了交口称赞。由于时代向内转型的趋势已越来越明显，士人建功立业的豪情已经褪去了锋芒，而内在生活之情趣、个体私人领域之价值越来越被重视。因此陶渊明的另一面，即闲情的一面很自然地便被北宋士人所认可。如徐铉："陶彭泽古之逸民也，犹曰：'聊欲弦歌以为三径之资'，是知清真之才，高尚其事，唯安民利物可以易其志，仁之业也。"[131]此将陶之闲情比附于儒者之事，亦是给陶之闲情一正当的理由。上文曾引欧阳修之《偶书》一诗，乃是正面肯定了渊明之闲的价值。以北宋初文坛盟主身份肯定渊明之闲情，既能代表当时士人风气之转向，也通过颂陶渊明而对休闲审美文化在宋代的发展起推波助澜之作用。苏轼之好友文同也是陶渊明的崇拜者，他与苏轼一样经常携带着陶渊明的诗集，有时就放在床边案头。每在公事之余，文同即诵读渊明诗，甚慕其为人："也待将身学归去，圣时争奈正升平。"[132]这里的欲"归去"明显已并非为官有"折腰之辱"，而是羡慕陶渊明之闲适恬淡的生活方式。

北宋的慕陶之风在苏轼那里达到了一个高潮。性好山水、自然率真的苏轼在读到庄子时便一拍即合，而陶渊明的人格精神对于苏轼来说，更是支撑了他的一生。早在通判杭州时，他就有"不独江天解空阔，地偏心远似陶潜"(《监洞霄宫俞康直郎中所居四咏·远楼（栖）》)之句。随着仕宦的起伏，罹祸愈深，苏轼更是愿意从渊明身上找到其灵魂的依归。离黄赴汝时，他便指出"渊明吾所师"。元祐间知杭，又说："早晚渊明赋归去，浩歌长啸老斜川。"(《和林子中待制》)从知扬开始，苏轼追和陶诗。尤其是其在知定州时，东坡与李之仪等论陶诗，为"种豆南山下，草盛豆苗稀。晨兴理荒秽，带月荷锄归"(《归园田居》)的闲静生活唏嘘叹息。南迁时，他随身只带了陶渊明与柳宗元的文集，视为"南行二友"。绍圣二年三月四日在惠州，他一觉醒来，听见儿子苏过正在读《归园田居》，于是起意和陶，一发而不可收，"今复为此，要当尽和其诗乃已耳"(《和归园田居六首》)。渊明千载而后有苏轼如此执着之知音，可谓幸甚！

　　然而，苏轼与渊明毕竟出处不同，那么二人"同调"者为何？

　　在苏轼的时代，就有人拿苏轼与渊明进行比较了。前述黄庭坚、晁补之等人即是。既是挚友又是胞弟的苏辙也在苏轼的晚年较为全面地评价了乃兄。苏辙曾指出：

> 嗟夫！渊明隐居以求志，咏歌以忘老，诚古之达者，而才实拙。若夫子瞻，仕至从官，出长八州，事业见于当世，其刚信矣，而岂渊明之才拙者哉！孔子曰："述而不作，信而好古，窃比于我老彭。"古之君子，其取于人则然。[133]

　　所谓"达者"是能遂己志者。而渊明"隐居以求志"，乃是通过弃官遁隐而实现其新自然主义之志。"咏歌以忘老"，即归隐田园后的闲适生活。此闲适生活通过归隐而得到。若作为一个闲适之人格，无论是出，还是处，这种"咏歌以忘老"的生活方式都是值得肯定的。然而从"士"的角度而言，"士者，事也"，渊明五次做官并没有展现出其应有的功绩。因此，苏辙批评其"才实拙"。而苏辙也正以此来断定苏轼之所以为苏轼而超越陶潜者，乃是其"事业见于世，其刚信矣"。

　　陶渊明作为苏轼的偶像，苏轼一生追慕之而唯恐不及，苏辙从外在的事功来评判陶苏之优劣，在苏轼看来并不十分准确。苏轼曾经明言："我不如陶生，世事缠绵之。"(《和陶饮酒》)"但恨不早悟，犹推渊明贤。"（《和陶怨诗示庞邓》）苏辙以外在"事业"来论陶苏，苏轼恰恰认为自己最看重的"事业"并非通常所谓政绩，"醉饱高眠真事业，此生有味在三余"。真正的事业是闲而无事的生活。人之生命最重要的并不在外在的事功，这些都已经被苏轼看成是空幻而不实了，重要的是生活本身。前引两句诗的前面几句是：

> 枇杷已熟粲金珠，桑落初尝滟玉蛆。暂借垂莲十分盏，一浇空腹五车书。青浮卵碗槐芽饼，红点冰盘藿叶鱼。
>
> 《二月十九日，携白酒、鲈鱼过詹使君，食槐叶冷淘》

此诗写于惠州。"人莫不饮食，而鲜能知味"，苏轼将日常的饮食入诗，成为一种诗意的表现。这种从外在之事业转向个体私人微观领域的人生意趣从中唐就已经开始出现了。"真事业"即能品味日常生活，从微观有限的生活细节入手去挖掘其中广阔的生命价值与意蕴，这也就是苏轼重视休闲的表现。苏轼曾自题画像云："问汝平生功业，黄州、惠州、儋州。"（《自题金山画像》）这是非常耐人寻味的。因为苏轼在黄州、惠州、儋州的人生三阶段，并非其政治生涯最为通达的时期。相反，此三者是苏轼遭贬远放、有官无职的闲散时期。这些人生最困难的时期，对苏轼来说，最突出的并非其外在的功业，而是"内在的功业"——即如何跳出、超越自古以来贬谪文人忧郁、愤懑、无谓抗争的现象，同时又能让自己在艰苦的客观环境中得以适意地生存？苏轼自认为他找到了士人生存的新模式——休闲。

所以，当看到其弟写的《子瞻和陶渊明诗集引》后，苏轼并不满意苏辙的结论。他似乎认为平生最为理解自己的弟弟，此次却误解了其师陶之真意。于是苏轼将《诗集引》略做修改：

> 嗟夫！渊明不肯为五斗米一束带见乡里小人，而子瞻出仕三十余年，为狱吏所折困，终不能悛，以陷于大难，乃欲以桑榆之末景，自托于渊明，其谁肯信之！虽然，子瞻之仕，其出入进退，犹可考也。后之君子，其必有以处之矣！孔子曰："习而不作，信而好古，窃比于我老彭。"孟子曰："曾子、子思同道。"区区之迹，盖未

足以论士也。[134]

此改定稿与苏辙之原稿明显不同之处在于，原稿有扬苏抑陶之嫌，且从外在之事功处评判陶苏；而改定稿则引孟子之语暗示苏轼与渊明的"同道"，即一脉相承性，从而完全否定了从外在事功、出处的角度论二人的合理性："区区之迹，盖未足以论世也。"[135]

那么，苏轼与渊明之"同道"谓何？苏轼认为陶渊明不肯为五斗米折腰，与自己出仕三十余年，其道一也。后之君子自有评判这两种不同处世方式的标准。其实无论渊明还是苏轼，身上都能体现出士人特有的闲适人格。苏轼在《题渊明诗》中指出：

> 靖节以无事自适为得此生，则凡役于物者，非失此生耶？

"无事自适"，即闲适。闲适者，乃"得此生"者。"役于物者"，劳碌者也，一般指奔忙于仕宦名利之途，此乃"失此生"者。所谓"得此生"，即获得了真正的人生，是本真之我的实现；而失此生，非指失去生命，而是指人生之异化为"物"，生命成为手段而非目的。

能够"自适"，就是"真"：

> 陶渊明欲仕则仕，不以求之为嫌；欲隐则隐，不以去之为高。
> 饥则叩门而乞食，饱则鸡黍以迎客。古今贤之，贵其真也。
>
> 苏轼《书李简夫诗集后》

其实这是苏轼对陶渊明的一种误读，亦或言此乃对陶渊明的"心造"。我们在阐述陶渊明休闲思想时已经看到，陶的五次入仕，虽然亦称自己要"时来苟冥会，宛辔憩通衢"（《始作镇军参军经曲阿作》），但其内心中始终是有着仕与隐的徘徊和犹豫的。仕隐间的矛盾在陶之时代并没有得到解决，渊明的最终"归去来兮"便是证明——这是以逃避仕来成全隐。然而，渊明之"真"处也正在于其最终能隐，且隐得潇洒而闲适。苏轼的误读在于其已经把仕隐之矛盾完全消解了。在苏轼看来，仕与不仕这种外在之"迹"已经不是评判士人的唯一标准了。他在彭城之时就已经认为："古之君子，不必仕，不必不仕。必仕则忘其身，必不仕则忘其君。"对于君子与士人来说，仕与隐之间的抉择是一种两难。因为若必仕，则会有"怀禄苟安"之弊；必不仕（隐），则会有"违亲绝俗"之讥。解决此难题的办法便是留情于休闲之中：

> 今张氏之先君，所以为其子孙之计虑者远且周。是故筑室艺园于汴、泗之间，舟车冠盖之冲，凡朝夕之奉，燕游之乐，不求而足。使其子孙开门而出仕，则跬步市朝之上；闭门而归隐，则俯仰山林之下。于以养生治性，行义求志，无适而不可。
>
> 《灵壁张氏园亭记》

此种亦仕亦隐的生活审美模式不就是休闲吗？在休闲中"无适不可"的生活境界其实便是士人自由人格的体现。如果这种在私家园林中获得暂时休憩的做法，尚是一些略有经济实力的士人所为，那么若能使心灵超越现实物质功利世界的束缚而"安于所遇而乐之终身（苏轼《书李简夫诗集后》）"的话，便会显得更难能可贵。苏轼认为渊明就是属于这种类型，此乃夫子自道之语。

渊明之闲适人格确实影响了苏轼，他于生活中追求自然、闲适、真意的做法，也深为苏轼赞赏。渊明这种闲适自然的审美生活观对于苏轼形成旷达、豪放的人格起到了巨大的作用，并帮助苏轼度过了其人生最困难的时期：

> "结庐在人境，而无车马喧。问君何能尔，心远地自偏。采菊东篱下，悠然见南山。山气日夕佳，飞鸟相与还。此中有真意，欲辨已忘言。"陶公此诗，日诵一过，去道不远矣。庚辰岁正月十三日，饮天门冬酒，醉书。
>
> 苏轼《自书陶渊明结庐在人境诗并跋》

渊明此类体现闲适自然的审美境界，被苏轼称为离"道"不远。其实苏轼认为渊明之归隐田园确实是因为耽于此种闲适情结：

渊明堕诗酒，遂与功名疏。

《和陶始经曲阿》

只不过，渊明是最终通过隐居而达其志，而苏轼则拓宽了自由人格得以展现的领域。若说渊明是通过身闲而获取自由人格的话，苏轼则通过心闲而获得无入而不自得的自由境界。由身闲到心闲，标志着古代士人自由人格本体境界的形成。

探究苏轼这种"心闲"的人格境界之形成必须从其归隐情结开始。通常所说的归隐情结，抑或隐士的形成，多是从政治上找其根由。隐士就是士之不仕者，文青云指出中国的隐士起源于儒家[136]，这是有他的道理的。历史上绝大多数的隐士都是由于对当时政治不满、绝望或恐惧而躲入深山老林避而不出。甚至陶渊明，这位古代最有名的大隐士之所以归隐田园，也有很大的理由是不甘与当政者同流合污，认为政治生活令其失望、屈节。更有甚者，归隐并非为隐，而是以隐士之名而求飞黄腾达之术。历史上这类例子不胜枚举。

更有一些本没有归隐，但却常常高唱着归隐田园的调子。实际上这种"归隐"已经化为一种符号、意象，象征着眷恋、向往、追求闲适自然的生活，如辛弃疾：

归去来兮。行乐休迟。命由天、富贵何时。百年光景，七十者稀。奈一番愁，一番病，一番衰。　　名利奔驰。宠辱惊疑。旧家时、都有些儿。而今老矣，识破关机。算不如闲，不如醉，不如痴。[137]

《行香子·归去来兮》

辛弃疾的"归去来兮"，并不意味着他要如陶渊明般隐居田园。他四十二岁闲居江西上饶带湖畔的生活，只能算是其休闲生活模式的实现。在此词中更是可以清楚看到，所谓的富贵、名利都应被"识破"，而真实之人生则在闲、醉、痴中体现。

总之，粗疏地看来，中国的隐士文化自宋代起就越来越休闲化了。就是说隐逸并不主要是达到一种政治的目的，而更是一种生活模式的选择，是从劳形怵心到闲情逸致的转化。当然，也不否认在宋代及以后的时代，有个别时期隐逸文化也带有很浓的政治色彩，但这已经不是隐逸文化的主流形态。

苏轼在隐逸文化休闲化的过程中起到了非常重要的作用，因为直至苏轼，士大夫才第一次提出隐逸休闲化的明确表述，即"休闲等一味"。这一休闲美学命题虽然是以诗的形式提出，但无疑是中国古代士大夫休闲文化的一次总结与提升，代表了古代休闲审美文化的第一个高峰的出现。

然而苏轼这一休闲审美境界的获得也并非始自有之，而是经历了漫长而又曲折的人生历程。有学者已经指出，苏轼的精神境界是从"人间歧路知多少？试向桑田问耦耕"（《新城道中》）到"莫嫌荦确坡头路，自爱铿然曳杖声"（《东坡》），再到"噫！归去来兮，我今忘我兼忘世"（《哨遍》），并认为这三种人生境界是一逐渐解脱的过程。[138]以笔者看来，这三种境界其实是这样一个过程：小隐——中隐——闲隐。此一人生过程反映出苏轼一直在寻求一种使独立、自由、本真的士大夫人格得以实现的人生模式，由此经历了早年对传统隐逸的慕求、中年仕宦期间对白居易中隐的实践，以及晚年连遭贬谪后对闲隐的提出。苏轼一生隐逸情结的这种次第变化也恰与古代士大夫隐逸文化的演变相合拍。小隐的代表是弃官归隐的陶渊明，中隐的代表是游于闲职的白居易，而闲隐思想最终则是在苏轼晚年形成的。若从休闲审美的角度来看，小隐是"久在樊笼里，复得返自然"，以一种孤高的人格精神隐遁世外而获致闲适的生活方式，是通过"休"而得闲；中隐是"隐在留司官"，因官而得闲；闲隐则是"休闲等一味"，从而最终达到了一种无往而不适，旷达、超然的休闲审美境界。

"休闲等一味"是苏轼在贬谪儋州时一首和陶诗中提出的：

> 退居有成言，垂老竟未践。何曾渊明归？屡作敬通免。休闲等一味，妄想生愧胭。聊将自知明，稍积在家善。城东两黎子，室迩人自远。呼我钓其池，人鱼两忘反。使君亦命驾，恨子林塘浅。
>
> 《和陶田舍始春怀古》

苏轼尝言"出处依稀似乐天"（《予去杭十六年而复来，留二年而去》），他自出仕至死皆在官任，这一点与白居易是相似的。但他不仅久久不忘功成身退的人生理想，而且自其早年便有栖身世外的思想倾向。葛立方云："苏东坡兄弟以仕宦久不得归蜀，怀归之心，屡见于篇咏。"[139] 然而苏轼怀归隐之志却一生未隐。归隐情结在苏轼是较为特别的，不同于传统的那种政治目的，即不愿与当政者或同僚同流合污的归隐情结。虽然一生三次遭贬，被人诽谤陷害、被当政者不信任等等这些政治风波足以有理由让苏轼看透仕宦政治的黑暗腐败与险恶，然而苏轼没有选择毅然归去，没有选择"休"，这是耐人寻味的。从这一角度说，苏轼是抛弃了陶渊明，或者说是一种对陶渊明归隐田园的超越。但是苏轼的陶渊明情结又是"垂老"未变而愈笃，这说明陶渊明之归隐已然成了一种精神象征、文化符号而被苏轼所秉承。陶渊明归隐之精神即"真"之精神，是对人生之真、生命之真的回归，而这又是通过自我闲适的生活之"迹"显现出来的。这种在自我闲适的生活方式下展现的本真生命观，正是苏轼从陶渊明那里继承下来的"合理内核"。由此可见，苏轼于"归隐"之途念念不忘，就是对这"合理内核"的念兹在兹。苏轼明知归隐人生虽如明月般清洁宁静，但他也深知广寒宫之寂寞冷凄，并非凡人之居所。他宁愿将此明月常怀心中成为照亮其坎坷人生的明灯，也成为其无论在朝还是遭贬的一种精神支撑。这就是苏轼在其《水调歌头》一词中所展现出的真实思想：

> 明月几时有？把酒问青天。不知天上宫阙，今夕是何年。我欲乘风归去，又恐琼楼玉宇，高处不胜寒。起舞弄清影，何似在人间。转朱阁，低绮户，照无眠。不应有恨，何事长向别时圆？人有悲欢离合，月有阴晴圆缺，此事古难全。但愿人长久，千里共婵娟。

此词意境高妙玄远，虽被认作是"中秋词古今绝唱"，然其中意蕴却颇有争议。此词意在说明弃官归隐，高则高矣，但太清寒孤苦，不如在世间。纵使世间有沉浮、悲欢，只要能够人生欢乐长久，长留"归隐"在心中就可以了。明月，在这里是苏轼心中的一个意象。此意象即是如渊明者高隐山林，避人避世，如神仙。隐者在古代常被认为是不食人间烟火的神仙。隐遁山林者，也常被称为高隐、高士。隐士的生活常常是逍遥自在、无为自然的生活。这样的生活固然是苏轼之辈所向往的，隐士之自由人格也是苏轼之辈所追求的。但在苏轼看来，隐士太孤单寂寞，不符合人之常情，也太清苦，难以真正做到逍遥自在。逍遥自在需要有物质基础，没有物质基础的休闲自在是自找苦吃。所以苏轼说："起舞弄清影，何似在人间。"苏轼认为只要心中常存"明月"，即以"出世间"心态做世间之事。入世即出世，即以闲心做事，这就胜似神仙。苏轼是把神仙拉回了人间。有这样的心态，并不会去弃官，也不会抛弃世事而故作高雅，所以神宗见此而以为苏轼"爱君"。明代张綖认为"我欲乘风归去"一句是言苏轼"居朝之忧悄，不如在外之萧散也"，此乃全不解苏轼之语。[140]

"归去"既然化作了一股"闲情"，那么传说中逍遥于海外天上不食人间烟火的神仙也便回到了人间世：

> 东坡公昔与客游金山，适中秋夕，天宇四垂，一碧无际，加江流颂涌，俄月色如昼。遂共登金山山顶之妙高台，命绹歌其《水调歌头》曰："明月几时有，把酒问青天。"歌罢，坡为起舞，而顾问曰："此便是神仙矣。"[141]

人处于这种休闲的场景中，有自然之美景、中秋之良辰、挚友佳人，又有此闲情逸致，何必"归去"？"湖山胜处即为归"，既然神仙的生活也不过如此，那么就没有必要高遁山野远离人间了。在苏轼看来，"仙"总是与"闲"连在一起的，做神仙即意味着过一种闲适自然、逍遥自得的日子：

> 已向闲中作地仙，更于酒里得天全。从教世路风波恶，贺监偏工水底眠。

《李行中秀才醉眠亭》

> 苍梧奇事岂虚传，荒怪还须问子年。远托鳌头转沧海，来依鹏背负青天。或云灵境归贤者，又恐神功亦偶然。闻道新春恣游览，

羡君平地作飞仙。

《次韵孙职方苍梧山》

闲中人如仙人,闲与仙的关系很有意味。在闲中一样可以避世事之恶,超脱安危,逍遥自在。

> 人间何有春一梦,此身将老蚕三眠。山中幽绝不可久,要作平地家居仙。能令水石长在眼,非君好我当谁缘。愿君终不忘在莒,乐时更赋《囚山篇》。

《王晋卿作烟江叠嶂图仆赋诗十四韵晋卿和之》

归隐山林,为求闲适,而缺点是太幽绝。幽绝乃谓其居山林中常与人世决绝,未免太寂寞。而苏轼认为在朝市间居住,若心中常怀闲情,则一样可以获得闲适。能在朝市中获得从容闲适者不异于"家居仙"。这就是苏轼对传统归隐行为的新发展——闲隐。

闲中即可实现隐,闲与隐实现了等值的替换,这也就是"休闲等一味"的含义。"休闲等一味":此处之休,乃归休之意,亦即退居。闲则指休闲的心态,主要指心闲,或指闲适自然的生命状态。苏轼在此已经明显道出了休与闲的等值关系。其实真正的休,对于任何人,尤其是士人,都是非常困难的,真正能做到休的,寥寥无几。而只要认识到了闲的价值,能够安于闲暇之中,并能创造出本真之自我,那么闲一样可以起到休所具有的效果,成为士人安身立命之本。

"妄想生愧腼。聊将自知明,稍积在家善":妄想,即对功名外物的渴欲。自知之明在于回到私人领域("家善"),回到本真自我的生命呈现之中。因为功名事业在专制集权的古代并不能获得其实在性,是虚幻不实的,仅凭个体自我是掌握不了,也实现不了的。而在私人领域,士人则能充分展开其创造力,能够自由地将自我一己之精神与天地宇宙万物协同起来,并能感受到大化流行之美意,这也就是后面几句"呼我钓其池,人鱼两忘反。使君亦命驾,恨子林塘浅"的意蕴所在。

第四节　白居易休闲审美对苏轼的影响

对苏轼休闲审美人格范式的确立影响最大的，除了陶渊明外，恐怕就是白居易了。如果说陶渊明主要从内在精神人格的超越层面给予苏轼以影响，那么白居易所发展出来的"中隐"的士大夫生存模式，则是对苏轼影响最大的。虽然陶渊明尝言"心远地自偏"，但其最终还是要避世于田园自放；虽然陶渊明声称"纵浪大化中，不喜亦不惧"，但苏轼不是也常批评其"纵浪大化中，正为化所缠"（《问渊明》）吗？因此，陶渊明固然在古代休闲美学史中占有重要一环，是士人休闲文化的重要支点，也是休闲生活的自觉追求者、享受者、抒写者，但由于其并非是彻底的"达者"，他的休闲生活仍然要去借助"隐"来实现，他并未达到心闲的最高境界。或者说陶渊明式的休闲范式是"高人"式的，这种休闲意念一方面令人崇敬，但另一方面因隐逸而带来的生活寒酸也多少让人望而却步。陶渊明是以贫困寂寞的生活来换得身闲，然后再以心灵的巨大超脱能力来化解生活之困窘，从而得以安于休闲的生活，这就是陶渊明休闲生活的特征。白居易则相反，作为身处封建时代上升时期的士人不可能再去寻求归隐之路，刻意地去过贫困寂寥的生活。白居易通过大力认定和宣扬"闲适"的价值，并将其进一步提升至人生本体的地位，从而试图以"闲"来消解士人仕隐出处间的矛盾。但是相较于之前的陶渊明与之后的苏轼，白居易的"闲适"思想显示了较为消极的一面。一是表现在白居易晚年的折中主义；二是留恋于物质生活的丰裕，并将其休闲生活建立在这种充分的物质生活保障之上。这严重影响了白居易休闲境界的超越。

一、白居易"中隐"思想与休闲

1. 隐与闲

可以肯定的是，中国古代的隐逸文化是休闲文化的源泉与集中体现。隐逸文化的不断发展演变也正对应了古代休闲文化的发展演变。隐逸并不等于休闲，隐逸是一个政治意义上的行为，休闲则是人生本体意义上的行为。但在很多时候，隐逸与休闲不相分割，联系紧密，甚至是互为条件。隐逸意味着从公共空间的繁忙生活中退出，回到私人空间的闲适生活中，隐逸能够促成休闲的实现；同时，休闲作为个体自由生命的实现，又会迫使处于樊笼中的个体主动寻求隐逸的生活。隐逸与休闲同作为一种"隐性"的或"消极"的（此消极并无贬义）文化形态，与注重仕途进取的"显性"的或"积极"的文化形态，一起组成了古代士大夫最为丰富复杂的文化结构。

从休闲学的角度来看，隐逸文化如何促成休闲的形成？这是探讨隐逸休闲的关键。休闲的本质是人的自然化，它以闲作为人生之本体，通过一种适意的生活方式达至一种超越的人生境界。隐逸当然是从异化的社会空间回到个体的私人领域，因此隐逸生活即意味着人要去过一种自然化的生活，意味着休闲的开始。但是隐逸并不一定就会导向休闲，也并不一定就利于休闲的开展。白居易提出"中隐"，一方面是对以往的小隐、大隐两大隐逸形态的批判与继承，另一方面也是树立了一种新型的隐逸休闲观：

> 大隐住朝市，小隐入丘樊。丘樊太冷落，朝市太嚣喧。不如作中隐，隐在留司官。似出复似处，非忙亦非闲。不劳心与力，又免饥与寒。终岁无公事，随月有俸钱。君若好登临，城南有秋山。君若爱游荡，城市有春园。君若欲一醉，时出赴宾筵。洛中多君子，可以恣欢言。君若欲高卧，但自深掩关。亦无车马客，造次到门前。人生处一世，其道难两全。贱即苦冻馁，贵则多忧患。唯此中隐士，致身吉且安。穷通与丰约，正在四者间。

《中隐》

这里白居易将隐逸行为三种最重要的方式放在一起进行了比较，最终表示选择中隐。大隐即隐于朝市之中，既享受世俗的热闹生活，又能保持一种相对自由。白在这里指出，"朝市太嚣喧"，也就是说在世俗的利欲纷争面前，内心必然扰扰不宁，个人也极容易枉道殉物。然而大隐毕竟指出了一条在精神上远离尘嚣而又身不离世的观念。《庄子》中就已经有了这种思想的端倪。《庄子·则阳》把熊宜僚描述为一个"陆沉者"，因为他能够"自埋于民，自藏于畔。其声销，其志无穷，其口虽言，其心未尝言。方且与世违，而心不屑与之俱。是陆沉者也"。而东方朔无疑是大隐最早的自我标榜者。他说：

> 陆沉于俗，避世金马门。宫殿中可以避世全身，何必深山之中，蒿芦之下。
>
> 《史记·滑稽列传》

"何必"一词所暗含的修辞模式，意指对小隐的不屑与对大隐的炫耀，它的意思是想让人知道立地成"隐"是可能的，隐于林薮无异于自找苦吃。我们在白居易的诗文中也多次看到类似的表达：

> 何必沧浪去，即此可濯缨。
>
> 《答元八宗简同游曲江后明日见赠》
>
> 好是修心处，何必在深山。
>
> 《禁中》
>
> 人间有闲地，何必隐林丘。
>
> 《赠吴丹》
>
> 即此可遗世，何必蓬壶峰。
>
> 《题杨颖士西亭》
>
> 何必守一方，窘然自牵束？
>
> 《归田》

以"何必"为修辞的表达模式，在白居易集中不胜枚举。与白居易所表达的意思不同，东方朔的大隐境界更多地偏向于一种明哲保身之道，有着圆滑处世的味道。因此后世如苏轼就曾尖锐地批判过看似逍遥的大隐境界：

> 大隐本来无境界，北山猿鹤漫移文。
>
> 《夜直秘阁呈王敏甫》

而白居易则重在一种生活化的休闲之道：

> 肺病不饮酒，眼昏不读书。端然无所作，身意闲有余。鸡栖篱
> 落晚，雪映林木疏。幽独已云极，何必山中居？

《闲居》

对于深居幽山僻水式的岩穴小隐，白居易并不是很赞同，其原因是太
"幽独"了，这是一种弃绝人寰式的冷清。当然除此之外还有弃官归隐，
意味着依附于政治体制的士人将会失去可靠的经济来源，而致使贫困，
即"贱即苦冻馁"。古代社会，从休闲学的立场看，士人获得休闲人生
的最为简捷的方式便是毅然地弃官归隐，小隐往往能为休闲创造最大限
度的自由时空。陶潜从繁忙而屈辱性的官场生涯中决然退出，回归田
园，并不是没有这方面的考虑。作为小隐形态的典型的代表，他获得了
大量的休闲生活，并以一种自由的方式实现了自我的独立人格。然而，
休闲的悖论在于，作为休闲最为基础的两个因素的自由时间与物质财
富，两者通常是不能两全的。正如现代歌词所唱："……有了钱的时候我
却没时间……有时间的时候我却没有钱。"[142] 小隐在实现自由时间的充
裕之时，却陷入了贫困之中。在这种情况下，如果休闲主体的自我人格
不够超拔，甚至即便超拔如陶渊明者，当贫困至乞食邻舍的地步时，休
闲的质量可想而知。自由若没有了金钱物质做保障也通常会令主体陷入
尴尬的窘境。

　　小隐既然不可取，那就还要去做官，做官的同时还要去表白一种自
由、清高的人格，那就要标榜另一种"隐逸"的方式，即"吏隐"。何
谓吏隐？宇文所安之高足杨晓山指出："吏隐一词大概形成于 7 世纪晚期
或 8 世纪早期，指的是在出仕并享受出仕的好处的同时保持个人心境的
超凡脱俗。"[143] 在白居易看来，身居高位则"忧"。这里的"忧"可以
认为来自两方面：一是位高责重，忧国忧民必不可少，比如范仲淹所谓
"先天下之忧而忧，后天下之乐而乐"，如此忧心很难从容享受个体生命
的休闲；二是忧心国家若能实现自己的理想抱负也还好，然而自古以来
忠臣良将几个有好下场的？这就意味着"忧"不仅来自于士人内在的责

任忧患意识，更多的是来自外界环境的残酷和官场的险恶：

> 君看裴相国，金紫光照地。心苦头尽白，才年四十四。乃知高
> 盖车，乘者多忧畏。
>
> 《闲居》

因此，白居易从闲适生活与明哲保身的角度认为"朝市太嚣喧""贵则多忧患"，相比之下，中隐是最合适的人生选择。

再回到《中隐》这首诗。从白对中隐的描述看来，中隐之所以为"中"，一是从人的外在行迹来说，"似出复似处"，它既不是在朝市享尊贵之位，也不是在丘樊遭冷落凄寂，而恰在留司官这样一个不痛不痒、无关紧要的位置；二是在人生的命运上，中隐使得人生处于穷通丰约之"中"，既不会大富大贵，也不至于穷困潦倒。

中隐的特征是"非忙亦非闲"。"非忙"即"无公事"之意，"非闲"并不是休闲之"闲"，而是指"无所事事"。因为在后面几句中我们看到白居易所谓中隐正是可以恣意地去休闲：

> 君若好登临，城南有秋山。君若爱游荡，城市有春园。君若欲
> 一醉，时出赴宾筵。洛中多君子，可以恣欢言。君若欲高卧，但自
> 深掩关。亦无车马客，造次到门前。
>
> 《中隐》

这里可以判断白居易所认为的中隐之地必须选在自然山水丰裕之地，即有山水可登游，有园林可玩赏，还要有交游，而当时像洛阳这样的地方简直就是人文荟萃之地。除此之外，白居易特别强调且无时不记挂心头的是中隐最基本的条件：经济。

> 不劳心与力，又免饥与寒。终岁无公事，随月有俸钱。
>
> 《中隐》

正如杨晓山指出的："他之所以对'小隐'不以为然，并不是因为他

附和物议，认为小隐的精神境界过于狭窄，缺乏一定的道德灵活性。而是出于物质的考虑，山林'小隐'的生活实在是过于'冷落'。入仕和洁身乃是一个由来已久的冲突，现在取而代之的是物质生活的舒适度和精神生活的准则之间的紧张关系，而这种紧张关系在'中隐'的生活方式中得以调和。"[144] 不同于小隐那种对贫困生活的忍耐与心灵的超越，白居易特别强调"俸钱"在其中隐生活中的作用，体现了一种实用主义的隐逸观。

自然、交游、经济便是中隐观之三要素，这三要素也完全是白居易休闲生活得以展开的保障。中隐的思想确实在促成白居易由公共的繁忙忧惧的生活方式，向闲适无为的休闲生活方式转变过程中起了不可小视的作用。但这三个要素毕竟皆属于所谓的"外物"。既然是外物便多半是可遇不可求，常常表现为客观地不被人所控制。因此，寄托于三要素之上的中隐观在促成一种休闲生活形成的同时，会不会也相应地制约、束缚了休闲生活在更广阔的人生道路上的展开？通过进一步研究白居易的休闲观，也许这个问题便会得到解答。

2. 闲与适

如果说陶渊明诗文中的核心思想是"自然"的话，那么白居易就是以"闲适"为其诗文之核心。这样说似乎有些大胆，因为标题为闲适诗的只是白居易诗歌分类中的一种，其他还有如讽喻诗、感伤诗等。但若把只要显露出闲适特征的诗歌就算作闲适诗的话，据学者研究，闲适诗确实已经占到白居易诗歌的 70% 左右。[145] 其 2800 多首诗中"闲"的出现频率为 600 多次，联系到白居易诗歌总量在唐朝是首屈一指的，那么闲的使用以及闲适诗的数量可见十分显著。据日本学者松浦友久教授的看法，"这类闲适诗的抒情和说理，实际上构成了白诗的最基本要素和特质"[146]。

白居易虽然也有过兼济天下之志，但在早年遭遇了一系列的政治风波后，随着对人生体验的增加，他也越来越认识到"闲"的价值。到了晚年，他实际上是将"闲"作为人生本体意义的生活形态来看的。这体现在：一是忙不如闲；二是对适的追求。

忙与闲是人生在世的两大生存状态，而忙更是一种常态[147]，因此我们常说"劳生"，海德格尔也说此在在世界中的状态便是操劳于周围的存在者中。庄子言："一受其成形，不亡以待尽。与物相刃相靡。"
(《庄子·齐物论》）司马迁言："天下熙熙，皆为利来；天下攘攘，皆为
利往。"（《史记·货殖列传》）这种熙熙攘攘的状态也是忙的状态。对人
来讲，忙意味着去做事情，是以牺牲个体的自由性而达到或完成某种物
性的目的。[148] 所以，忙往往会被认为是"陷溺其心"，是异化。如此，
闲便显得难得而可贵。白居易就曾感叹：

> 人生无几何，如寄天地间。心有千载忧，身无一日闲。何时解
> 尘网，此地来掩关。
>
> 《秋山》

闲成为个体自由性生命得以实践的人生状态，以摆脱物性的法则实现人
的生命自由。白居易对忙与闲有着清醒的认识，在他看来，人生之忙即
奔波于仕宦利禄之途，犹如鱼鸟入笼池，是不自由的标志：

> 春色有时尽，公门终日忙。
>
> 《惜春赠李尹》
>
> 要路风波险，权门市井忙。
>
> 《分司洛中多暇数与诸客宴游醉后狂吟偶成十韵》
>
> 殷勤江郡守，怅望掖垣郎。渐见新琼什，思归旧草堂。事随心
> 未得，名与道相妨。若不休官去，人间到老忙。
>
> 《钱侍郎使君以题庐山草堂诗见寄，因酬之》
>
> 天时人事常多故，一岁春能几处游？不是尘埃便风雨，若非疾
> 病即悲忧。贫穷心苦多无兴，富贵身忙不自由。唯有分司官恰好，
> 闲游虽老未能休。
>
> 《勉闲游》

与忙相对，闲则是一种生命的自由体验：

> 月出鸟栖尽，寂然坐空林。是时心境闲，可以弹素琴。清泠由
> 木性，恬淡随人心。

《清夜琴兴》

寂然空林，虽有一丝禅境，却身心交闲，其境也恬淡悠然。这也许算是休闲之最佳境界。但此境界并非容易得到，在现实生活之中，往往是身闲而心忙，抑或心闲而身忙：

> 身闲心无事，白日为我长。我若未忘世，虽闲心亦忙。世若未忘我，虽退身难藏。我今异于是，身世交相忘。

《池上有小舟》

白居易始终认为休闲之最高境界乃是身心交闲，这也是其人生最高境界的体认。然而主观上的忘世虽然能够带来心闲，但客观社会政治环境往往会让人不得休憩，也即不得身闲。白居易给出的方法是"身世交相忘"，忘身则就不必拘于隐遁在深山僻壤中，而是朝市人寰中便可休闲。无论身处何境，都能泰然处之，此即身闲。忘世，则就不必汲汲于功名仕途，而是随缘任运，心境悠然清静，此即心闲。

通过一番闲忙的权衡，白居易从人生本体价值意义上认识到了忙不如闲，休闲之生活才是其最乐意选择的人生之途：

> 奔走朝行内，栖迟林墅间。多因病后退，少及健时还。班白霜侵鬓，苍黄日下山。闲忙俱过日，忙校不如闲。

《闲忙》

> 不争荣耀任沉沦，日与时疏共道亲。北省朋僚音信断，东林长老往还频。病停夜食闲如社，慵拥朝裘暖似春。渐老渐谙闲气味，终身不拟作忙人。

《闲意》

> 巧未能胜拙，忙应不及闲。

《宿竹阁》

> 遍问交亲为老计，多言宜静不宜忙。

《池上逐凉》

> 今日看嵩洛，回头叹世间。荣华急如水，忧患大于山。见苦方

知乐，经忙始爱闲。未闻笼里鸟，飞出肯飞还。

《看嵩洛有叹》

宾客暂游无半日，王侯不到便终身。始知天造空闲境，不为忙人富贵人。

《春日题乾元寺上方最高峰亭》

然而，虽然从价值意义上闲胜于忙，但现实的人生又不许人终闲而不忙，忙是人生的常态，如何又能完全地拒去呢？所以白居易虽口口声声说"终身不拟忙"（《郡斋暇日忆庐山草堂兼寄二林僧社三十韵多叙贬官已来出处之意》），同时他又认为"闲忙各有趣，彼此宁相见"（《新秋喜凉因寄兵部杨侍郎》），又说"唯此钱塘郡，闲忙恰得中"（《初到郡斋寄钱湖州李苏州》）、"自喜老后健，不嫌闲中忙"（《偶作》），又说"非忙亦非闲"、"年来数出觅风光，亦不全闲亦不忙"（《闲出觅春戏赠诸郎官》）。在他看来，忙与闲在现实中应该被辩证地看待，两者本就不相分离。无闲就无忙，无忙也不会有闲。况且如果用一种趣味的眼光去看闲与忙，两者又都是有意义有价值的。这种对闲忙的认识，显示了白居易高明超越之处，也是中国古代休闲观极富价值的思想。

白居易这种休闲观以及对休闲人生的追求又是建立在适的生活基础上的。可以说，没有生活之适，就不会有白居易之闲。适乃白居易达成其闲的人生理想的手段与必要前提。

不可否认，闲与适之间的关系既非常的紧密，同时又非常微妙难辨。我们可以说，若从适的自由义来看，闲乃适之条件，因闲而生适；但若从适的满足义来看，适又会是闲的条件，闲因适而有。在这里，我们主要先从适的满足义来看适是如何成为白居易休闲人生之前提条件的，也就是说白居易之闲是如何依赖于适，又是如何建立在适的基础之上的。

松浦友久教授认为："白居易的闲适诗与其说是'闲'，倒不如说是'适'更切恰。'适'的境界是在闲的状况下得以充分实现的，舍此无他。"[149]松浦友久以此来说明适在白诗中的地位是无可厚非的，适作为境界义来说确实是依赖于闲的。但他忽视了适除了作为一种境界义，尚有一般意义上的满足义。当适为满足义时，适便成为实现闲的前提条件，而闲作为一种境界，也就成了白居易所追求的目的。

适在白诗中首先是一种生理上的满足、舒适，如"身适忘四支"《隐几》、"足适已忘履，身适已忘衣"（《三适赠道友》）、"或行或坐卧，体适心悠哉"（《立秋夕凉风忽至，炎暑稍消，即事咏怀，寄汴州度使李二十尚书》）、"有食适吾口，有酒酡吾颜"（《闲题家池，寄王屋张道士》）等。

其次适表现为心理上的满足或惬意，如"人心不过适，适外复何求"、"安身有处所，适意无时节"（《偶作》）、"但问适意无，岂论官冷热"（《再授宾客分司》）、"适情处处皆安乐，大抵园林胜市朝"（《谕亲友》）等。

还有一种适，表现为人的整体状态，这种适的状态是由生理与心理上的共同安适所营造的：

> 内无忧患迫，外无职役羁。此日不自适，何时是适时？
>
> 《首夏病间》
>
> 年长身且健，官贫心甚安。幸无急病痛，不至苦饥寒。自此聊以适，外缘不能干。
>
> 《朝归书寄元八》

生理上的适其实最多的是指人的基本生理欲求皆得以满足，不至于饥寒，以及"外无职役羁"，就是没有过多的公务牵绊身体的自由。心理上的适是指心的安宁与和适。适的观念虽然与身心都有关系，但是白居易所追求的适最终还是要达到精神的层次，即"心适"。然而这并不代表白居易可以忽略身体层次的适，或者说他已经超越了身体的适而能无往而不心适。他认为身体的安适是心适的基础，甚至也是人得以休闲的基础：

> 先务身安闲，次要心欢适。
>
> 《咏怀》
>
> 世间尽不关吾事，天下无亲于我身。只有一身宜爱护，少教冰炭逼心神。
>
> 《读道德经》

个体生命是如此的重要，以至于一切都应以此为中心，亦即为延长个体生命之长度并保持逍遥适意而努力。也许没有哪一个诗人比白居易更为强调"口腹四肢"之适了，这表现在诗人对自己薪水不厌其烦地曝光，对"中隐"的依恋，对生理健康的欣喜以及对衰老来临的念念不忘：

> 小才难大用，典校在秘书。三旬两入省，因得养顽疏。茅屋四五间，一马二仆夫。俸钱万六千，月给亦有余。既无衣食牵，亦少人事拘。遂使少年心，日日常晏如。
>
> 《常乐里闲居，偶题十六韵》
>
> 诏授户曹掾，捧诏感君恩。感恩非为己，禄养及吾亲。弟兄俱簪笏，新妇俨衣巾。罗列高堂下，拜庆正纷纷。俸钱四五万，月可奉晨昏。廪禄二百石，岁可盈仓囷。
>
> 《初除户曹，喜而言志》
>
> 为郡已多暇，犹少勤吏职。罢郡更安闲，无所劳心力。舟行明月下，夜泊清淮北。岂止吾一身，举家同燕息。三年请禄俸，颇有余衣食。乃至僮仆间，皆无冻馁色。行行弄云水，步步近乡国。妻子在我前，琴书在我侧。此外吾不知，于焉心自得。
>
> 《自余杭归，宿淮口作》
>
> 人间有闲地，何必隐林丘？……终当乞闲官，退于夫子游。
>
> 《赠吴丹》
>
> 食饱拂枕卧，睡足起闲吟。浅酌一杯酒，缓弹数弄琴。既可畅情性，亦足傲光阴。谁知利名尽，无复长安心。
>
> 《食饱》
>
> 白发生一茎，朝来明镜里。勿言一茎少，满头从此始。青山方远别，黄绶初从仕。未料容鬓间，蹉跎忽如此！
>
> 《初见白发》

也许是因为白居易少小家贫，以致其对饥寒交迫的生活充满了厌恶，而且他也时时不忘让全家老小都过上温饱的生活。更为重要的原因也许是不适的生活制约了他向往的休闲自由的生活方式。在其诗文中，我们发现，凡是其言适的地方，总是能表现出一股闲情；反之若是其称自己不适，也就意味着一种不自由、困窘的生活：

> 忆昨为吏日，折腰多苦辛。归家不自适，无计慰心神。

《寄题盝屋厅前双松》

> 十年为旅客，常有饥寒愁。三年作谏官，复多尸素羞。有酒不暇饮，有山不得游。岂无平生志，拘牵不自由。一朝归渭上，泛如不系舟。置心世事外，无喜亦无忧。终日一蔬食，终年一布裘。寒来弥懒放，数日一梳头。朝睡足始起，夜酌醉即休。人心不过适，适外复何求。

《适意》

不当官时，有贫苦之忧；当官，则有折腰之羞、尸素之苦。两种不适的情形皆是白居易休闲生活受到限制的原因，也即所谓"有酒不暇饮，有山不得游"。而此时白居易虽然归居于渭上丁母忧，但已然是翰林学士，虽然俸职清简，但也衣食无忧。他在《寄同病者》中云："四十官七品，拙宦非由他。年颜日枯槁，时命日蹉跎。岂独我如此，圣贤无奈何！回观亲旧中，举目尤可嗟。……穷饿与夭促，不如我者多。以此反自慰，常得心平和。"这种相对适意的状态反而让白居易能够效仿陶渊明过起休闲自由的生活来。

由此，我们认为白居易休闲生活的展开是在建立生活相对适意的基础上的。这也恰恰说明了白居易热衷于"中隐"的亦官亦隐的生活方式的原因，即既能给予丰裕的物质基础，至少可以衣食无忧、生活相对安顿平和，又不会有繁多的吏务缠身，还能远离政治的风波。这些对于古代的士大夫来说，都是其向往休闲、过休闲生活的非常重要的条件。白居易通过提出"中隐"而解决了其前很多士大夫无法解决的仕隐矛盾，他从休闲之中获得了士大夫人格的独立与自由。但正是因为他过分地依赖中隐的生活模式，又将优裕的生活看得如此重要，他的休闲只能是一种相对富裕状态下的休闲。一旦其脱离这个富裕的环境，或者人生遭遇更大的坎坷，他的休闲生活是否仍然能够进行，他的自由、闲适是否依然能够展现出来，则让人怀疑。更为重要的是，他最终不能超越物质的束缚，不能超脱对名利的欲求，这使其休闲的人格境界亦受后人的诟病。苏轼便是深受白居易中隐休闲观影响却又对其提出尖锐批评，并进而超越之的人。

二、出处依稀似乐天：苏轼对白居易的接受与超越

从文化的关联与差异的角度来谈苏白二者的关系，学界已经做了一些精彩的探讨。从关联的角度来看，苏轼在出处行藏的人生轨迹上与白居易非常相似，对此苏轼本人也多次指出过。而在人生的态度上，在对私人领域的关注以及处世的超然上，苏轼也在很大程度上受到白居易的影响。至于其差异的一面，很多学者也指出了，白居易尚执着于富贵利禄，在面对贬谪遭遇时并未获得完全的超然。而苏轼则把白居易的"中隐"文化发展到了一个新阶段，甚至成为古代封建士大夫文人的一个标本。而从古代休闲文化的视角，我们更愿意将陶渊明、白居易和苏轼放在一起进行对比。从陶渊明之"自然"、白居易之"闲适"到苏轼的"超然"，我们发现了一条古代休闲文化清晰的发展轨迹。正是经过了陶、白、苏三者的人生探索与生命践履，中国古代的休闲文化才逐渐从萌芽到定型再到最后的成熟。而自然、闲适、超然也成了中国古代休闲文化的三个最重要的关键词，奠定了中国古代士大夫休闲的基本框架。

苏轼曾说自己是陶渊明的后身，恰巧白居易也如此说过。在苏轼之前对陶渊明最为推崇且自觉地效仿的莫过于白居易了，他曾自称"异世陶元亮"（《醉中得上都亲友书，以予停俸多时，忧问贫乏》），而且两千多首诗中大概有七十多首言及陶渊明。陶、白、苏三者之间有一种内在的精神脉络。所以，苏轼不仅说"渊明吾所师"、"欲以晚节师范其万一"（《追和陶渊明诗引》），而且对于白居易，苏轼也是敬爱有加，周必大指出："本朝苏文忠公不轻许可，独敬爱乐天。"[150] 南宋罗大经言："东坡希慕乐天。"[151] 苏轼亦自言："出处依稀似乐天，敢将衰朽较前贤。"（《予去杭十六年而复来，留二年而去》）"我似乐天君记取。"（《赠善相程杰》）对于陶白二人，苏轼曾放在一起进行了比较，他说：

> 渊明形神自我，乐天身心相物。而今月下三人，他日当成

几佛。

《刘易文家藏乐天〈身心问答〉三首，戏书一绝其后》

从这首诗中我们可以读出苏轼对陶渊明是称赞的，而对白居易则带有一种批评。"形神自我"意指一种自然的人格精神，而"身心相物"则指沉溺于物欲享乐的人生态度。总体而言，从内在的人格精神来讲，苏轼最终是敬佩陶渊明的，而对白居易有所訾议；若从外在的人生行迹来说，即对士人出处选择的方式而言，苏轼还是倾心于白居易，而对陶渊明的为闲守贫的做法有些不解。

白居易的《自戏三绝句》很明显是有意模仿陶渊明的《形影神三首》而作的。我们只先来看陶渊明这三首诗中的小序以及最后一首：

形影神三首

贵贱贤愚，莫不营营以惜生，斯甚惑焉；故极陈形影之苦言，言神辨自然以释之。好事君子，共取其心焉。

神释

大钧无私力，万理自森著。人为三才中，岂不以我故！与君虽异物，生而相依附。结托既喜同，安得不相语！三皇大圣人，今复在何处？彭祖爱永年，欲留不得住。老少同一死，贤愚无复数。日醉或能忘，将非促龄具！立善常所欣，谁当为汝誉？甚念伤吾生，正宜委运去。纵浪大化中，不喜亦不惧。应尽便须尽，无复独多虑。

"自然"是陶渊明之所以伟大之处，也是最为后人所称道之处。我们讲过陶渊明虽然在现实人生之中也并未真正做到"自然"，但就其思想所达到的水平而言，他的自然观确实也已经不同于之前魏晋名士的旧自然观，而上升至一个新的水平。以休闲学的视角来看，第一次真正形成一种休闲的人生观并得以实现的算是陶渊明了，而他对古代休闲文化的贡献就在于提出了一种新型的自然观。这种自然观让人释去形累，纵化委运，"形神自我"，并最终有助于一种自由人格的实现。这种自然主义精神也被白居易、苏轼完全接纳，融贯到他们各自的人生观念体系之中。休闲的本质在于人的自然化，这也是休闲得以发生的内在的精神前提。认识不到这种自然化的思想，就不会得到真正意义上的休闲。从这一角度我们可以说陶渊明是古代第一个形成休闲人格的人。

然而，自然主义虽然会形成很高的人生境界，但其极致往往又离现实人生太远。陶渊明隐逸不仕、远遁田园之间，由此致贫难堪的人生选择就被白居易、苏轼所不取。隐逸不仕，是对"仕"的逃避与拒绝，作为身为天下先的士人来说，必然会有摆脱社会责任之嫌。苏轼曾说不仕者"忘其君"，并有"违亲绝俗"之讥。白居易也对隐于丘樊这样的小隐进行了批评，认为其"太冷落"。[152]

所以休闲文化在解决了人的自然化这一本质之外，还需要进行更深入的开掘。休闲不仅仅是人的自然化，还是生命自由自在的现实体验。或者说这种人的自然化，需要在逻辑上包含人的自然化即人的社会性践履；既然是现实体验，便不能停留于观念上的高蹈。于是，白居易从非常世俗的人生享乐的角度出发，提出了一种"闲适"的休闲观，这从其效仿陶渊明之《形影神三首》的《自戏三绝句》就可以看出：

心问身

心问身云何泰然？严冬暖被日高眠。放君快活知恩否？不早朝来十一年。

身报心

心是身王身是宫，君今居在我宫中。是君家舍君须爱，何事论恩自说功？

心重答身

因我疏慵休罢早，遣君安乐岁时多。世间劳苦人何限，不放君闲奈我何？

闲适在白居易那里最终固然是指向一种精神的境界，但从这里我们可以看出，白居易之所以为白居易，并非其精神上如何达到"闲适"，而是其史无前例地开始重视身体当下的世俗享乐。休闲大概与审美一样，本就是人类最为世俗、最为普遍的人性需求，它理应回到人的身体上来，回到日常生活上来。白居易对世俗享乐的强调，恢复了人类休闲的本来面目。他认为人生来并不是来受苦的，世间之所以充满了劳苦，那是人的作茧自缚。人只有"闲"下来才能快活。于是，白居易正如上文所说选择了"中隐"的生活方式。在一种清闲的工作中，既能保证其有一定的积蓄供休闲之资，同时又不至于被工作压得喘不过气。这就是白居易对人生之"适"的强调。他一生未忘情于仕宦[153]，并非一直都是因为兼济之志，更主要的是仕宦途中更容易使得他获得"适"。然而适即可以是一种知足知止的自我满足，又很容易流于为了显示自我满足的舒适生活而穷奢极欲的放纵。白居易也有在贫困之中得"适"的时候，他的知足知止的工夫也支撑着他度过了贬谪期间的艰苦生活。然而由于白居易最终选择了中隐的处世方式，加上其才名卓著，他的生活显然大部分时间都在"中人"水平以上，所以他的休闲生活自然表现出富贵的特征：

> 香山出身贫寒，故易于知足。……故自登科第，入仕途，所至安之，无不足之意。……可见其苟合苟完，所志有限，实由于食贫居贱之有素；沱可小康，即处之泰然，不复求多也。
>
> 赵翼《白香山诗》[154]

> 乞身于强健之时，退居十有五年，日与其朋友赋诗饮酒，尽山水园池之乐。府有余帛，廪有余粟，而家有声伎之奉。此乐天之所有，而公之所无也。
>
> 苏轼《醉白堂记》

所以苏轼尝言："我甚似乐天，但无素与蛮。"（《次京师韵送表弟程懿叔赴夔州运判》）"茅屋归元亮，霓裳醉乐天。"（《至真州再和》）此皆言白居易家有声伎之奉的优裕生活。白居易极力地展示其闲适的生活，念念不忘闲与适，正如苏轼所说："知闲见闲地，已觉非闲侣。"（《徐大正闲轩》）白的这种对闲适价值的推崇也许正反映了其内心并未获得真正的超然。

白居易未忘情于仕宦，更根本的是忘情不了富贵的生活，对此后人有一语中的者：

> 人多说其清高，其实爱官职，诗中凡及富贵处，皆说得口津津地涎出。[155]

> 乐天号达道，晚境犹作恶。陶写赖歌酒，意象颇沉着。谓言老将至，不饮何时乐。未是忘暖热，要是怕冷落。[156]

范成大谓白居易闲情的抒发依赖于歌酒，虽说有些不实，但也是看到了白居易"身心相物"之一面，且其看似热闹的休闲活动其实是怕被冷落。由此看来，白居易在宋代也并不都是被接受的，像他这种看似超脱实际不超脱的地方就多被宋人指摘。现代学者也多有对此评议者："在根源上，白的心性特质乃是世俗型的，尽管他每每要宣称逍遥齐物、忘怀得失，但所有这些在很大程度上不过是他为避祸远灾并减轻忧患而采取的一种自我拯救方法而已，其心理底层始终存在着一缕对富贵利禄的企盼，存在着因物质丰裕带来的满足和自得。"[157]

后人在把苏轼与白居易联系起来比较时，一方面是认为两者在很多地方确实相似，但其不同之处亦很明显：

> 乐天名位聊相似，却是初无富贵心。[158]

> 东坡希慕乐天，其诗云："应似香山老居士，世缘终浅道根深。"然乐天蕴藉，东坡超迈，正自不同。魏鹤山诗云："溢浦猿啼杜宇悲，琵琶弹泪送人归。谁言苏白能相似，试看风骚赤壁矶。"此论得之矣。[159]

罗大经点出白居易"蕴藉"，苏轼"超迈"，确实是看出了两者之不同。蕴藉者，乃言心中常纠结而不能洒脱。超迈者，则能超越外界的束缚而直指心灵之自由境界。同样是遭遇贬谪，白居易常含"冤愤难抑的迁谪意识"[160]；而苏轼则"任性逍遥，随缘放旷"（苏轼《论修养贴寄子由》），"以此居齐安三年，不知其久也"（苏辙《武昌九曲亭记》）。其实苏轼即便是到了一生最为艰难、环境最为恶劣的海南时，仍然是"不见衰老之气"，仍然可以闲适放旷，并无多少怨气，反而很乐观。那么同样是以拥有闲适情怀著称的士人，为什么苏轼能做到无往而不闲适，白居易却只能仰赖相对充裕的物质生活及良好的生存条件来展示其休闲生活呢？也许从苏轼下面的三首和陶诗中可见端倪：

> 天地有常运，日月无闲时。孰居无事中，作止推行之。细察我与汝，相因以成兹。忽然乘物化，岂与生灭期。梦时我方寂，偃然无所思。胡为有哀乐，辄复随涟洏。我舞汝凌乱，相应少不疑。还将醉时语，答我梦中辞。
>
> 《和陶形赠影》
>
> 丹青写君容，常恐画师拙。我依月灯出，相肖两奇绝。妍媸本在君，我岂相媚悦。君如火上烟，火尽君乃别。我如镜中像，镜坏我不灭。虽云附阴晴，了不受寒热。无心但因物，万变岂有竭。醉醒皆梦耳，未用议优劣。
>
> 《和陶影答形》
>
> 二子本无我，其初因物著。岂惟老变衰，念念不如故。知君非金石，安得长托附。莫从老君言，亦莫用佛语。仙山与佛国，终恐无是处。甚欲随陶翁，移家酒中住。醉醒要有尽，未易逃诸数。平生逐儿戏，处处余作具。所至人聚观，指目生毁誉。如今一弄火，好恶都焚去。既无负载劳，又无寇攘惧。仲尼晚乃觉，天下何思虑。
>
> 《和陶神释》

陶渊明的《形影神三首》，点名"自然"之旨。然而那里的自然可以说还是一种"有心之自然"，苏轼说陶渊明"纵浪大化中，正被化所缠"，即是此意。而东坡此处和陶之诗，亦含有自然之旨，但已经是"无心之自然"。如果说陶渊明之自然说相对于魏晋名士之自然说乃称为新自然说的话，那么我们可以认为苏轼的自然说是对这种新自然说的超越。乐天的《自戏三绝句》道出了人生贵在闲适，但其所言闲适仍是刻意为之，并有沉溺于"物"中之嫌；而苏轼此处是更为根本地指出休闲的宇宙本体意义。宇宙人生本是一个"无"，人所要做的就是回到这个"无"之本体。回到这个本体即是"既无负载劳"，此即身闲；"又无寇攘惧"，此乃"心闲"。身心交相闲其实就是达到了休闲的最高境界。

这也就是苏轼最终领悟并实践之的休闲超然境界。于此，他在人格的境界上完成了对陶渊明和白居易的超越，达到了古代士大夫文化的一个顶峰，同时也使士大夫休闲文化迈向了一个崭新的高度。

———
注释

[1]"人的自然化"这一哲学命题是李泽厚最初在《美学四讲》中提出的，是自然的人化的一个反向调节。他在《历史本体论·己卯五说》中进一步总结道："'自然人化'和'人自然化'是'儒学四期'说的天人新义，即对作为传统儒学以至整个中华文化核心命题的'天人合一'所做的一种新的解释。"他认为儒道互补正对应于自然的人化与人的自然化之互补。关于李泽厚之人的自然化之观点这里不予深究，请参考笔者绪论中关于此的论述。

[2]〔美〕杰弗瑞·戈比：《你生命中的休闲》，康筝译，昆明：云南人民出版社，2000年，第14页。

[3]〔美〕安乐哲：《自我的圆成：中西互镜下的古典儒学与道家》，彭国翔编译，石家庄：河北人民出版社，2006年，第312页。

[4]李泽厚：《中国古代思想史论》，天津：天津社会科学出版社，2003年，第19页。

[5]《中庸》曰："天命之谓性，率性之谓道，修道之谓教。"其中"教"集中体现了儒家的教化思想以及"自然的人化"的理论品格。伽达默尔于《真理与方法》一书中对人类的"教化"活动作如此说："教化作为向普遍性的提升，乃是人类的一项使命。它要求为了普遍性而舍弃特殊性。但是舍弃特殊性乃是否定性的，即是对欲望的抑制，以及由此摆脱欲望对象和自由地驾驭欲望对象的客观性。"（见〔德〕伽达默尔：《真理与方法》，洪汉鼎译，上海：上海译文出版社，1994年，第14页。）由此我们也可以认为，儒家的教化思想（即人的道德化、职业化）也最终导致宋理学所谓的"存天理，灭人欲"，舍弃个体自我原则，舍弃快乐原则，而抑制欲望。

[6]朱熹：《四书章句集注》，北京：中华书局，1983年，第184页。

[7]同上。

[8]康有为：《论语注》，楼宇烈整理，北京：中华书局，1984年，第280页。

[9]朱熹：《四书章句集注》，北京：中华书局，1983年，第184页。

[10]参见李泽厚：《中国古代思想史论》，天津：天津社会科学出版社，2003年，第16页。

［11］朱熹注解"游于艺"谓"游，玩物适情之谓"，此即明确指出了君子成仁成德过程中休闲的价值。

［12］朱熹：《四书章句集注》，北京：中华书局，1983年，第161页。

［13］钱穆：《论语新解》，成都：巴蜀书社，1985年，第281页。

［14］黄晖：《论衡校释》，北京：中华书局，1990年，第675页。

［15］赵树功：《闲意悠长：中国文人闲情审美观念演生史稿》，石家庄：河北人民出版社，2005年，第158页。

［16］刘宝楠：《论语正义》，高流水点校，北京：中华书局，1990年，第477页。

［17］《四书章句集注》载程颐之言曰："曾点，狂者也。"见朱熹：《四书章句集注》，北京：中华书局，1983年，第131页。

［18］朱熹：《四书章句集注》，北京：中华书局，1983年，第130页。

［19］钱穆：《论语新解》，成都：巴蜀书社，1985年，第280页。

［20］李泽厚：《论语今读》，合肥：安徽文艺出版社，1998年，第271页。

［21］黄晖：《论衡校释》，北京：中华书局，1990年，第674—679页。

［22］竺可桢：《中国近五千年来气候变迁的初步研究》，《考古学报》，1972年第1期。

［23］《济南先生师友谈记》，见孔凡礼：《苏轼年谱》，北京：北京古籍出版社，2004年，第1849页。

［24］钱穆：《论语新解》，成都：巴蜀书社，1985年，第164页。

［25］黄宗羲：《明儒学案》卷7，钦定四库全书本。

［26］《月夜二首》，见王守仁：《王文成全书》卷34，钦定四库全书本。

［27］李泽厚：《中国古代思想史论》，天津：天津社会科学出版社，2003年，第234页。

［28］《王充王符仲长统传》，见范晔：《后汉书》卷79，钦定四库全书本。

［29］范晔：《后汉书》卷79，钦定四库全书本。

［30］欧阳询主编：《艺文类聚》卷36，钦定四库全书本。

［31］韩愈：《韩昌黎集》（五），上海：商务印书馆，1930年，第11页。

［32］周绍良主编：《全唐文新编》第3部，第1册，长春：吉林文史出版社，2000年，第5814页。

［33］赵逵夫主编：《历代赋评注·四·南北朝卷》，成都：巴蜀书社，2010年，第392页。

［34］苏轼《夜泊牛口》中云："人生本无事，苦为世味诱。富贵耀吾前，贫贱难独守。……今予独何者，汲汲强奔走。"

［35］苏轼常称做官犹如"羁旅"，并言："吾家蜀江上，江水绿如蓝。尔来走尘土，意思殊不堪。"（《东湖》）

［36］休闲常常与酒联系在一起。

［37］张方平：《乐全集》卷1，钦定四库全书本。

［38］"自言其中有至乐，适意无异逍遥游"，见苏轼《石苍舒醉墨堂》。

［39］《七述》，见晁补之：《鸡肋集》卷28，钦定四库全书本。

［40］子曰："人之生也直，罔之生也幸而免。"见《论语·雍也》。

［41］笔者所言儒家之"内向超越"并不同于现代新儒家所谓的"内在超越"。后者是相对于西方文化中外在超越而言儒家哲学之特质，而我们所说的"内向超越"则指儒家思想内部两种理论指向。如果说儒家理论结构含有内圣外王两个方向，而圣与王都是个体自我的超越完成，那么内圣即是一种内向超越，而外王则是外向超越。

［42］可参看〔美〕刘子健：《中国转向内在：两宋之际的文化转向》，赵冬梅译，南京：江苏人民出版社，2002年。

［43］黄宗羲：《黄宗羲全集·宋元学案》，杭州：浙江古籍出版社，1999年，第774页。

［44］朱熹：《四书章句集注》，北京：中华书局，1983年，第87页。

［45］"无为而治"实乃被孔子称赞。"子曰：无为而治者，其舜也与？夫何为哉，恭己正南面而已矣。"（《论语·卫灵公》）

［46］见《韩诗外传》卷7曰："各乐其性，进贤使能，各任其事，于是君绥于上，臣和于下，垂拱无为，动作中道，从容得礼。"

［47］我们认为儒家"独善其身"的思想，便是其"内向超越"即无为之一面。无为指的是不要人为地去涉足、干涉公共事务。

［48］吴冠宏提出庄子源于颜渊的论据有五：1. 注意到庄子喜欢征引孔颜之对话来立论的现象，并视此为颜庄关系的重要线索。2. 认为颜子为"隐居避世"之人，并从此观点建立颜庄之关系。3. 从"生命形态"的"清且如愚"处着眼，或于境界上"道德与艺术"的共感之角度来综合颜子与庄子的关系。4. 立足于内倾的修养论，认为颜庄在修养论上有其血脉相连相通之处。5. 从后代文献中，颜渊与道家的微妙关系来逆推以证成先秦儒（颜）道（庄）之关系。见吴冠宏：《圣贤典型的儒道义蕴试诠：以舜、宁武子、颜渊与黄宪为释例》，台北：里仁书局，2000年，第163—201页。

［49］李泽厚：《论语今读》，合肥：安徽文艺出版社，1998年，第180页。

［50］钱穆：《论语新解》，成都：巴蜀书社，1985年，第164页。

［51］吴承恩：《吴承恩诗文集》，刘修业辑校，上海：古典文学出版社，1958年，第11页。

［52］苏轼云："江山风月本无常主，闲者便是主人。"言其为"主人"，并非有丝毫的主宰意，而是人与自然亲密无间、相通无碍的表现。

[53] 林安梧：《问心：我读孟子》，台北：汉艺色研文化事业公司，1991 年，第 138 页。

[54] 马秋丽：《〈论语〉中的体闲理论初探》，《山东大学学报》（哲学社会科学版），2006 年第 5 期。

[55] 韩愈：《韩昌黎集》（一），上海：商务印书馆，1930 年，第 5 页。

[56] 韩愈：《韩昌黎集》（五），上海：商务印书馆，1930 年，第 63 页。

[57] 韩愈：《韩昌黎集》（七），上海：商务印书馆，1930 年，第 34 页。

[58] 邹同庆、王宗堂：《苏轼词编年校注》，北京：中华书局，2002 年，第 284 页。

[59] 邹同庆、王宗堂：《苏轼词编年校注》，北京：中华书局，2002 年，第 285 页。

[60] 在《答秦太虚书》中他又说："初黄州，廪入既绝，人口不少，私甚忧之。但痛节俭，日用不得过百五十。每月朔便取四千五百钱，断为三十块，挂屋梁上，平旦以画叉挑一块，即藏去叉，仍以大竹筒别贮，用不尽者，以待宾客。"

[61]〔英〕以赛亚·柏林：《自由论》，胡传胜译，南京：译林出版社，2003 年，第 209 页。

[62] 同上。

[63] 林语堂：《苏东坡传》，张振玉译，天津：百花文艺出版社，2004 年，第 214 页。

[64] 苏轼在黄州过的是真正的躬耕的生活。他开垦了一片田地，自号东坡。田地耕作并非士人之本业，故也显得相当艰苦，如孔平仲所言："去年东坡拾瓦砾，自种黄桑三百尺。今年刈草盖雪堂，日炙风吹面如墨。"苏轼也自言："余至黄州二年，日以困匮，故人马正卿哀余乏食，为于郡中请故营地数十亩，使得躬耕其中。地既久荒，为茨棘瓦砾之场，而岁又大旱，垦辟之劳，筋力殆尽。释耒而叹，乃作是诗，自愍其勤。庶几来岁之入，以忘其劳焉。"虽劳而能自遣，此亦苏轼劳而能乐之法。

[65] 李渔：《李渔随笔全集》，成都：巴蜀书社，1997 年，第 134 页。

[66] 林语堂：《苏东坡传》，张振玉译，天津：百花文艺出版社，2004 年，第 217 页。

[67] 按照李泽厚先生的"自然的人化"理论，这种外向的进取、有为，实质上是最终创造出儒家的社会美与政治美。社会的和谐大同、政治的"美政"，其实都是儒家自然的人化思想特征的必然体现。请参看陆庆祥：《儒家政治美学论》，《河南师范大学学报》，2010 年第 5 期。

[68]"对于孔子、孟子以及受他们影响的游士们来说，辞官或退隐总是第二选择，是一个人因环境所迫而采取的行动路线"，而对于庄子则不然，"隐逸对他来

说，如果正确理解的话，乃是一个人可以渴望的最高理想。"这也许可以看作是儒庄对休闲的理解。见〔澳〕文青云:《岩穴之士:中国早期隐逸传统》，徐克谦译，济南:山东画报出版社，2009年，第44页。

[69] 甚至也可以说:"儒者们却往往陷于礼制和伦常化了的仁义之中，变得越来越迂腐，失去了原本的生存视野。"见张祥龙:《海德格尔思想与中国天道》，北京:生活·读书·新知三联书店，2007年，第295页。

[70] 李泽厚:《中国古代思想史论》，天津:天津社会科学出版社，2003年，第177页。

[71] 李泽厚:《中国古代思想史论》，天津:天津社会科学出版社，2003年，第190页。

[72] 此处所言"物化"非庄子所言物化（即随物所化），而是指人的一种异化形式（即人的主体性丧失，成为物的一部分）。

[73] 〔德〕鲍吾刚:《中国人的幸福观》，严蓓雯等译，南京:江苏人民出版，2004年，第43页。

[74] 李泽厚《美学三书·美的历程》中说:"对孔子和儒门来说，这种'咏而归''自爱自知'，大概应该在'治国平天下'之后。"见李泽厚:《美学三书·美的历程》，合肥:安徽文艺出版社，1999年，第301页。

[75] 即方东美所说:"要从无说到有，由有追到无。"见方东美:《原始儒家道家哲学》，台北:黎明文化出版社，1987年，第28页。唐君毅认为庄子之道更多人生之道，"其论此人生之道，皆恒直就人当如何达逍遥无待之境，丧我物化之境，以有其养生达生之事，全其安命致命之德，以及成为真人、至人、大宗师，足以应帝王之道术为说"。见唐君毅《中国哲学原论·原性篇》，北京:中国社会科学出版社，2005年，第22页。

[76] 薛富兴教授在其《东方神韵:意境论》一书中指出:"儒道不仅因为它们分别专注于社会与自然，所考虑问题的性质差异而需要互补，更因为两者在专注各自的中心时还无意识地发现了一个共同的基点，这就是天人合一，即人与整个世界没有对立，人道同于自然之道。"见薛富兴:《东方神韵:意境论》，北京:人民文学出版社，2000年，第306页。笔者认为"天人合一"再抽象地说，即是"无"。"无"即是法则，也是境界。

[77] 〔德〕约瑟夫·皮珀:《闲暇:文化的基础》，北京:新星出版社，2005年，第85—86页。

[78] "庄子对精神自由的祈向，首表现于《逍遥游》，《逍遥游》可以说是《庄子》书的总论。"见徐复观:《中国人性论史》，武汉:湖北人民出版社，2009年，第350页。

[79] 郭庆藩疏曰:"唯当顺万物之性，游变化之涂，而能无所不成者，方尽逍遥

之妙致者也。"郭庆藩:《庄子集释》,王孝鱼点校,北京:中华书局,1961年,第20页。

[80] 郭象注,成玄英疏:《南华真经注疏》,曹础基、黄兰发点校,北京:中华书局,1998年,第1页。

[81] 徐复观也同样认为郭象所谓的"逍遥游","只是相对的自由,而不能算是绝对的自由,因为还有'所待'"。见徐复观:《中国人性论史》,武汉:湖北人民出版社,2009年,第352页。笔者认为郭象所言自由从气势上已然是落下庄子很多了。庄子的自由即是无待,无论是从精神上讲,还是从现实物质上讲。另外,方东美在其《原始儒家道家哲学》中亦尖锐地批评了郭象:"这种看法只是近代的'小市民的心声'!这个心灵是每个人都有的微末的观点;在这个观点里,人们只求他自己生活范围内一切欲望的满足,各当其分。"见方东美《原始儒家道家哲学》,台北:黎明文化出版社,1987年,第246页。

[82] 张节末:《禅宗美学》,杭州:浙江人民出版社,1999年,第39页。

[83] 余英时:《士与中国文化》,上海:上海人民出版社,2003年,第269—286页。

[84] 郭庆藩撰:《庄子集释》,王孝鱼点校,北京:中华书局,1961年,第2页。

[85] 庄子很少言"自得",而郭象《庄子注》中则多以"自得"之论解庄。

[86] 转引自郭庆藩撰:《庄子集释》,王孝鱼点校,北京:中华书局,1961年,第1页。

[87] 方东美先生也认为:"反倒是东晋时代的支道林勉强刻意了解庄子这种精神。"见方东美《原始儒家道家哲学》,台北:黎明文化出版社,1987年,第248页。

[88] 《咏怀诗五首》,引自冯惟讷编:《古诗纪》卷47,钦定四库全书本。

[89] 同上。

[90] 同上。

[91] "扁舟又截平湖去,欲访孤山支道林",见苏轼《九日,寻臻阇梨,遂泛小舟至勤师院》。

[92] 《齐物论》之"圣人不从事于务";《大宗师》子舆之"心闲而无事""芒然彷徨乎尘垢之外,逍遥乎无为之业""相造乎水者,穿池而养给;相造乎道者,无事而生定";《应帝王》之"无为名尸,无为谋府,无为事任,无为知主";《达生》之"弃世则无累,……弃事则形不劳",这些都说明了在庄子那里,"无事""无为"乃逍遥游的前提以及表现。

[93] 李泽厚:《美学三书·美的历程》,合肥:安徽文艺出版社,1999年,第163页。

[94] 苏辙:《子瞻和陶渊明诗集引一首》,见《苏轼资料汇编》上册,北京:中华书局,1994年,第62页。

［95］《苏轼资料汇编》上册，北京：中华书局，1994年，第93页。

［96］《苏轼资料汇编》上册，北京：中华书局，1994年，第141页。

［97］《苏轼资料汇编》上册，北京：中华书局，1994年，第33页。

［98］苏辙：《子瞻和陶渊明诗集引一首》，见《苏轼资料汇编》上册，北京：中华书局，1994年，第61页。

［99］袁行霈：《陶渊明研究》，北京：北京大学出版社，2009年，第171页。

［100］苏辙：《子瞻和陶渊明诗集引一首》，见《苏轼资料汇编》上册，北京：中华书局，1994年，第61—62页。

［101］苏辙：《子瞻和陶渊明诗集引一首》，见《苏轼资料汇编》上册，北京：中华书局，1994年，第62页。

［102］杜甫：《江上值水如海势聊短述》，见《古典文学研究资料汇编陶渊明卷》上编，北京：中华书局，1962年，第18页。

［103］沈约：《宋书·隐逸传》，见《古典文学研究资料汇编陶渊明卷》上编，北京：中华书局，1962年，第3页。

［104］王维：《与魏居士书》，见《王维集注》，陈铁民校注，北京：中华书局，1997年，第16页。

［105］颜延之：《陶征士诔》，见《古典文学研究资料汇编陶渊明卷》上编，北京：中华书局，1962年，第1页。

［106］袁行霈：《陶渊明研究》，北京：北京大学出版社，1997年，第170页。

［107］"返回大自然有两个含义：一是追求自然原始的生活，这种自然原始的生活本身是美；还有另一层含义是真正从心境上与自然合一。"胡伟希、陈盈盈：《追求生命的超越与融通：儒道禅与休闲》，昆明：云南人民出版社，2004年，第31页。"返回大自然"的这两层含义与陶渊明的"回归"恰相对应。

［108］陈寅恪：《金明馆丛稿初编》，北京：生活·读书·新知三联书店，2001年，第228页。

［109］欧阳哲生编：《胡适文集》第4册，北京：北京大学出版社，1998年，第52页。

［110］陈寅恪：《金明馆丛稿初编》，北京：生活·读书·新知三联书店，2001年，第203页。

［111］汤用彤：《魏晋玄学与文学理论》，《中国哲学史研究》，1980年第1期。

［112］陶渊明：《陶渊明集》，逯钦立校注，北京：中华书局，1979年，第89页。文中所引陶渊明诗文，除特殊说明外，皆引自此书，只随注篇名，不再加注。

［113］徐放鸣、张玉勤：《全球化语境中的休闲文化研究》，《江苏社会科学》，2005年第4期。

［114］袁行霈：《陶渊明研究》，北京：北京大学出版社，1997年，第14页。

［115］苏辙:《老子解》卷上,文渊阁四库全书本。

［116］郭象注,成玄英疏:《南华真经注疏》,曹础基、黄兰发点校,北京:中华书局,1998年,第142页。

［117］郭象注,成玄英疏:《南华真经注疏》,曹础基、黄兰发点校,北京:中华书局,1998年,第30页。

［118］郭象注,成玄英疏:《南华真经注疏》,曹础基、黄兰发点校,北京:中华书局,1998年,第141页。

［119］《东山草堂陶诗笺》,见《古典文学研究资料汇编陶渊明卷》上编,北京:中华书局,1962年,第187页。

［120］陶渊明:《陶渊明集》,逯钦立校注,北京:中华书局,1979年,第60页。

［121］陶渊明:《陶渊明集》,逯钦立校注,北京:中华书局,1979年,第61页。

［122］刘义庆编著:《世说新语校笺》上册,徐震堮校笺,北京:中华书局,2001年,第14页。

［123］苏辙即曾指出:"渊明隐居以求志,咏歌以忘老,诚古之达者,而才实拙。"认为渊明虽性好闲适、隐逸,但本身并无参与公共事务的才干。

［124］袁行霈:《陶渊明研究》,北京:北京大学出版社,1997年,第33页。

［125］苏轼在《陶渊明无弦琴》一文中指出:"但恨其犹以生为寓,以死为真。嗟夫,先生岂真死得非寓乎?"又在《渊明非达》文中说:"陶渊明作《无弦琴》诗云:'但得琴中趣,何劳弦上声。'苏子曰:渊明非达者也。五音六律,不害为达,苟为不然,无琴可也,何独弦乎?"

［126］鲁迅:《魏晋风度及文章与药及酒之关系》,见《魏晋风度及其他》,上海:上海古籍出版社,2000年,第198页;关于对陶渊明思想的矛盾与痛苦的分析,请看邵明珍:《重读陶渊明》,《文艺理论研究》,2010年第3期。

［127］李白:《赠临洺县令皓弟》,见《李太白集》,长沙:岳麓书社,1987年,第78页。

［128］李白:《九日登巴陵置酒望洞庭水军》,见《李太白集》,长沙:岳麓书社,1987年,第183页。

［129］杜甫:《遣兴五首》,见《古典文学研究资料汇编陶渊明卷》上编,北京:中华书局,1962年,第18页。

［130］白居易:《与元九书》,见《古典文学研究资料汇编陶渊明卷》上编,北京:中华书局,1962年,第22页。

［131］徐铉:《送刁桐庐序》,见《古典文学研究资料汇编陶渊明卷》上编,北京:中华书局,1962年,第23页。

［132］文同:《读渊明集》,见《古典文学研究资料汇编陶渊明卷》上编,北京:中华书局,1962年,第26页。

[133] 费衮:《东坡改和陶集引》,见《苏轼资料汇编》上册,北京:中华书局,1994年,第670页。

[134] 苏辙:《子瞻和陶渊明诗集引一首》,见《苏轼资料汇编》上册,北京:中华书局,1994年,第61页。

[135] 后世亦有以出处之迹评判陶苏之异的,如刘克庄《跋宋吉甫和陶诗》云:"和陶自二苏公始。然士之生世,鲜不以荣辱得丧挠败其天真者。渊明一生,惟在彭泽八十余日涉故,余皆高枕北窗之日,无荣,乌乎辱?无得,乌乎丧?此其所以为绝唱而寡和也。二苏公则不然,方其得意也,为执政,为侍从;及其失意也,至下狱过岭,晚更忧患,始有和陶之作。二公虽惓惓于渊明,未知渊明果印可否?"见《苏轼资料汇编》上册,北京:中华书局,1994年,第719页。

[136] 〔澳〕文青云:《岩穴之士:中国早期隐逸传统》,济南:山东画报出版社,2009年,第212页。

[137] 辛弃疾:《辛弃疾全集》,徐汉明编,武汉:湖北人民出版社,2007年,第214页。

[138] 李蕊芹、许勇强:《苏轼隐逸思想浅析》,《运程学院学报》,2007年第4期。

[139] 葛立方:《韵语阳秋》,见《苏轼资料汇编》上册,北京:中华书局,1994年,第463页。

[140] 王水照、朱刚:《苏轼评传》,南京:南京大学出版社,2004年,第100页。作者也是如此看此词,认为上阕是说爱君,高处即宫廷之中。此全作不解语。关于对《水调歌头》这首词主旨的争议,也可参看《苏轼词编年校注》上册,北京:中华书局,2002年,第173—180页。

[141] 蔡绦:《铁围山丛谈》,冯惠民、沈锡麟点校,北京:中华书局,1983年,第58页。

[142]《我想去桂林》,陈凯词,韩晓主唱。见 http://www.qq190.com/getgeci/245166.htm。

[143] 〔美〕杨晓山:《私人领域的变形:唐宋诗歌中的园林与玩好》,南京:江苏人民出版社,2009年,第31页。

[144] 〔美〕杨晓山:《私人领域的变形:唐宋诗歌中的园林与玩好》,南京:江苏人民出版社,2009年,第35页。

[145] 檀作文:《试论白居易的闲适精神》,《安庆师范学院学报》,2000年第2期。

[146] 〔日〕松浦友久:《论白居易诗中"适"的意义》,《山西师大学报》(社会科学版),1997年第1期。

[147] 马尔库塞即认为:"劳动的做首先通过三个因素表现出来,即通过它本质

上的持续性、经常性和本质上的负担性。"见〔美〕赫尔伯特·马尔库塞:《现代文明与人的困境:马尔库塞文集》,李小兵等译,上海:生活·读书·新知三联书店,1989年,第219页。

[148]"在劳动中,人总是离开他的自我存在而表明一个他者,人在劳动中总是处于他者并为着他者。"见〔美〕赫尔伯特·马尔库塞:《现代文明与人的困境:马尔库塞文集》,李小兵等译,上海:生活·读书·新知三联书店,1989年,第221页。

[149]〔日〕松浦友久:《论白居易诗中"适"的意义》,《山西师大学报》(社会科学版),1997年第1期。

[150]陈友琴编:《古典文学研究资料汇编白居易卷》,北京:中华书局,1962年,第142页。

[151]陈友琴编:《古典文学研究资料汇编白居易卷》,北京:中华书局,1962年,第140页。

[152]庄子其实早就对刻意标榜、以远俗为高的行为方式提出了批评:"刻意尚行,离世异俗,高论怨诽,为亢而已矣。此山谷之士、非世之人、枯槁赴渊者之所好也。"(《庄子·刻意》)

[153]"白乐天号为知理者,而于仕宦升沉之际,悲喜辄系之……是未能忘情于仕宦者。"葛立方:《韵语阳秋》卷11,上海:上海古籍出版社,1984年,第134页。

[154]赵翼:《瓯北诗话》卷4,霍松林、胡主佑校点,北京:人民文学出版社,1963年,第47页。

[155]朱熹:《朱子语类三则》,见《古典文学研究资料汇编白居易卷》,北京:中华书局,1962年,第138页。

[156]范成大:《读白傅洛中老病后诗戏书》,见《古典文学研究资料汇编白居易卷》,北京:中华书局,1962年,第140页。

[157]尚永亮:《苏轼与白居易的文化关联及差异》,《中国人民大学学报》,2010年第1期。

[158]黄庭坚:《山谷集》卷9,钦定四库全书本。

[159]罗大经:《鹤林玉露》,见《古典文学研究资料汇编白居易卷》,北京:中华书局,1962年,第140页。

[160]塞长春、尹占华:《白居易评传》,南京:南京大学出版社,2002年,第161页。

余 论

　　正如林语堂所言，"苏东坡是个秉性难改的乐天派"，他"享受人生的每一刻时光"[1]。他虽经历过人生的辉煌，但也遭受了古代士人所能遭遇的很多磨难。他在大半生的劳顿困苦中，创造出了极高的艺术成就以及形成了独特的人格魅力。而这些成就的取得与苏轼一生曲折而又繁多的休闲审美活动以及形成的休闲审美心态有着很大的关系。

　　休闲与工作是相对立的。工作常常是人类持续性的存在形式，它是人类满足生存需要的手段。工作是外向的、功利的，其外在形式是财富的增加、事业的扩大。而休闲则在工作之外，往往体现为偶然的、间歇的存在形式。它是人类生命内在的需要，它虽然是以消极的面目出现，但它是人类自由创造、个体价值得以体现的重要领域。就工作来讲，苏轼虽不乏赫赫的成绩，然而这并非苏轼之所以为苏轼的主要因素。苏轼的生命价值，我们可以认为是体现在休闲之上。苏轼爱闲，积极地追求闲、创造闲，这使得苏轼在古代传统的士人文化领域做出了独特的贡献，开拓出了一片新的领域与境界。也正是因其无往而不乐、无处不休闲的人生观念与践履，苏轼才得以在文学艺术全才式的审美创造上获得了前无古人后无来者的成就。

　　中国古代休闲审美内容是丰富的，且源远流长，其滥觞于先秦但直至苏轼才显现出成熟的形态。道家不必说，其自然无为、逍遥适性的思想直接就是后代休闲智慧与休闲实践的肇始者。儒家虽重积极有为、"修齐治平"的道德、政治理想，使得儒生积极投身于道德化、职业化的人生规划之中，然而儒家思想中也不乏休闲智慧。其"舞雩风流""孔颜乐处"的圣贤境界也暗含着对功利庸碌生活的超越与扬弃。但真正将中国的休闲思想付诸现实的，则以陶渊明为突出代表。无论他以何种原因隐居，其隐居后心境的恬适自然、悠然率性，以及其大半生的诗酒田园生活，都给后代士人寻求个体生命自由，超越现实功利樊圈的拘束与异化，回归率真生活，树立了极高的人生典范。然而真正能毅然归隐，将休闲的生活变成人生持续性的存在，并以超绝的人格风范来化解生活的困苦，又并非一般士人所能够实现的。因此，陶渊明的闲适人格确实成为士人生命意趣取向转变的风向标，但其人生的最终选择则多为后人所不取。白居易以"中隐"的生存模式辩证地继承发展了陶渊明以来的士人休闲文化。中隐模式既有由陶渊明式的隐居换来的自由、闲适意趣，又能通过一官半职获得闲适生活所必需的物质经济基础。中隐是对古代士人隐逸文化的开拓性发明，也是一种极为高明的休闲人生策略。但是其不足之处亦是非常明显的。白居易的中隐理论最大的局限之处在于其不能忘怀富贵，而是将士人的休闲人生，或自由人格建立在生活与经济相对平稳、安定的基础上。它虽然是将休闲生活从僻陋的乡野重新拉回到了繁华的都市，然而中隐理论最终不能给后世处于越来越漂泊不定命运之中的士人以满意的解脱答案。中唐以后，封建王朝的专制集权程度应该说是与日俱增。士人之理想抱负越大，其受现实政治的打击也越大。像苏轼这样一生仕途起伏不定，动辄遭贬谪、一生无宁处的现象应该并不鲜见。毕竟如白居易那样大半生都过着优裕生活的士人并不多。当"乐"成为时代的主题之后，如何从恶劣的现实境域中获得解脱？如何在任何处境中都能拥有士人独特的闲适自由生命，如何做到"进亦乐，退亦乐"？这就是摆在苏轼面前所要解决的时代课题。

苏轼立足于其情本哲学论最终提出了"休闲等一味"的休闲审美观。不同于同时代的理学大家程颐以理为本，高谈道德伦理，苏轼旗帜鲜明地将一向不被看重的"情"升华到了本体的地位。情感虽是不确定的、变动不安的，但情感的最大特征是它的愉悦性。因此，与情感本体论相对应的便是对闲情的重视。苏轼在生命自得之际寻求名教之乐，这既是情本哲学的生命实践，也是其休闲人生观的具体体现。情本哲学不仅以情为其哲学之本体，同时以乐作为哲学之工夫。不像理本哲学，认为礼者，理也，人的日常举止行为应无不符合礼的规范，面对理（礼），人是如履薄冰式的敬畏。情本哲学的乐的工夫论要求人的言行举止无不由乐生发，并以乐而终。乐的工夫论体现于现实生活之中，便是寻求士人个体生命的自适。在苏轼的思想之中，闲与适是等值的范畴。适为闲之工夫，闲也强化着人生之适。情本哲学必然又以"无心而一"为其境界论。无心意味着超越，即不让人执着于现实功利的过分纠缠，能时刻超脱于外界客观世界的变化与纷扰。同时"无心"并非如老庄式的消极无为，无心于世事，而是通过一种超然的心境以更加积极的心态去参与到社会宇宙的创化之中。无心而一的情本哲学境界论反映在苏轼的休闲审美的人生实践之中，就相应地形成了休闲审美的最高境界——超然于物外。人类的休闲活动毕竟是需要一定的物质基础为前提的，并且休闲活动要求人与物打交道。而物遵循的是客观法则，具有很大的偶然性，人如何在这偶然的客观法则下寻求一种无往而不适、无往而不闲的人生自由境界？也就是说，如何在既承认物的法则对休闲的重要性，又能在物的休闲之中超然于物外，真正回归到休闲主体的内在本性？苏轼最终是以一种"心闲"的姿态做到"寓意于物"，避免了"留意于物"而被物所异化的命运。

可以看到，苏轼立足于情本哲学之上的休闲审美思想确实要比陶渊明、白居易更为深刻，也更容易被后代士人所接受。他的休闲审美思想显而易见地深深影响了与他同时代的人，如秦观、黄庭坚、苏辙等。后来的叶梦得、朱熹、陆游、辛弃疾之所以或多或少都体现出休闲审美的人生观，也与他们对苏轼的接受有关。随着古代社会的不断发展，商品经济的进一步繁荣，宋代以后的休闲享乐之风潮也逐渐成为中国古代社会后期引人注目的现象。到了晚明，士大夫休闲享乐之风更是非常明显。现在一般研究者在探究晚明享乐风潮的兴起时，除了将其归因于商品经济与市民社会的繁荣，就把这股享乐之风的思想背景推向阳明心学对思想的解放启蒙运动上。其实阳明心学体系中所体现出来的自然主义人生观，实际上也有苏轼的影响。王阳明所提出的"乐是心之本体"，其对人的自然情欲的肯定与强调，加之王阳明自身狂放的性格特征与人格魅力，我们都能在苏轼那里寻到一些影子。[2]

苏轼的休闲审美并非肤浅的享乐主义。它可以说是士人透过古代士大夫文化所进行的深刻的人生思考，是对人生意义与价值的拷问。它虽然诞生于前现代的古代中国，但其深刻的人生之思、休闲之情，以及超然的休闲境界都可以对现代休闲社会产生诸多有益的启示。

正如潘立勇教授深刻揭示的，人类能否休闲取决于两种尺度：一是"绝对的社会尺度"，二是"相对的人生态度"。他说："所谓绝对的社会尺度是指社会发展的绝对水平，如果社会的生产力和发展水平尚未能提供给人们足够的闲暇时间和经济基础，人们的休闲就缺乏必要的外在条件。但休闲与审美的生存智慧在于人们可以通过人生态度的恰当把握超越这种绝对尺度，并在当下的境地中获得相对的自由精神空间，由此进入休闲的审美境界，这就是人生体验的相对态度。"他还说："我们可能无法绝对地左右物质世界，但我们可以通过对心灵的自由调节获得自由的心灵空间，进入理想的人生境界。所以，我们在注重不断发展物质世界、创造物质水平，以提升生存的外部环境和条件的同时，不能忽略自我心灵境界的调节与提升。这就是休闲与审美的生存智慧给我们的生存启示。"[3] 苏轼休闲审美思想在现代社会的价值与意义，恐怕就在于为现代人类休闲活动的展开与休闲质量的提高，提供"相对的人生态度"的休闲智慧。

在现实的生活经验中，我们很难去改变一时一己的"绝对的社会尺度"。在马克思主义哲学看来，这种被经济基础与社会存在决定的绝对社会尺度是客观的。然而"这个世界对于人的意义，取决于人对世界的自由感受"[4]。人的存在是一种意义的存在，世界如何向生存个体呈现，取决于每个个体对世界赋予的意义。因此，从历史的角度看，客观的社会尺度对于休闲固然是重要的，它决定了一定历史时期休闲所能达到的水平；而从现实的角度来看，相对的人生态度对于休闲则更为根本。"Leisure is a state of mind"——纽林格对于休闲的理解与定义恰恰昭示了作为个体自由生命体验的休闲活动对自我精神意志或人生态度的要求。而在费瑟斯通看来，客观的现实也许从来也没发生什么变化，"而是我们的认知发生了变化。这与马克斯·韦伯的警句正相吻合：每个人所看到的都是他心中之物"[5]。所以，我们认为对于休闲，"相对的人生态度"即人对世界的认知要比"绝对的社会尺度"更为重要。苏轼无往而不休闲的人生观念在古代社会能够成为士人安身立命的生活典范，他对于人类生命存在意义与价值的深刻思索，也当能穿越千年的历史，在现代社会一样给予我们相当的人生启示。

首先，现代人应该真正地认识到私人领域的价值，并自觉地将生命的重力拉回到私人领域之中，才能具备真正的闲情。如苏轼所说："知闲见闲地，已觉非闲侣。"（《徐大正闲轩》）在人们高唱着休闲时代将要来临或者已然来临的时代，其实正反映出现代人休闲的难得。当我们慢慢开始重视休闲的价值时，休闲其实已经成为现代人类的一种稀缺之物。对休闲的渴求意味着现代人生活处境的焦虑、忙乱。正如有学者揭示出的："有钱人因为太多的钱充满了他们的精神、遮蔽了眼界，他们除了钱和财富外，再也看不到别的东西了。不富有的人甘愿充当金钱和物欲的奴隶，并为'它们效力'——票子、房子、车子、位子、儿子——索取，哪里有心思探望自己的精神世界？"[6]

这种对欲望的不断追求，在鲍曼看来，并非是"对满足的延迟，而是根本不可能被满足"。他引用瓦伦里的研究说："被对精力的不可抑制的饥渴注满了活力的现代生活，不是被满足'内部生命需要'的需要所指导。……现代社会'有着过多的需要'；它边前进边创造新的需要，以往从未经历过的、先前无法想象的需要。"正是这过多的需要，让现代人"被匆忙所迷惑"，"什么是正在被做的和什么是追求的目标，这些并不重要；重要的是现在正在被做的应该赶快完成，追求的目标应该永远不能实现，应该移动、不停地移动"。[7] 在这种状况下，人的"内部生命需要"，也即"私人领域"便被忽视了。休闲是对内部需要召唤的响应，是私人领域的退守，更是本真自我的实现。因此，我们需要回到私人领域，回到自我的闲情逸致之中寻求生命的真实存在。这并不是说可以不去做事情，或放弃工作、劳动，而是去过一种体验的生活——充满精神力量的生活。休闲本是真实自我的实现，而体验则是一个寻求自我发现与自我定义的有效途径。《人类思想史中的休闲》一书的作者就指出："在这个充斥着物质主义与理性主义的世俗社会中，我们在征途尽头所能找到的圣杯是极度令人失望的。于是，我们转向了自己的内心世界，试图在自我、本我、固恋、心理机制及受压抑的欲望中找到自我，特别是一个快乐的自我。"[8] 可以说，苏轼谆谆告诫且身体力行的"勾当自家事"思想，以及他的生命实践所体现出来的"性命自得之际"，对时下社会越来越被物欲所异化的自我而言，不啻为警世之音！

那么，如何才能回到私人领域，重启休闲之门？人类的现实生活是欲望的集中体现。欲望在推动着人类社会的进步、文明的发展的同时，也使得人类的脚步难以停下来。总是有些东西在前面等着人去实现，等着人去追求。而这被实现、被追求的东西究竟是不是人所需要的，却很少有人去思考。事实证明，过多的欲望是导致人们奔忙劳作的最直接原因，也是制约休闲的最大因素。在卢梭、叔本华以及佛教哲学看来，欲望是人类痛苦之渊薮。为何？因为我们在追求欲望满足的过程中，常常不得满足，直至最终发现追求的东西离自身越来越远。另外，过多的欲望往往让我们疲于应付，"我们的痛苦正是产生于我们的愿望和能力的不相称……减少那些超过我们能力的欲望，在于使能力和意志两者之间得到充分的平衡"[9]。由此，卢梭认为幸福在于过安静的生活、简单的生活。这种生活并非是禁欲的生活，亦非纵欲的生活，可以说这便是"适意"的生活：

> 自然人的幸福是同他的生活一样简单的，幸福就是免于痛苦，也就是它是由健康、自由和生活的必需条件组成的。[10]

休闲的本质就是人的自然化。"自然人"并非就是脱离社会文明的原始人，而是拥有自然性情的本真之人。正如休闲学者马惠娣提到的：

> 我们的祖先懂得"鹪鹩巢于深林，不过一枝；偃鼠饮河，不过满腹"的道理，享受简单生活，不仅可以抑制人的无限贪婪的欲望，摆脱物对人的奴役，而且还能让人腾出时间来品味自然与生活中的乐趣。因为简单，让生命和谐，让人性平实，让心灵欢快与自由。[11]

这种自我满足的哲学便是"适"的哲学。适是达至休闲的工夫，苏轼的一生是自适、自得、自乐的一生，他"心闲"的人生境界也是建立在自适的工夫论之上。"我适物自闲""适意无异逍遥游"，无论是身处荣华富贵，还是卑身于贬谪之地，苏轼总是能无往而不适。他这种在任何境遇下都可以在休闲的生命实践中实现自我、成就自我的休闲智慧，也定会在现代复杂的社会现实中荡起回音。

注释

[1] 林语堂:《苏东坡传·原序》,张振玉译,天津:百花文艺出版社,2000年,第5页。

[2] 明代董其昌说王阳明的心学"其说虽非出于苏,而血脉则苏也"。见沈德符:《万历野获编》卷27,北京:中华书局,1959年,第689页。

[3] 潘立勇:《休闲与审美》,《浙江大学学报》(人文社会科学版),2005年第6期。

[4] 潘立勇:《休闲、审美与和谐社会》,《杭州师范学院学报》(社会科学版),2006年第5期。

[5] 〔英〕迈克·费瑟斯通:《消费文化与后现代主义》,刘精明译,南京:译林出版社,2000年,第3页。而这也正应了弗洛姆所指出的:"在现代社会中,似乎出现了一种新的劳动动向:人们之所以要去劳动,主要不是受外在压力的驱使,而完全是内在的强制力所致。……内在的强制力要比任何外在的强制力更有效地促使人们把其所有的精力投入劳动之中去。"所以,笔者也认为如果只专注于外在绝对尺度的改变,而无视这种"内在的强制力"的存在,休闲对于一个人来说不可能成为现实。见〔美〕埃里希·弗洛姆:《逃避自由》,陈学明译,北京:工人出版社,1987年,第128页。胡伟希也说:"个体生命是独特的,个体生命的质量,不是外在的,就在它自己,这就是生命的内在价值或者说固有价值。"见胡伟希、陈盈盈:《追求生命的超越与融通:儒道禅与休闲》,昆明:云南人民出版社,2004年,第33页。

[6] 于光远、马惠娣:《于光远马惠娣十年对话》,重庆:重庆大学出版社,2008年,第95页。

[7] 〔英〕齐格蒙·鲍曼:《生活在碎片中:论后现代伦理》,上海:学林出版社,2002年,第80—81页。

[8] 〔美〕托马斯·古德尔、杰弗瑞·戈比:《人类思想史中的休闲》,成素梅等译,昆明:云南人民出版社,2000年,第240页。

[9] 何祚康、曹丽隆等编译:《走向澄明之境:卢梭随笔与书信集》,北京:生活·读书·新知三联书店,1990年,第2页。

[10] 〔法〕卢梭:《爱弥儿》,选自《卢梭民主哲学》,北京:九州出版社,2004年,第195页。

[11] 于光远、马惠娣:《于光远马惠娣十年对话》,重庆:重庆大学出版社,2008年,第72页。

参考文献

一、有关苏轼的著作

孔凡礼:《苏轼年谱》,北京:北京古籍出版社,2004 年。

冷成金:《苏轼的哲学观与文艺观》(修订本),北京:学苑出版社,2004 年。

林语堂:《苏东坡传》,张振玉译,天津:百花文艺出版社,2000 年。

四川大学中文系唐宋文学研究室编:《苏轼资料汇编》,北京:中华书局,1994 年。

苏轼:《东坡易传》,龙吟译评,长春:吉林文史出版社,2002 年。

苏轼:《苏轼诗集》,孔凡礼点校,北京:中华书局,1986 年。

苏轼:《苏轼文集》上下册,顾之川校点,长沙:岳麓书社,2000 年。

朱靖华等:《中国苏轼研究》第 4 辑,北京:学苑出版社,2008 年。

邹同庆、王宗堂:《苏轼词编年校注》,北京:中华书局,2002 年。

二、古籍文献

《尚书》,周秉钧注译,长沙:岳麓书社,2001 年。

白居易:《白居易集笺校》,朱金城笺校,上海:上海古籍出版社,1988 年。

北京大学古典文学研究所编:《全宋诗》,北京:北京大学出版社,1992 年。

曾枣庄、刘琳主编:《全宋文》,上海:上海古籍出版社,2006 年。

常万里主编:《菜根谭智慧》,北京:中国华侨出版社,2002 年。

晁补之:《鸡肋集》,钦定四库全书本。

陈鼓应:《庄子今注今译》,北京:中华书局,1983 年。

程颐、程颢:《二程集》,北京:中华书局,1981 年。

杜甫:《杜工部集》,长沙:岳麓书社,1987 年。

范晔:《后汉书》,钦定四库全书本。

冯惟讷编:《古诗纪》,钦定四库全书本。

葛立方:《韵语阳秋》,上海:上海古籍出版社,1984 年。

郭庆藩:《庄子集释》,王孝鱼点校,北京:中华书局,1961 年。

郭象注:《南华真经注疏》，成玄英疏，曹础基、黄兰发点校，北京：中华书局，1998年。

韩愈:《韩昌黎集》，上海：商务印书馆，1930年。

黄庭坚:《山谷集》卷9，钦定四库全书本。

黄宗羲:《黄宗羲全集·宋元学案》，杭州：浙江古籍出版社，1999年。

黄宗羲:《明儒学案》，钦定四库全书本。

嵇康:《嵇康集校注》，戴明扬校注，北京：人民文学出版社，1962年。

康有为:《论语注》，楼宇烈整理，北京：中华书局，1984年。

黎靖德编:《朱子语类》，王星贤点校，北京：中华书局，1986年。

李白:《李太白集》，长沙：岳麓书社，1987年。

李渔:《闲情偶寄》，沈勇译著，北京：中国社会出版社，2005年。

李廌:《师友谈记》，孔凡礼点校，北京：中华书局，2002年。

刘宝楠:《论语正义》，高流水点校，北京：中华书局，1990年。

欧阳询主编:《艺文类聚》，钦定四库全书本。

钱穆:《论语新解》，成都：巴蜀书社，1985年。

沙少海:《易卦浅释》，贵阳：贵州人民出版社，1988年。

沈德符:《万历野获编》，北京：中华书局，1959年。

苏辙:《老子解》，文渊阁四库全书本。

苏辙:《苏辙集》，北京：中华书局，1990年。

陶渊明:《陶渊明集》，逯钦立校注，北京：中华书局，1979年。

陶宗仪编:《说郛》，钦定四库全书本。

王弼:《王弼集校释》，楼宇烈校释，北京：中华书局，1980年。

王守仁:《王文成全书》，钦定四库全书本。

王维:《王维集注》，陈铁民校注，北京：中华书局，1997年。

王先谦:《庄子集解》，北京：中华书局，1998年。

王象之:《舆地纪胜》，扬州：江苏广陵古籍刻印社，1991年。

王阳明:《王阳明全集》，上海：上海古籍出版社，1992年。

吴承恩:《吴承恩诗文集》，刘修业辑校，上海：古典文学出版社，1958年。

辛弃疾:《辛弃疾全集》，徐汉明编，武汉：湖北人民出版社，2007年。

徐铉:《骑省集》，钦定四库全书本。

姚淦铭、王燕编:《王国维文集》第1卷，北京：中国文史出版社，1997年。

叶梦得:《避暑录话》，上海：商务印书馆，1939年。

张方平:《乐全集》卷1，钦定四库全书本。

赵翼:《瓯北诗话》卷4，霍松林、胡主佑校点，北京：人民文学出版社，1963年。

钟星选注:《元好问诗文选注》，上海：上海古籍出版社，1990年。

周敦颐:《周敦颐集》,陈克明点校,北京:中华书局,1990年。

朱杰人等主编:《朱子全书》,上海:上海古籍出版社,合肥:安徽教育出版社,
　2002年。

朱熹:《四书章句集注》,北京:中华书局,1983年。

三、文史研究

陈来:《有无之境:王阳明哲学的精神》,北京:人民出版社,1991年。

方东美:《原始儒家道家哲学》,台北:台湾黎明文化出版社,1987年。

冯契:《中国古代哲学的逻辑发展》,上海:上海人民出版社,1983年。

冯友兰:《冯友兰集》,北京:群言出版社,1993年。

葛兆光:《中国思想史》,上海:复旦大学出版社,2009年。

李泽厚:《李泽厚哲学文存》,合肥:安徽文艺出版社,1999年。

李泽厚:《历史本体论·己卯五说》,北京:读书·生活·新知三联书店,2006
　年。

李泽厚:《论语今读》,合肥:安徽文艺出版社,1998年。

李泽厚:《中国古代思想史论》,天津:天津社会科学院出版社,2003年。

林安梧:《问心:我读孟子》,台北:汉艺色研文化事业公司,1991年。

刘贻群编:《庞朴文集》第3卷,济南:山东大学出版社,2005年。

蒙培元:《理学范畴系统》,北京:人民出版社,1989年。

牟宗三:《心体与性体》,上海:上海古籍出版社,1999年。

牟宗三:《周易哲学讲演录》,上海:华东师范大学出版社,2004年。

唐君毅:《唐君毅集》,北京:群言出版社,1993年。

唐君毅:《中国哲学原论·原性篇》,北京:中国社会科学出版社,2005年。

吴冠宏:《圣贤典型的儒道义蕴试诠:以舜、宁武子、颜渊与黄宪为例》,台北:
　里仁书局,2000年。

徐复观:《中国艺术精神》,沈阳:春风文艺出版社,1987年。

余敦康:《内圣外王的贯通:北宋易学的现代阐释化》,上海:学林出版社,1997年。

余英时:《士与中国文化》,上海:上海人民出版社,2003年。

张岱年:《中国哲学大纲》,北京:中国社会科学出版社,1994年。

四、休闲研究

〔德〕约瑟夫·皮珀:《闲暇:文化的基础》,刘森尧译,北京:新星出版社,
　2005年。

〔荷兰〕约翰·赫伊津哈:《游戏的人》,多人译,杭州:中国美术学院出版社,
　1996年。

〔加拿大〕埃德加·杰克逊主编:《休闲的制约》，凌平等译，张建民等校，杭州：浙江大学出版社，2009年。

〔美〕亨德森等主编:《女性休闲》，刘耳等译，昆明：云南人民出版社，2000年。

〔美〕杰弗瑞·戈比:《你生命中的休闲》，康筝译，昆明：云南人民出版社，2000年。

〔美〕克里斯多夫·爱丁顿:《休闲：一种转变的力量》，李一译，杭州：浙江大学出版社，2009年。

〔美〕托马斯·古德尔、杰弗瑞·戈比:《人类思想史中的休闲》，成素梅等译，昆明：云南人民出版社，2000年。

〔美〕约翰·凯利:《休闲导论》，王昭正译，台北：品度有限公司，2003年。

〔美〕约翰·凯利:《走向自由：休闲社会学新论》，赵冉译，昆明：云南人民出版社，2000年。

〔英〕菲斯克:《解读大众文化》，杨全强译，南京：南京大学出版社，2001年。2000年。

胡伟希、陈盈盈:《追求生命的超越与融通：儒道禅与休闲》，昆明：云南人民出版社，2004年。

林东泰:《休闲教育与其宣导策略之研究》，台北：师大书苑有限公司，1992年。

吴小龙:《适性任情的审美人生：隐逸文化与休闲》，昆明：云南人民出版社，2005年。

于光远、马惠娣:《于光远马惠娣十年对话》，重庆：重庆大学出版社，2008年。

赵树功:《闲意悠长：中国文人闲情审美观念演生史稿》，石家庄：河北人民出版社，2005年。

五、美学研究

陈寅恪:《金明馆丛稿初编》，北京：生活·读书·新知三联书店，2001年。

陈友琴编:《古典文学研究资料汇编白居易卷》，北京：中华书局，1962年。

方红梅:《梁启超趣味美学论》，北京：人民出版社，2009年。

蹇长春、尹占华:《白居易评传》，南京：南京大学出版社，2002年。

李青青:《宋学与宋代文学观念》，北京：北京师范大学出版社，2001年。

李泽厚、刘纲纪:《中国美学史》，台北：里仁出版社，1986年。

李泽厚:《美学三书·美的历程》，合肥：安徽文艺出版社，1999年。

林语堂:《生活的艺术》，赵裔汉译，西安：陕西师范大学出版社，2003年。

钱钟书:《管锥编》第4册，北京：生活·读书·新知三联书店，1979年。

伍蠡甫:《西方古今文论选》，上海：复旦大学出版社，1984年。

薛富兴:《东方神韵：意境论》，北京：人民文学出版社，2000年。

叶嘉莹:《唐宋词名家论稿》,石家庄:河北教育出版社,1997年。

叶嘉莹:《唐宋词十七讲》,长沙:岳麓书社,1989年。

叶朗主编:《现代美学体系》,北京:北京大学出版社,1988年。

于民:《中国古典美学举要》,合肥:安徽教育出版社,2000年。

袁行霈:《陶渊明研究》,北京:北京大学出版社,2009年。

袁行霈主编:《中国文学史》第3卷,北京:高等教育出版社,2005年。

张节末:《禅宗美学》,杭州:浙江人民出版社,1999年。

周国平编译:《尼采美学文选》,北京:生活·读书·新知三联书店,1986年。

六、综合研究

〔澳〕文青云:《岩穴之士:中国早期隐逸传统》,徐克谦译,济南:山东画报出版社,2009年。

〔德〕鲍吾刚:《中国人的幸福观》,严蓓雯等译,南京:江苏人民出版,2004年。

〔德〕伽达默尔:《真理与方法》,洪汉鼎译,上海:上海译文出版社,1994年。

〔法〕菲利普·阿利埃斯、乔治·杜比主编:《私人生活史》,李群等译,哈尔滨:北方文艺出版社,2007年。

〔法〕卢梭:《爱弥儿》,选自《卢梭民主哲学》,北京:九州出版社,2004年。

〔法〕蒙田:《蒙田随笔全集》上册,潘丽珍等译,南京:译林出版社,1996年。

〔古希腊〕柏拉图:《法律篇》,张智仁、何琴华译,上海:上海人民出版社,2001年。

〔美〕埃里希·弗洛姆:《健全的社会》,王大庆等译,北京:国际文化出版公司,2007年。

〔美〕埃里希·弗洛姆:《逃避自由》,陈学明译,北京:工人出版社,1987年。

〔美〕安乐哲:《自我的圆成:中西互镜下的古典儒学与道家》,彭国翔编译,石家庄:河北人民出版社,2006年。

〔美〕包弼德:《斯文:唐宋思想的转型》,刘宁译,南京:江苏人民出版社,2001年。

〔美〕赫伯特·马尔库塞:《现代文明与人的困境:马尔库塞文集》,李小兵等译,北京:读书·生活·新知三联书店,1989年。

〔美〕刘子健:《中国转向内在:两宋之际的文化转向》,赵冬梅译,南京:江苏人民出版社,2001年。

〔美〕马斯洛等著,林方主编:《人的潜能和价值》,北京:华夏出版社,1987年。

〔英〕哈耶克:《自由秩序原理》,邓正来译,北京:生活·读书·新知三联书店,1996年。

〔英〕马林诺夫斯基:《自由与文明》,张帆译,北京:世界图书出版社,2009年。

〔英〕迈克·费瑟斯通：《消费文化与后现代主义》，刘精明译，南京：译林出版社，2000年。

〔英〕以赛亚·柏林：《自由论》，胡传胜译，南京：译林出版社，2003年。

何祚康、曹丽隆等编译：《走向澄明之境：卢梭随笔与书信集》，李小兵等译，北京：读书·生活·新知三联书店，1990年。

孙周兴选编：《海德格尔选集》，上海：生活·读书·新知三联书店，1996年。

张祥龙：《海德格尔思想与中国天道》，北京：读书·生活·新知三联书店，2007年。

赵敦华主编：《西方人学观念史》，北京：北京出版社，2004年。

七、学术论文

《我想去桂林》，陈凯词，韩晓主唱，http://www.qq190.com/getgeci/245166.htm。

〔日〕松浦友久：《论白居易诗中"适"的意义》，《山西师大学报》（社会科学版），1997年第1期。

胡伟希：《中国休闲哲学的特质及其展开》，《湖南社会科学》，2003年第6期。

陆庆祥：《儒家政治美学论》，《河南师范大学学报》，2010年第5期。

马秋丽：《＜论语＞中的休闲理论初探》，《山东大学学报》，2006年第5期。

蒙培元：《漫谈情感哲学》，《新视野》，2001年第1期。

牟宗三：《孟子讲演录》，《鹅湖月刊》，2004年第29卷第11期。

宁新昌：《本体与境界》，南开大学博士学位论文，中国哲学专业，1997年。

潘立勇：《"自得"与人生境界的审美超越：王阳明的人生境界论》，《文史哲》，2005年第1期。

潘立勇：《西学"存在论"与中学"本体论"》，《江苏社会科学》，2004年第4期。

潘立勇：《休闲、审美与和谐社会》，《杭州师范学院学报》（社会科学版），2006年第5期。

潘立勇：《休闲与审美》，《浙江大学学报》（人文社会科学版），2005年第6期。

邵明珍：《重读陶渊明》，《文艺理论研究》，2010年第3期。

沈广斌：《"性命自得"与苏轼之闲》，《兰州学刊》，2008年第4期。

苏状：《"闲"与中国古人的审美人生》，复旦大学博士学位论文，文艺学专业，2008年。

汤用彤：《魏晋玄学与文学理论》，《中国哲学史研究》，1980年第1期。

王洪：《苏轼审美人生论》，《乐山师范学院学报》，2003年第2期。

王建疆：《审美的另一世界探秘：对"内审美"新概念的再思考》，《西北师大学报》（社会科学版），2004年第3期。

王世德：《苏轼的"寓意于物"论和康德的非功利审美论》，《四川师范学院学报》（哲学社会科学版），1994年第1期。

徐放鸣、张玉勤:《全球化语境中的休闲文化研究》,《江苏社会科学》,2005 年第 4 期。

薛富兴:《宋代自然审美述略》,《贵州师范大学学报》(社会科学版),2006 年第 1 期。

杨存昌、崔柯:《从"寓意于物"看苏轼美学思想的生态学智慧》,《山东师范大学学报》(人文社会科学版),2006 年第 6 期。

杨胜宽:《苏轼的"闲适"之乐》,《四川师范大学学报》(社会科学版),1996 年第 1 期。

余开亮:《性自命出的心性论和乐教美学》,《孔子研究》,2010 年第 1 期。

郁沅:《境界与意境辨异》,《文艺理论研究》,2002 年第 4 期。

郑苏淮:《游:苏轼美学思想的特征》,《江西教育学院学报》,2008 年第 1 期。

周均平:《"比德""比情""畅神":论汉代自然审美观的发展和突破》,《文艺研究》,2003 年第 5 期。

朱立元:《简论实践存在论美学西安》,《人文杂志》,2006 年第 3 期。

竺可桢:《中国近五千年来气候变迁的初步研究》,《考古学报》,1972 年第 1 期。

邹志勇:《苏轼人格的文化内涵与美学特征》,《山西大学学报》(哲学社会科学版),1996 年第 1 期。

后 记

　　本书是在我的博士论文《苏轼休闲审美思想研究》(浙江大学，2010 年)的基础上，加以扩展并修改完成的。蒙庞学铨教授和导师潘立勇先生不弃，拙作被纳入浙江大学亚太休闲教育研究中心"休闲书系·博士论丛"一并付梓。作为初出茅庐的年轻学者，我倍感荣幸。

　　我本是中文专业出身，硕士阶段师从南开大学薛富兴先生攻读中国古典美学，其间阅读了一些中国哲学著作，尤其对宋明理学多有涉猎。宋明诸子关于敬畏洒落的辩证讨论，窗前草不除、喜听驴鸣之类的生活情趣，以及寻孔颜乐处、曾点气象之境界追求，这些无不给我留下深刻印象。至撰写硕士论文《朱熹自然审美实践研究》时，我更是对儒家重要代表人物朱熹山水游赏、玩物适情的闲情逸趣颇多感叹。这些在私人领域发生的山水休闲活动及其表现出来的审美境界，确实一改我们对儒家尤其是这些道学家的传统认识，我也朦胧地意识到休闲生活及境界追求对于儒家思想体系的重要性。

　　我于 2007 年来到杭州，忝列潘立勇先生门下攻读美学博士学位，潘先生对于中国审美哲学的独到诠释、以休闲视角开辟的美学研究新领域，以及先生身上所体现出来的率真个性与洒落情怀，都极大地拓展了我的学术视野，深深影响了我个人的成长。在有"东方剑桥"之美誉的浙江大学，我度过了接近四年的时光，如今思来是那样的美好。怡人的风景自不必言，单是浙江大学西溪校区那厚重的人文气息、丰富的学术资源、活跃自由的研讨氛围，就给予了每一位像我这样求学若渴的学子以肥沃的生长土壤。

　　美丽的西湖，休闲的杭州，无疑是最适合青年学子做漫步的遐思。正是在西子湖畔，我开始追随导师自觉地融审美之思入休闲之域了。休闲学作为一种学术研究，在近 30 多年的学术发展中，算是起步比较晚的一个领域，尤其是从人文学科的研究角度研究休闲，则更属新鲜之事。因此，我在对休闲进行哲学与美学的思考时，虽然常有无所适从之感，然而思考的过程却是充满了挑战的愉悦感。博士论文的写作，从选题到查阅资料、内容撰写，那种山重水复疑无路，柳暗花明又一村的状态是时常有的。在写作的过程中，我抓住了几个关键的概念如"人的自然化"（后来也常描述为"自然主义"）、"私人领域"等，并以休闲的"本体—工夫—境界"为纲，将基于中国传统文化的休闲现象，引向了一种价值的理解。更重要的是，这种对休闲意蕴的挖掘，使我对休闲的理解渐渐清晰起来。可以说，毕业之后我对中国古代休闲审美思想的研究，还是延续了读博期间的思考，大体的框架仍然未变。而我的这些思想上的收获，都是在导师潘立勇先生的指导与影响下产生的。

尚未毕业，我便于 2010 年的秋天踏上了前往新疆喀什师范学院（即今日的喀什大学）的列车了。博士论文的后续写作是在喀什完成的，也是在喀什工作期间完成了答辩。在喀什师范学院人文系整整工作了一年，我几乎每天都被那里充满异域风情的文化以及壮美的风景所感染。帕米尔高原风光神奇雄伟，维吾尔族、塔吉克族人民淳朴好客，正是如此，休闲美学的情调，在那里得到了更好地展现。然而因为种种原因，我于 2011 年的下半年便辞职到了湖北黄石，在美丽的青龙山下、磁湖之畔的湖北理工学院开始了新的工作。在这里，我参与了北京大学叶朗教授主持的教育部重大工程项目《中国美学通史》中关于宋代休闲美学的写作，同于 2012 年成功申报了国家社会科学基金青年项目"自然与超越：宋代休闲美学思想研究"。2013 年，在所在单位领导及同事的大力支持下，我发起成立了湖北理工学院华中休闲文化研究中心，并于同年的 10 月下旬以及 2014 年、2016 年分别召开了三届中国休闲哲学论坛。这些成果的取得，我要感谢湖北理工学院的领导、同事，尤其是校长李社教先生，没有他的支持与悉心关怀，这些活动的开展都是无法想象的。另外，母校浙江大学亚太休闲教育研究中心的老师、同学，我的师弟师妹们也积极参与了这些学术交流活动，共同推动了国内休闲哲学的研究。特别需要感谢的是浙江大学庞学铨教授、潘立勇教授的大力支持。我也不会忘记首都师范大学王德胜教授对每次活动的学术指导与经费支持。

　　暑往寒来，岁月荏苒。年过而立，方觉时光如梭。抚今追昔，倍感学业荒嬉。唯念一路走来，引我渐次步入学术殿堂的那些恩师。没有大学老师张云鹏教授的启蒙，我无法想象自己会走上美学研究之路。若不得南开大学薛富兴教授的言传身教，我至今或许不知学术为何物、何趣矣！若非浙江大学潘立勇教授"顶天立地"式的醍醐灌顶，我真不知学术可以融入人生，人生可资学术提升矣！一个渺小生命个体的成长过程，能有幸得良师益友提携，应是我最值得庆贺之事。故借拙作付梓之际，颇抒对诸师友的感激之情，也可以此宽慰本书的不足与缺憾了。正所谓"千里之行始于足下"，有这么多贵人相伴，吾虽愚钝，进步似亦可期也！

　　所憾者，甫过而立，痛失亲母；未及报养育之恩，便阴阳永隔，为学何益？悔恨不已！谨以此书跪献家母，以聊慰余情焉！

图书在版编目（CIP）数据

走向自然的休闲美学：以苏轼为个案的考察 / 陆庆祥著 . —杭
州：浙江大学出版社，2018.11
（休闲书系·博士论丛）
ISBN 978-7-308-18212-6

I.①走… Ⅱ.①陆… Ⅲ.①闲暇社会学—美学—研究 Ⅳ.① B834.4

中国版本图书馆 CIP 数据核字（2018）第 098654 号

走向自然的休闲美学：以苏轼为个案的考察
陆庆祥　著

责任编辑	王志毅
文字编辑	焦巾原
责任校对	杨利军
装帧设计	周伟伟
出版发行	浙江大学出版社
	（杭州天目山路 148 号　邮政编码 310007）
	（网址：http://www.zjupress.com）
排　　版	北京大有艺彩图文设计有限公司
印　　刷	北京时捷印刷有限公司
开　　本	635mm×965mm　1/16
印　　张	17.5
字　　数	260 千
版 印 次	2018 年 11 月第 1 版　2018 年 11 月第 1 次印刷
书　　号	ISBN 978-7-308-18212-6
定　　价	65.00 元